葡萄酒产业产教融合共同体系列教材

总主编：刘涛

葡萄酒酒庄与旅游

Wine Estates and Tourism

王绚丽　张艳娜　王红梅◎主编

吴　倩　徐静静　李　冉　管衍梅　孙静怡◎副主编

数字资源总码

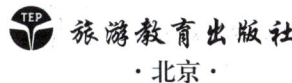

旅游教育出版社

·北京·

图书在版编目（CIP）数据

葡萄酒酒庄与旅游 / 王绚丽，张艳娜，王红梅主编.
北京：旅游教育出版社，2025.7. -- （葡萄酒产业产教融合共同体系列教材）. -- ISBN 978-7-5637-4879-2

Ⅰ . TS261.8；F590.31

中国国家版本馆CIP数据核字第2025HU6585号

葡萄酒产业产教融合共同体系列教材

葡萄酒酒庄与旅游

王绚丽　张艳娜　王红梅　主编

吴倩　徐静静　李冉　管衍梅　孙静怡　副主编

策　　划	赖春梅
责任编辑	赖春梅
出版单位	旅游教育出版社
地　　址	北京市朝阳区定福庄南里1号
邮　　编	100024
发行电话	（010）65778403　65728372　65767462（传真）
本社网址	www.tepcb.com
E - mail	tepfx@163.com
排版单位	北京旅教文化传播有限公司
印刷单位	唐山玺诚印务有限公司
经销单位	新华书店
开　　本	710毫米×1000毫米　1/16
印　　张	15.25
字　　数	225千字
版　　次	2025年7月第1版
印　　次	2025年7月第1次印刷
定　　价	58.00元

（图书如有装订差错请与发行部联系）

Preface 序言

　　葡萄酒，是一个国家或地区对外交往时的紫色名片，也是一种无声的社交语言。中国是世界范围内新兴的葡萄酒生产国，也是重要的葡萄酒消费国之一。与此同时，国内对于品酒师、调酒师和侍酒师等领域的人才需求也在急速增长。那么，如何培养出更多优秀的葡萄酒专业人才就成为高等职业教育在此过程中义不容辞的责任。

　　烟台是中国葡萄酒工业化生产的发祥地，是亚洲唯一被国际葡萄葡萄酒组织（OIV）授予"国际葡萄与葡萄酒城"称号的城市，同时还被全球葡萄酒旅游组织（GWTO）授予"全球葡萄酒旅游目的地"称号。现今，烟台已发展成为集"历史最长、规模最大、效益最好、产业链最完备"为一体的国内葡萄酒产区。烟台文化旅游职业学院坐落于烟台市莱山区，集天时地利人和之优势，一直在校企协同、产教融合的新时代高质量发展道路上进取突破。既2021年设立"葡萄酒文化与营销"专科专业之后，烟台文化旅游职业学院还于2023年与鲁东大学、烟台张裕葡萄酿酒股份有限公司共同发起，联合全国18个省份的80多家院校、行业企业和科研院所成立"葡萄酒产业产教融合共同体"，目的就在于进一步有效贯通产业链、创新链、教育链、人才链和科技链，为我国葡萄酒产业持续培育出高素质技术技能型、专业服务型人才。此外，烟台文化旅游职业学院与国内葡萄酒产业龙头企业烟台张裕公司合作成立"张裕文旅产业学院"和"张裕葡萄酒产业学院"，在人才订单式培养、专业建设、研修培训、产学研合作等方面开展产教深度融合领域的探索。

　　秉承"协同育人、双向赋能"的创新发展理念，依托"葡萄酒产业产教融合共同体"部分成员单位的集体智慧，烟台文化旅游职业学院历时两年组织编写出《葡萄酒商务谈判与贸易》《葡萄酒实用英语（Practical English for Wine）》《葡萄酒酒庄与旅游》三本高等职业教育教材，纳入"葡萄酒产业产教融合共同体系列教材"。这既是回应产业发展对人才培养的迫切需求，也是深入开展产教融合的积极实践，更是为构建中国特色葡萄酒职业教育体系做出的重要探索。

我们期待该系列高等职业教育教材，既能成为学生开启葡萄酒文化、旅游、营销、贸易等专业知识学习的一把金钥匙，更希望它能化作中国葡萄酒产业升级的人才培养助推器。教材的"产教融合"基因贯穿始终。编委团队由高校学者、行业服务机构、企业导师与行业领军人物共同组成，确保内容紧贴一线需求。对于高职院校学生而言，这三本系列教材既是进入葡萄酒世界的导航图，也是叩开职业大门的密钥——餐饮管理、进出口贸易、品牌策划等岗位的核心能力均能在书中找到修炼路径；对于行业从业者，它则是更新知识体系、提升商业敏锐度的实用指南。

在不久的将来，我们还将以品酒、侍酒、酿酒等为主题，持续发挥产教融合的力量，开发系列数字教材。数字教材重构了人类认知方式，标志着人类知识传递方式从纸质时代的线性传播向智能时代的立体交互演进。教育公平也通过数字教材获得了技术赋能。这种革命性转变不仅体现在媒介形态的更迭，更在于其重构了知识生产、传播和接收的底层逻辑。数字教材正以颠覆性的创新特质重塑教育图景。有鉴于此，烟台文化旅游职业学院将以葡萄酒专业的教材建设为契机，做出积极的尝试。

最后，我们衷心希望该系列高等职业教育教材的出版，恰逢其时，能够为职业教育与行业需求搭建起一座精准对接的桥梁。

烟台文化旅游职业学院 院长
"葡萄酒产业产教融合共同体"理事长
荆晓玲

Foreword 前言

在全球文化交流日益频繁、旅游产业蓬勃发展的当下，葡萄酒酒庄与旅游的融合呈现出前所未有的活力与潜力。中国葡萄酒市场在历经快速扩张与转型后，对既懂葡萄酒文化又擅旅游运营的复合型人才需求愈发强烈。《葡萄酒酒庄与旅游》教材的编写，旨在为职业院校葡萄酒专业教学及行业从业者提供兼具理论深度与实践指导价值的工具书。

一、编写理念与架构

本书秉持"理论与实践并重、文化与产业交融"的编写理念，依托葡萄酒产业相关的多元资源，凝聚行业专家、学者及一线从业者的智慧，构建起系统严谨的知识架构。葡萄酒酒庄与旅游两大核心篇章，细分多个章节，从世界葡萄酒产区的历史溯源，到旧世界、新世界以及中国经典酒庄的深度剖析；从葡萄酒旅游资源的挖掘，到旅游开发、设计与营销等环节的阐述，循序渐进，全方位呈现葡萄酒酒庄与旅游领域的全貌。教材的第三篇章案例篇，通过国内外葡萄酒酒庄"旅游+"的经典案例，将理论与实践完美结合。这些案例就像一个个生动的故事，展示了酒庄与旅游融合发展的成功范例。教材内容紧密贴合行业实际，深入调研行业需求与发展趋势，力求精准反映产业动态，为读者搭建起一座从理论通往实践的桥梁。

二、特色与创新

1. 跨界融合视角

打破葡萄酒与旅游学科界限，将葡萄酒文化知识与旅游运营管理有机结合，让读者既能领略葡萄酒的醇厚韵味与文化内涵，又能掌握旅游规划、营销等实用技能，培养跨界思维与综合素养。

2. 案例驱动教学

书中精选葡萄酒酒庄与旅游的经典案例，涵盖成功运营典范与创新发展实例。通过对这些案例的深度剖析，引导读者思考、借鉴，提升解决实际问题的能力，增强对行业的洞察力与实操能力。

3. 多元呈现形式

除了丰富的文字阐述，还运用图片、微课和课程PPT辅助说明，使抽象知识可视化。同时，部分章节配套拓展阅读材料等，打造全方位、多层次的学习体验，满足不同读者的学习需求。

三、编写团队与致谢

本教材由王绚丽、张艳娜、王红梅担任主编，吴倩、徐静静、李冉、管衍梅、孙静怡担任副主编。参编人员有赵洪宁、刘宝婷、王宁、王燕燕、咸友敏、崔冰艺、任俐璇、李丛丛（烟台文化旅游职业学院）、李政良（烟台市葡萄与葡萄酒产业发展服务中心）、阮仕立（烟台张裕葡萄酿酒股份有限公司）、李海英（山东旅游职业学院）、程彬（青岛酒店管理职业技术学院）和段人钰（山东城市服务职业学院）。具体分工如下：第一章由孙静怡、刘宝婷编写，第二章由王绚丽、张艳娜、管衍梅、孙静怡、王红梅、赵洪宁编写，第三章由吴倩、王红梅、徐静静、李冉、王宁编写，第四章由吴倩、孙静怡、王燕燕编写，第五章由张艳娜、李冉、咸友敏编写，第六章由徐静静和崔冰艺编写，第七章由李冉、管衍梅和任俐璇编写，第八章由管衍梅、吴倩和李丛丛编写，第九章由王红梅、徐静静、张艳娜、李政良编写。阮仕立、李海英、程彬和段人钰参与资料的收集、案例和"人文园地"板块部分内容的编写。王绚丽负责最后统稿、微课制作的审核以及教材申报出版的相关事宜。张艳娜、王红梅负责数字化资源融入和文本整合修改。

本书的成稿得益于"葡萄酒产业产教融合共同体"的相关单位、烟台张裕葡萄酿酒股份有限公司、烟台市葡萄与葡萄酒产业发展服务中心等单位的大力支持，以及编写组成员的通力协作。特别感谢旅游教育出版社对本教材的审校，山东工商学院唐文龙副教授的全程指导，超星学习通平台提供的教材微课制作指导，以及烟台张裕葡萄酿酒股份有限公司、浙江葡工供应链管理有限公司提供的真实案例素材。限于编者水平，错误和疏漏之处恳请各界专家指正。

编者

Contents
目　录

第一章　世界葡萄酒产区的前世与今生 ·· 1
　　第一节　世界葡萄酒产区的发展历史 ·· 2
　　第二节　世界十大葡萄酒产区 ·· 7

第二章　旧世界葡萄酒产区知名酒庄 ·· 15
　　第一节　葡萄酒酒庄简介 ·· 17
　　第二节　法国知名酒庄 ·· 19
　　第三节　德国知名酒庄 ·· 29
　　第四节　意大利知名酒庄 ·· 36
　　第五节　西班牙知名酒庄 ·· 45
　　第六节　葡萄牙知名酒庄 ·· 52

第三章　新世界葡萄酒产区知名酒庄 ·· 59
　　第一节　美国知名酒庄 ·· 60
　　第二节　智利知名酒庄 ·· 70
　　第三节　澳大利亚知名酒庄 ··· 76
　　第四节　阿根廷知名酒庄 ·· 86

第四章　中国代表性葡萄酒酒庄 ·· 93
　　第一节　中国葡萄酒发展历史 ·· 94
　　第二节　中国代表性葡萄酒酒庄 ·· 100

第五章　葡萄酒旅游概述 ·· 109
　　第一节　葡萄酒旅游的内涵 ··· 110
　　第二节　葡萄酒旅游的产业发展 ·· 117

第六章　葡萄酒旅游资源 …………………………………………… 121
第一节　葡萄酒旅游资源概述 ………………………………… 123
第二节　葡萄酒旅游自然资源 ………………………………… 127
第三节　葡萄酒旅游人文资源 ………………………………… 132

第七章　葡萄酒旅游开发和设计 ………………………………… 141
第一节　国内外葡萄酒旅游的开发模式 ……………………… 142
第二节　葡萄酒旅游产品的开发 ……………………………… 146
第三节　葡萄酒旅游线路的设计 ……………………………… 155
第四节　葡萄酒旅游主题活动的策划 ………………………… 162

第八章　葡萄酒旅游目的地营销 ………………………………… 169
第一节　国内外葡萄酒旅游目的地 …………………………… 171
第二节　葡萄酒旅游的消费者行为 …………………………… 180
第三节　葡萄酒旅游目的地营销策划 ………………………… 192

第九章　葡萄酒酒庄"旅游+"经典案例 ……………………… 203
第一节　国外葡萄酒酒庄"旅游+"经典案例——遗产地 … 205
第二节　国内葡萄酒酒庄"旅游+"经典案例——节事活动 … 216
第三节　国内葡萄酒酒庄"旅游+"经典案例——工业旅游 … 224

参考文献 …………………………………………………………… 230

鸣　谢 ……………………………………………………………… 235

第一章

世界葡萄酒产区的前世与今生

思维导图

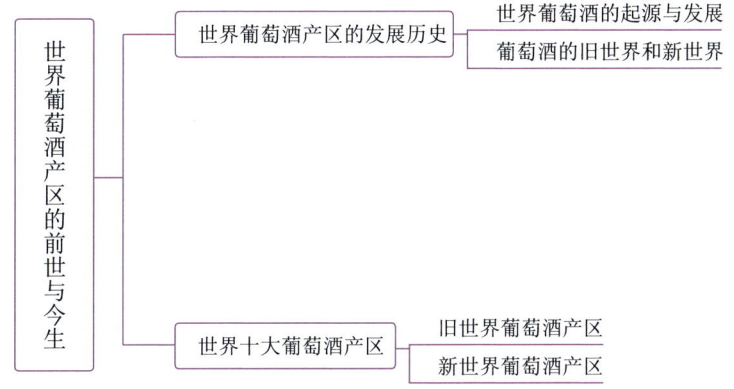

学习目标

1. 了解世界葡萄酒的起源
2. 了解葡萄酒的旧世界和新世界
3. 熟悉世界十大葡萄酒产区

开篇案例

葡萄酒的神秘起源

大约 6500 万年前,一种名叫"葡萄"的小果子第一次出现在这个蔚蓝的星球上,凭借其酸甜可口的味道令无数动物为之钟情。当葡萄果实掉落在不渗水的地方,如石洼处,酒精发酵便悄然开始,葡萄就变成了葡萄酒。人类的繁衍离不开富含能量的食物，果子虽然富含能量，但不易保存。人类在实践中发现糖可以转化成酒精（乙醇），这一发现使我们的祖先懂得了可以通过发酵的方式储存能量。智慧的祖先在食物缺乏的年代通过酒精给自身提供了一定的能量。葡萄酒中富含的酒精不仅能给人带来欢愉，它的杀菌作用也解决了当时人类缺少消毒剂的难题，因此葡萄酒作为洁净的饮品被使用至今。如今，人们已经解决了食物储存、保鲜和洁净饮品的问题，但是葡萄酒却没有因此而没落，反而在当今生活中展现出更多彩的一面，特别是在餐饮、艺术、投资等多个领域备受推崇。

自从人类了解了葡萄酒，就开始了对葡萄酒的驯服。人类通过人为干预提高葡萄的产量和品质，并利用各种技术提高葡萄酒的口感，逐渐形成了葡萄栽培和葡萄酒酿造体系，葡萄酒也从人类的偶然发现逐渐演变成创造性的技术。在距今约 7000 年前，葡萄栽培的技艺逐渐传播开来，南高加索、中亚细亚、叙利亚和伊拉克等地，也相继开启了葡萄种植的历史篇章。

资料来源：张军翔.葡萄酒庄管理［M］.北京：科学出版社，2022

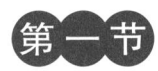 第一节　世界葡萄酒产区的发展历史

一、世界葡萄酒的起源与发展

关于葡萄酒的起源具有争议。部分观点认为，最早用葡萄酿酒的考古证据出自于公元前 7000 年中国河南省贾湖遗址出土的陶器，经研究发现其内壁残存葡萄酒重要成分（酒石酸和酒石酸盐），加之在当地发现的野生葡萄的种子，故认为该酒可能是人类最早的葡萄酒饮品。西方观点则倾向于认为，最早的葡萄酿酒证据为约公元前 6000 年在格鲁吉亚首都第比利斯以南遗址出土的陶罐碎片中发现的葡萄酒化学迹象。在此之前，最早的人类酿酒证据则是于伊朗北部的扎格罗斯山脉发现的最早盛装葡萄酒的陶罐，其历史可以追溯至公元前 5000 年。

源于美索不达米亚平原的古巴比伦史诗《吉尔伽美什史诗》中第十章讲述了英雄吉尔伽美什在寻找永生的旅途中，于太阳神领地发现一座葡萄园，喝了那里酿造的酒就能够长生不老，这部史诗的历史时期推测在公元前 2700 年至前 2500 年。

公元前 2470 年，在埃及第五王朝的法老墓穴中，人们发现了葡萄酒瓶，瓶身刻有产地信息，这些酒来自埃及人与腓尼基人的交易。有记载显示，埃及葡萄种植与葡萄酒酿造始于公元前 1450 年，在哈姆维斯陵墓中发现的一幅埃及人酿酒图可为佐证。

公元前 2000 年，古巴比伦的《汉谟拉比法典》中记载有针对次品销售葡萄酒行为的惩处规定，法典以严苛的惩罚措施打击了不良商人在葡萄酒贸易中弄虚作假的行径，这说明当时的葡萄酒产业已形成较大规模，且在市场中存在一些葡萄酒的劣次品。

公元前 800 年，一些航海家从尼罗河三角洲将葡萄栽培酿造技术带到了希腊，开启了欧洲栽培葡萄与酿造葡萄酒的先河。公元前 6 世纪，希腊人通过马赛港将葡萄栽培和酿造技术传入法国，但在当时葡萄酒并没有引起广泛关注。公元 146 年，罗马人向希腊人学习了葡萄栽培与酿造方法后，在意大利半岛进行了大规模推行，后来葡萄栽培和葡萄酒酿造产业在法国等罗马帝国的殖民地蓬勃发展。随着罗马帝国的崛起与势力扩张，葡萄酒迅速传遍整个欧洲。

公元 5 世纪，基督教会将葡萄酒定为宗教仪式中的圣酒，使其地位进一步攀升。从此，葡萄酒融入了基督徒的生活，修道院的修士成为种植葡萄和酿造葡萄酒的主要力量，并随着传教活动将葡萄与葡萄酒传播至全球。

15 世纪至 17 世纪，大航海时代的到来使葡萄酒文化传入美洲。与此同时，欧洲殖民者将葡萄种植技术带到南非、澳大利亚等地。至此，葡萄酒已成为全球性的饮品。20 世纪初，葡萄酒产业逐渐走向现代化，而科技的飞速发展又推动了酿酒技术的革新，葡萄酒的品质也得到了显著提升。如今，葡萄酒已经融入了大众生活，成为人们喜爱的饮品。

葡萄酒的全球漫游记

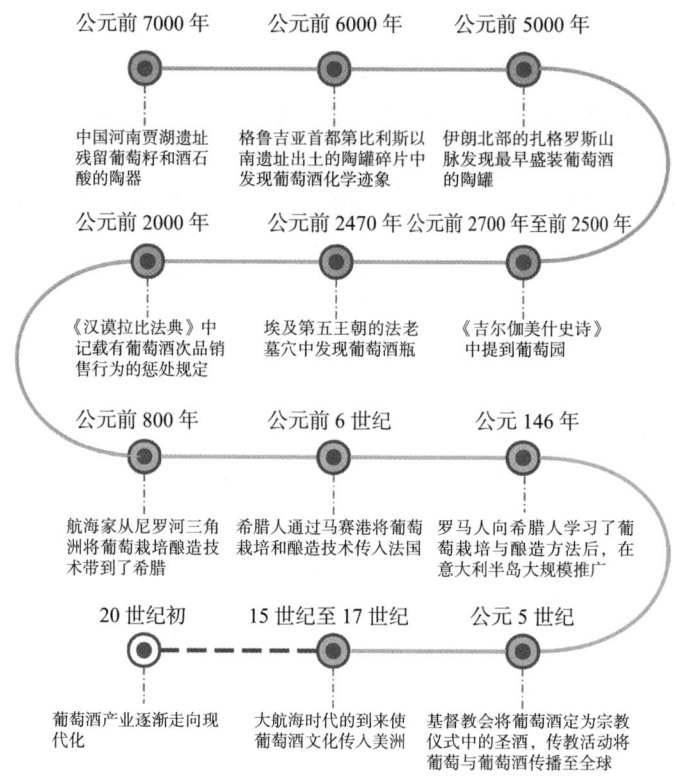

图 1-1 世界葡萄酒发展史的大事件

二、葡萄酒的旧世界和新世界

（一）旧世界葡萄酒

在葡萄酒领域，旧世界主要用来指代欧洲那些历史悠久的葡萄酒生产大国。像法国、意大利、德国、西班牙、葡萄牙，还有奥地利和匈牙利等，由这些国家产出的葡萄酒，被人们称作旧世界葡萄酒。

希腊葡萄酒虽不常被大众提及，却也归属于旧世界葡萄酒的范畴。希腊作为欧洲葡萄种植与葡萄酒酿造的起源地，在葡萄酒发展史上占据着举足轻重的地位。古罗马帝国继承了希腊的葡萄栽培和葡萄酒酿造技术，并凭借军事扩张，让葡萄与葡萄酒在法国、意大利、西班牙、德国等地广泛传播。这些传统的欧洲葡萄酒生产国家，堪称旧世界葡萄酒的经典范例。它们大多处于北纬 20° 至 52° 这一黄金地带，那里的自然条件对酿酒葡萄的栽培极为有利。冬春时节雨水较为集中，而到了夏秋，气候则干燥少雨，呈现出冬暖夏凉的宜人气候特征。不仅如此，当地的土壤条件也十分优越，种种自然因素相辅相成，为这些国家在葡萄种植以及葡萄酒酿造方面赋予了无可比拟的天然优势。

旧世界葡萄酒的特点是沿用传统手工酿制工艺，结合土壤和气候的特征，具有悠久的传统和历史，且规则众多。对于旧世界葡萄酒来说，由于酿酒历史源远流长，人们对传统极度尊崇。从葡萄品种的挑选直到陈酿等一系列环节，都严格遵循着牢不可破的规则，这些规则往往是几百甚至上千年传承下来的，有的更是家族世代相传的宝贵财富。旧世界葡萄酒必须依照政府颁布的法规开展酿酒工作。从葡萄种植环节起，每座葡萄园的葡萄产量都被精准限定。旧世界葡萄酒具有严格的产区分级制度，用于销售的酿酒葡萄品种也必须是法定的。正是因为整个酿酒过程都在法规的严格监管之下，旧世界葡萄酒才得以始终赢得大众的认可与喜爱。

（二）新世界葡萄酒

自15世纪的大航海时代开始，西班牙与葡萄牙的殖民者和传教士从欧洲携带各类葡萄品种，踏上漫长的航海征程，将这些珍贵的品种引入美洲与大洋洲等地，具体来说，主要包括智利、阿根廷、南非、墨西哥等地，还有美国加利福尼亚，澳大利亚主要在东南部，新西兰主要在霍克斯湾、马尔堡等地区。

新世界指的是那些近百余年来在葡萄酒领域崭露头角的国家，它们的葡萄种植历史不过短短百年，涉足葡萄酒行业的时间相对较短，属于葡萄酒世界里的"后起之秀"。在历史上，这些国家大多曾沦为欧洲列强对外扩张时期的殖民地，如美国、澳大利亚、南非、智利、阿根廷以及新西兰等，由它们酿造的葡萄酒，被业界命名为新世界葡萄酒。此外，中国、以色列、巴西等国家产出的葡萄酒，同样也被纳入新世界葡萄酒的范畴。

与旧世界葡萄酒侧重于传统酿造手法不同的是，新世界葡萄酒主要采用更现代的酿造手法，注重将现代科学技术与酿酒的独特性相结合，致力于酿造出符合当代人口味偏好的葡萄酒。在生产过程中，新世界葡萄酒大量运用现代化工艺，既有较高的产量保障，同时也更注重葡萄酒醇厚风味的呈现。通过现代技术手段，葡萄酒中的果香味得以淋漓尽致地展现，使其深受消费者喜爱。

(三)旧世界与新世界之别

旧世界葡萄酒生产国在葡萄种植领域的历史源远流长,并且绝大多数葡萄栽培技术与葡萄酿酒工艺均起源于这些国家。而新旧世界葡萄酒的差异,不仅体现在葡萄种植技术上,在种植品种、酿酒工艺、酿酒特色、产地制度以及相关法律法规等方面,也都存在着显著不同。

1. 葡萄种植品种

旧世界多数是小农式的种植模式,种植规模小,由于悠久历史,保存了丰富的葡萄品种资源。其选用的葡萄种类多样,能够酿造出各式各样的葡萄酒;而新世界葡萄酒所用葡萄品种较少,主要为一些广适性品种,种植规模大。

2. 酿酒工艺

新世界和旧世界葡萄酒酿酒工艺的根本区别在于旧世界的葡萄酒更倾向于手工酿制,在酿酒工艺上更注重传统经验;而新世界的葡萄酒倾向于工业化大规模生产模式,在酿酒工艺上更加注重对现代技术手段的应用。

3. 酿酒特色

旧世界葡萄酒类型多样,所酿造的酒复杂,大多需要经过长时间的陈酿,方能达到最佳饮用状态,也正因如此,旧世界葡萄酒能够契合形形色色的个性需求,满足不同消费者对于葡萄酒独特风味的追求。而新世界酿造的葡萄酒以市场口味为导向,大多散发着浓郁的果香,口感简单易饮;在价格设定方面,更是覆盖了各个档次,能够满足不同消费层次人群的需求。

4. 产地制度与法律法规

旧世界葡萄酒产国拥有历史悠久而且严格的葡萄酒等级制度和产区制度;而新世界葡萄酒产国的葡萄酒法规和产地制度相对来说较为宽松,且更适用于本国。

人文园地

丝路驼铃传酒香:跨越千年的文明对话

公元前 140 年,汉武帝刘彻登基,张骞任职于朝廷,担任郎官一职。到了公元前 138 年,汉武帝计划联合大月氏共同抗击匈奴,于是招募使者出使大月氏。张骞响应招募,肩负使命从长安启程。然而,途中不幸被匈奴俘获,这一被困就是十年之久。但张骞并未放弃,寻得机会成功逃脱。此后,他继续西行,先后辗转大宛、康居,最终抵达大月氏,而后又前往大夏,并在那里停留了一年多。

踏上归程时，张骞特意改变路线，改从南道，依傍南山而行，试图避开匈奴的耳目。可事与愿违，他还是再次被匈奴捕获，又被扣留了一年多。直至公元前 126 年，匈奴内部发生动乱，张骞趁机逃回汉朝。回朝后，他向汉武帝详尽地汇报了西域各地情况。汉武帝对他的功绩予以肯定，授予他太中大夫之职，并封其为博望侯。由于张骞在西域各国颇具威望，此后汉朝派遣的使者多自称博望侯，以此获取各国的信任。

起初，张骞出使西域旨在实现汉武帝联合大月氏抗击匈奴的计划。但此次出使，更重要的意义则在于其推动了汉朝与西域各政权之间的文化交流互动，使得中原文明借由"丝绸之路"迅速向周边地区传播开来。由此可见，张骞出使西域这一历史事件，蕴含着非同寻常的历史意义。张骞凭借其对开辟中国通往西域丝绸之路的卓越贡献，备受世人赞誉。

资料来源：李海英，陈思，李晨光. 葡萄酒文化与风土［M］. 北京：旅游教育出版社，2022.

谈谈丝绸之路对世界葡萄酒文化传播的意义。

 第二节　世界十大葡萄酒产区

葡萄酒是人类文明中的珍贵产物，世界上有许多产区以其优质的葡萄酒而闻名于世，这些葡萄酒产区各自拥有独特的地理环境、气候条件和葡萄种植传统，为世界带来了各具特色的优质葡萄酒。本节内容将分别介绍世界葡萄酒十大产区，包括法国、德国、意大利、西班牙、葡萄牙、美国、智利、澳大利亚、阿根廷、中国。

一、旧世界葡萄酒产区

（一）法国产区

法国葡萄酒历史悠久，可追溯至公元前 600 年左右。法国属西欧国家，地处北纬 43° 至 51°，地形多山地、丘陵，气候有海洋性气候、地中海气候及大陆性气候，河流众多，土壤类型多样，平均降水量从西北往东南为 600~1000 毫米。

法国通过实行原产地控制命名（AOC，Appellation d'Origine Contrôlée 的缩写）制度，对本国葡萄酒进行法律保护。该保护制度将葡萄酒划分为四个类型，即日常餐酒、地区餐酒、优良地区餐酒和法定产区葡萄酒。

法国有"葡萄酒王国"之称，酿酒葡萄品种繁多，包括赤霞珠、梅洛、品丽珠、黑皮诺、歌海娜、西拉、佳美、佳丽酿等在内的红葡萄品种和霞多丽、琼瑶浆、白诗南、小芒森、长相思、雷司令等在内的白葡萄品种。这些品种大多属于欧亚种属，占总葡萄品种的 90% 以上。

法国几乎是一个全国上下种植葡萄的国家，全国划分为 11 个产区，分别为波尔多、西南、勃艮第、博若莱、阿尔萨斯、卢瓦尔河谷、香槟、罗讷河谷、朗格多克 – 鲁西雍、普罗旺斯 – 科西嘉及汝拉 – 萨瓦。

（二）德国产区

德国葡萄酒的历史源远流长，可追溯至罗马时代。德国属于中欧国家，地处北纬 47° 至 55°，以温带气候为主，气候凉爽，地形多样，葡萄园主要位于起伏的丘陵及陡峭的河谷两岸，年降水量 500~1000 毫米，山地则更多。

德国葡萄酒分级遵循欧盟要求，分为法定产区酒（PDO，Protected Designation of Origin 的缩写）与地区餐酒（PGI，Protected Geographic Indication 的缩写）两大类。PDO 分为高级葡萄酒与优质葡萄酒，市场上见到的德国葡萄酒大部分属于 PDO 级别。PGI 分为地区餐酒、日常餐酒，约占总量的 10%。

德国被公认为是白葡萄酒的最佳产地，白葡萄种植面积达到 60%，其中雷司令和米勒 – 图高占到了整个德国葡萄园面积的 1/3。德国种植的白葡萄品种还有西万尼、巴克斯、灰皮诺等。此外，德国也种植少量的红葡萄品种，如黑皮诺、丹菲特、莱姆贝格等。

德国目前共有 13 个葡萄酒产区，分别是阿尔、中部莱茵、弗兰肯、萨克森、符腾堡、莱茵高、巴登、黑森林道、萨勒 – 温斯图特、那赫、摩泽尔、法尔兹、莱茵黑森。13 个产区都有其各自不同的气候、土壤和人文环境。

（三）意大利产区

意大利具有 4000 年以上的葡萄酒历史，是西欧最早酿制葡萄酒的国家。

意大利地处北纬 36° 至 47°，从北到南跨越了 10 个纬度，其土壤构成和气候类型复杂多样。北部属于四季分明的大陆性气候，中部、南部则受地中海气候影响大，干燥少雨。在意大利，火山石、石灰石与坚硬岩石构成了大部分土壤的基础成分，同时，大量砾石质黏土广泛分布其中。这种丰富多样的土壤环境，为意大利境内品类繁多的葡萄品种提供了得天独厚的生长根基。

意大利葡萄酒等级划分于 1963 年开始实施，遵循欧盟基本的优质葡萄酒与餐酒两个等级，每个基本级别分为两个子等级：优质葡萄酒分为优质法定产区葡萄酒与法定产区葡萄酒两个子等级，餐酒分为地区餐酒与日常餐酒两个子等级。

意大利的葡萄品种十分丰富。红葡萄品种包括桑娇维塞、莱弗斯科、赤霞珠、品丽珠、内洛马洛、马斯卡斯奈莱洛等，白葡萄品种包括格雷拉、卡塔拉托、灰皮诺、霞多丽、白莱拉等，其中桑娇维塞红葡萄品种的栽培面积最大。

意大利的葡萄酒产区按位列方位的不同可分为西北产区、东北产区、中部产区及南部产区四大部分，具体来说包括瓦莱塔奥斯塔、拉齐奥、皮埃蒙特、莫利塞、利古里亚、卡拉布里亚、伦巴第、阿布鲁佐、特伦托、巴斯利卡塔、翁布里亚、马尔凯、艾米利亚 – 罗马涅、弗留利 – 威尼斯 – 朱利亚、普利亚、托斯卡纳、坎帕尼亚、威尼托、西西里岛和撒丁岛。

（四）西班牙产区

西班牙具有 4000 多年的葡萄酒酿造历史，是全世界葡萄种植面积最大的国家。西班牙地处北纬 36° 至 43°，具有岩石、轻砂石、铁矿石等多种类型的土壤，呈三种气候带，包括北部及西北部沿海的温带海洋性气候、中部高原的极端大陆性气候、南部与东南部的地中海气候。

随着西班牙葡萄酒产业的蓬勃发展，西班牙人愈发清晰地认识到对本国葡萄酒实施法律层面的保护至关重要，于是在 1932 年创立了原产地命名制度（DO，Denominación de Origen 的缩写），2003 年西班牙又对葡萄酒等级制度进行了重新修改。新修改的制度将葡萄酒划分为优质 PDO（法定产区葡萄酒）和 PGI（地理标志葡萄酒）。优质 PDO 包括酒庄葡萄酒、优质原产地命名葡萄酒、原产地命名葡萄酒、有地理标志的优质葡萄酒；PGI 包括地区餐酒、日常餐酒。

尽管西班牙葡萄品种也十分多样，但其酿酒葡萄却只有 20 种左右，包括丹魄、歌海娜、佳丽酿、马卡贝奥、帕雷亚达、慕合怀特、沙雷洛、门西亚等。

西班牙是世界上重要的葡萄酒生产国，全国葡萄酒产区可以分为6个大产区，分别是上埃布罗产区，包括里奥哈、纳瓦拉；加泰罗尼亚产区，包括佩内德斯、普里奥拉托；杜罗河谷产区，包括杜罗河畔、托罗、卢埃达；西北部产区，包括下海湾地区、比埃尔索；莱万特产区，包括瓦伦西亚、胡米亚、耶克拉；以及拉曼恰产区。

（五）葡萄牙产区

葡萄牙地处北纬36°至42°，地形北高南低，多为山地和丘陵，内陆地区偏向大陆性气候，北部属于北大西洋季风气候，越往南部气候越温暖。

葡萄牙将葡萄酒分为四个等级：法定产区酒（DOC，Denominacāo de Origem Controlada 的缩写）是葡萄牙最高的等级；优良产区酒（IPR，Indication of Regulated Provenance 的缩写）是葡萄牙加入欧盟后新设立的等级，属于法定产区酒与地区餐酒的过渡级；地区餐酒（VR，Vinho Regional 的缩写）相当于法国的地区餐酒（VDP，Vin de Pays 的缩写）；日常餐酒（VDM，Vinho de Masa 的缩写）则是葡萄牙最低级别的葡萄酒。

葡萄牙的葡萄品种基本上为本国本土品种，国际品种较少。该国最优质、最独特的红葡萄品种是国产多瑞加、卡斯特劳、特林加岱拉和巴加，主要的白葡萄品种有阿林图、奥瓦里诺等。

葡萄牙是一个以红葡萄酒为主导的国家，近几年白葡萄酒也越来越受到重视。葡萄牙葡萄酒的主要产区包括绿酒产区、塞图巴尔半岛、特茹、杜罗河谷、杜奥、里斯本、拉福斯、阿连特茹、百拉达、马德拉群岛10个产区。

二、新世界葡萄酒产区

（一）美国产区

美国位于北美洲，地处北纬25°至49°，气候类型多样，大部分地区属于大陆性气候，南部属亚热带气候，地势西高东低，石灰石、黏土、火山灰等土壤类型丰富，这为葡萄品种多样性提供了条件。

美国借鉴了欧洲原产地概念，依据本土多样的气候与地理条件，建立了美国法定葡萄种植区，即AVA（American Viticultural Area 的缩写）制度。该制度相对来说较为宽松，在划定产区时仅依据风土条件、地理位置、土壤条件等外部因素。

美国葡萄品种与其他新世界产酒国一样，大部分为国际品种，红葡萄品种有佳丽酿、赤霞珠、西拉、梅洛、品丽珠等；白葡萄品种有金粉黛、长相思、白诗南、霞多丽、琼瑶浆等。

美国葡萄产区主要集中在加州、俄勒冈州、华盛顿州等地区，包括加州纳帕县、加州索诺玛县、加州门多西诺县、加州中部海岸、加州中央山谷、俄勒冈州、华盛顿州、纽约州等大产区。

（二）智利产区

智利位于南美洲西南部，地处南纬18°至57°，气候类型多样，河流众多，自然环境极其优越。作为世界上最狭长的国家，智利拥有得天独厚的自然条件，其多样的气候和地质条件为葡萄生长提供了最理想的环境。

智利在法规制度方面有着自身独特的一面。相较于旧世界传统产区，智利的葡萄酒法规相对宽松，并未设立法定的葡萄酒分级体系。在智利，酒庄通常会依据自身的标准进行产品划分，常见的分类方式包括品种级、珍藏级、特级珍藏级、家族珍藏级以及至尊限量级等。由于各个酒庄对品质把控的标准和侧重点不同，不能简单地将不同酒庄同一级别的葡萄酒进行直接对比。评价一款酒的优劣，需要深入考察酒庄对于不同品质层级设定的具体要求。

智利主要以波尔多品种为主，其他品种为辅，白葡萄品种与红葡萄品种的比例分别约为25%和75%。红葡萄品种包括佳美娜、梅洛、西拉等，其中最具特色的品种当属佳美娜；白葡萄品种包括霞多丽、长相思等，品种多样。

智利葡萄酒产地主要分布在以首都圣地亚哥为中心的南北走向山谷带，自北向南葡萄酒产区依次排开，主要包括科金博区、阿空加瓜区、中央谷区、南部区等区域，涵盖艾尔基谷、卡萨布兰卡谷、迈坡谷、伊塔塔谷等多个产区。

（三）阿根廷产区

阿根廷位于南美洲东南部，地处南纬21°至55°，是南美最大的葡萄酒生产国。阿根廷北部属热带气候，南部为温带气候，中部属亚热带气候，气候异常干燥。因气候炎热，葡萄大多种在300~2400米地带，昼夜温差的增加可以很好地调节葡萄的糖分、酸度的平衡，这也是阿根廷葡萄种植成功的关键。

阿根廷像其他新世界产酒国一样，没有特别复杂严格的葡萄酒分级制度。1999年其国家农业技术研究院提出了一系列方案，经政府核定成为阿根廷法定产区标准（DOC，Denominatión de Origen Controlada 的缩写）的法令，该制度实施至今已经核定了四个法定产区，即路冉得库约法定产区、圣拉斐尔法定产区、迈普法定产区、法玛提纳山谷法定产区。

阿根廷是以出产果味突出的红葡萄酒为主的国家，红葡萄品种大约占总种植面积的 2/3。红葡萄品种主要包括梅洛、马尔贝克、赤霞珠、伯纳达等；白葡萄品种主要包括特浓情、霞多丽、长相思等。其中，马尔贝克是阿根廷种植量最大的葡萄品种，伯纳达是阿根廷种植量第二的红葡萄品种，特浓情是阿根廷特色白葡萄品种。

阿根廷葡萄种植面积十分广阔，北部地区包括萨尔塔、卡达马尔卡、图库曼，库约地区包括拉里奥哈、圣胡安、门多萨等产区，巴塔哥尼亚包括拉帕玛、黑河、内乌肯等产区。其中最重要的产区是门多萨。

（四）澳大利亚产区

澳大利亚位于南太平洋和印度洋之间，地处南纬 10°至 43°，东部山地，中部平原，西部高原，北部属于热带，南部属于温带，沿海地带雨量充足。澳大利亚气候多属于地中海气候，拥有非常多样、独特的土壤类型，这些都有利于葡萄的生长。

澳大利亚像其他新世界产酒国一样，基本没有葡萄酒法律法规，仅采用产地标示（GI，Geographical Indications 的缩写）命名体系来确保酒标上所标示信息来源的真实性。澳大利亚 GI 制度为官方制定，规定指明了产地标识，把葡萄酒产区分为大区、产区和次产区三级。

澳大利亚几乎没有原产葡萄品种，大部分品种都是从外部引进而来。澳大利亚主要的酿酒葡萄品种为长相思、霞多丽、设拉子、赛美蓉、赤霞珠、梅洛和雷司令等。现今，澳大利亚已经开始人工培育一些新品种，包括森娜和特宁高等。

澳大利亚国土广阔，主要葡萄酒产区划分为多个范围区域，每个区域内又包含了众多知名的产区。如南澳大利亚州包括巴罗萨产区、伊顿谷产区、阿德莱德山产区、克莱尔谷产区、麦克拉伦谷产区、库纳瓦拉产区等；新南威尔士州包括猎人谷产区、滨海沿岸产区等；维多利亚州包括雅拉谷产区、吉朗产区、墨累河产区等；西澳大利亚州包括玛格利特产区等；塔斯马尼亚州包括塔斯马尼亚岛产区等。

（五）中国产区

中国是一个多山国家，气候条件复杂多样，南北纬度跨度大，葡萄园大多种植在北纬25°至45°广阔的地域里，土壤、地形、湖泊、河流等风土资源丰富多变，这些条件为中国葡萄种植的多样性提供了条件。

中国的葡萄种植区域十分广泛，葡萄品种具有多样性。随着葡萄酒市场的快速发展，酿酒葡萄的种植与生产正在快速提升。中国主要红葡萄品种有赤霞珠、黑皮诺、梅洛、佳丽酿、品丽珠、蛇龙珠以及一些本土（亚洲种群）品种山葡萄、刺葡萄、欧美杂交以及山欧杂交品种等；白葡萄品种主要有贵人香、威代尔、霞多丽、琼瑶浆、长相思、白诗南、雷司令、小芒森以及本土品种龙眼等。

中国的葡萄酒产区可以按照不同的地理方位大致划分为东部、中部、西部和南部四大片区。具体可以细分为山东、河北、京津、山西—陕西、宁夏—内蒙古、甘肃、新疆、东北、黄河故道、西南以及其他特殊产区（湖南一带）。

人文园地

酒香漫途：解码葡萄酒与文旅融合的时代交响

波尔多在全球葡萄酒版图中占据着举足轻重的地位。作为世界闻名的葡萄酒产区，波尔多产出的顶级美酒不计其数，是无数葡萄酒爱好者魂牵梦萦的旅游目的地。在波尔多市区加龙河畔，矗立着一座别具一格的葡萄酒文化城。2016年，葡萄酒文化城正式面向公众开放，其功能丰富多样，除了设有常设展区、临时展区，全年还会不间断举办各类主题活动与讲座。这里还有全方位观景品鉴楼，人们能一边欣赏美景一边品鉴美酒；大礼堂可举办大型活动；阅览室静谧温馨，满是葡萄酒相关的书籍资料；工作坊为爱好者提供实践空间；花园环境宜人，为整个文化城增添自然韵味，堪称葡萄酒爱好者的梦幻乐园。其中，常设展览区面积超3000平方米，划分成19个主题板块，并贴心配备8种语言的导览器，方便世界各地的游客深入了解葡萄酒文化。

参观游览葡萄酒文化城是"酒旅融合"发展的新模式之一。随着全域旅游的发展，旅游新业态的探索不断深入，从观光休闲到多元化体验游，"酒旅融合"涌现出了更多的发展形式。中国的各大葡萄酒产区也在致力于丰富葡萄酒产业的发展，这不仅能推动地方经济发展，而且能够传播葡萄酒文化。以贺兰山东麓银川产区为例，该产区不断开发酒庄休闲旅游产品，推动葡萄酒文化发展，着眼打造世界级葡萄酒旅游目的地，奋力谱写银川高质量发展新篇章，致力于让中国葡萄酒绽放在世界舞台。

资料来源：张红梅，曹晶晶.葡萄酒文化旅游[M].南京：南京大学出版社，2021.

推动葡萄酒与文化旅游产业的融合发展已成大势所趋，谈谈"葡萄酒＋文旅"融合发展的必要性。

主要术语

旧世界；新世界；法定产区；原产地命名制度

思考与讨论

1. 如何区分新世界与旧世界的葡萄酒？
2. 在葡萄酒领域，旧世界指的是哪些国家？
3. 法国葡萄酒的分级制度是怎样的？
4. 中国有哪些葡萄酒产区？

任务实训

1. 葡萄酒在中国有着悠久的历史传承。试以小组为单位，调查分析中国葡萄酒的发展史，并形成一份调查报告。
2. 试绘制世界十大葡萄酒产区分布示意图，并为每个葡萄酒产区制作产区名片。

第二章

旧世界葡萄酒产区知名酒庄

🌸 思维导图

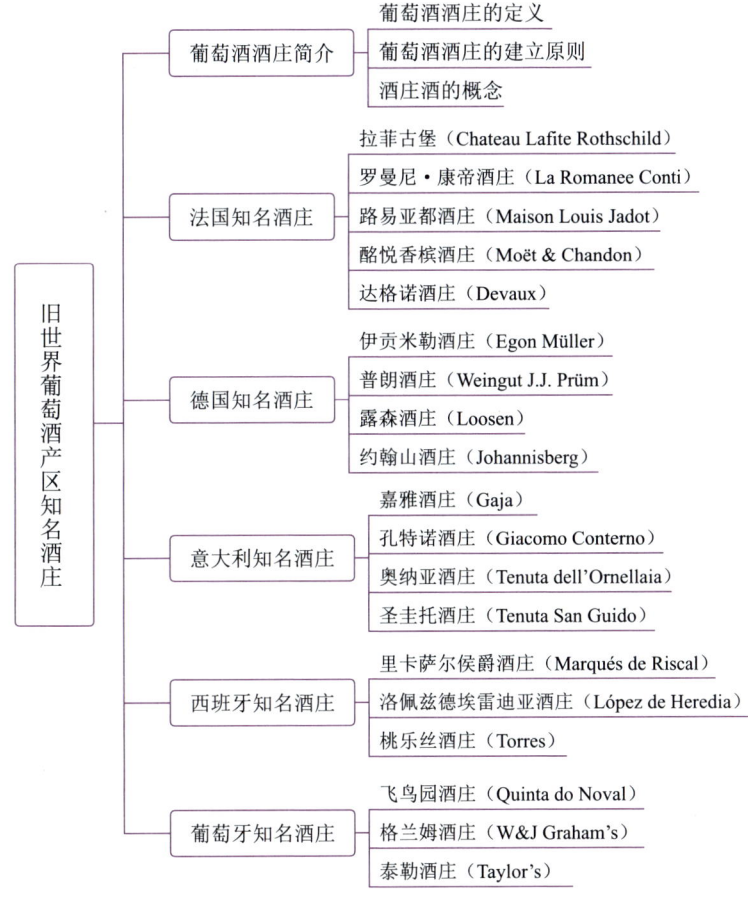

> **学习目标**
>
> 1. 了解葡萄酒酒庄建立原则
> 2. 了解法国酒庄分级体系及知名酒庄概况
> 3. 了解德国、意大利、西班牙、葡萄牙知名酒庄概况

开篇案例

葡萄酒酒庄分级历史及发展

葡萄酒酒庄分级产生于1855年,法国正处于拿破仑三世的统治期间,巴黎世界博览会成为推广波尔多葡萄酒的契机,因此拿破仑三世要求波尔多葡萄酒商会负责筹办展览,并对酒庄进行等级划分。

波尔多商会将这项浩大繁复的工程交由葡萄酒批发商的官方组织Syndicat of Courtiers去完成,要求Syndicat of Courtiers在两周之内完成对吉伦特地区红酒生产者的五级分类。Syndicat of Courtiers很快制定出分级方案,囊括了58个酒庄,其中1个超一级酒庄,即伊甘酒庄(d'Yquem),4个一级酒庄,即拉菲(Lafite-Rothschild)、拉图(Latour)、玛歌(Margaux)和红颜容(Haut-Brion),分级几乎集中于梅多克地区,唯一的例外是来自格拉夫产区的红颜容和被忽略的右岸名庄白马酒庄。可以看出这项分级制度存在明显的局限性。在最初的分级中,每级中酒庄顺序不同,同级别酒庄也有先后之分,此举引发了很多批评。1855年9月,Syndicat of Courtiers给波尔多葡萄酒商会写信,提出同一个级别内不存在先后顺序,商会此后按照字母顺序调整分级名单,这样一来,风波得以平息。

自1855年以来,酒庄多次易名、易主,即便易主、更名,曾经荣膺等级庄的地位依然保留。唯一的变化发生在1973年,享负盛名的木桐终于由二级酒庄跻身一级酒庄,构成了"六大名庄"。

20世纪中叶,格拉夫地区和圣爱美隆地区也开展酒庄分级工作,但不像梅多克地区那样细致划分为5个等级。被纳入分级的酒庄统称"列级酒庄",酒标上有"Grand Cru Classe"标识。

第一节　葡萄酒酒庄简介

一、葡萄酒酒庄的定义

葡萄酒酒庄是指既具有葡萄酒酿造功能，又具有葡萄酒贮存功能的场所。葡萄酒酒庄一般而言是归属于土地的所有者，在酒庄内就能完成种植葡萄、葡萄酒酿造与贮存以及灌装等。从功能上来划分，酒庄具有两种功能：一是具有旅游的功能，即利用独特的田园景色、酿酒文化和品酒活动吸引大批的游客前来参观；二是具有酿酒的功能，即从种葡萄到酿造葡萄酒以及储藏，从前期的葡萄植株精细栽培到葡萄酒的精细酿造全程严格控制，只追求高品质的葡萄酒。

二、葡萄酒酒庄的建立原则

（一）"3S"原则

"3S"原则强调酒庄位置选择要符合有海洋（sea）、沙滩（sand）和阳光（sun）这三个条件。这种观点主要是立足于酒庄旅游功能开发。而拥有海洋、沙滩和阳光三要素的酒庄，可以营造迷人的海滨度假气氛，因此游客在酒庄除了能看到迷人的海景和享受沙滩与阳光之外，还能深入感受酒庄独特的酿酒文化和品酒乐趣，酒庄对游客的吸引力也就大大增加了。

（二）适宜生长原则

在适宜葡萄生长的地方建酒庄。葡萄是酿制葡萄酒的关键原料，酿酒原料的品质决定了葡萄酒的品质。气候、土壤条件的适宜，是葡萄生长的先决条件，在这样的地方建酒庄，就可以保证酿制用葡萄的品质，为酿制佳酿打好基础。从品种的抉择，到种植中对葡萄进行田间管理，再到采摘的时机，都与葡萄生长的小环境紧密相关，只有在合适的环境中，才能确保产出的葡萄具备酿造顶级葡萄酒的潜力。

三、酒庄酒的概念

在葡萄酒领域,常提及的酒庄酒与庄园酒两者在本质上一样,只是叫法不同,都是指在当地酒庄里酿造的葡萄酒。但是并不是所有带有"酒庄酒"字样的都是货真价实的酒庄酒。真正意义上的酒庄酒需要同时具有以下三大要素:

其一,酒庄需坐落于适宜葡萄种植的地区,并拥有专属于自身的葡萄种植园。优质的土壤、适宜的气候,这些得天独厚的地理条件是培育出高品质酿酒葡萄的基础。

其二,园内栽种的葡萄不是用来对外出售的普通商品葡萄,而是用于酒庄酿酒的,这就保证了从葡萄的种植到葡萄酿成酒的全过程都是严格按照酒庄自己的酿酒理念和风格来进行把控,每一颗葡萄都能为酿出一款独有的葡萄酒而努力。

其三,葡萄酒的酿造和灌装必须在酒庄自己的庄园中完成。这一完整的生产链条,使得酒庄对葡萄酒品质从发酵的温度控制直至最后的灌装实现全过程的精细化的管控,而橡木桶的选择、温度的调节、酿造的品质等每一步更显示其对品质的追求。

只有同时符合这三个要素的葡萄酒才能当之无愧地被称为酒庄酒。

◎ 人文园地

贺兰山下的匠心传承:紫霞酒庄的品质之道

宁夏贺兰山脚下的紫霞酒庄,以专业与情怀书写着葡萄酒产业的发展传奇。酒庄选址严格遵循"适宜生长原则",充分利用贺兰山产区充足日照、昼夜温差大及砂砾土壤的独特风土,为优质酿酒葡萄的生长提供天然保障。同时,酒庄巧妙融合旅游功能,通过葡萄园步道、地下酒窖体验区和文化博物馆,将酿酒工艺与西北风光有机结合,打造葡萄酒+文旅开发的典范。

在葡萄酒酿造过程中,酒庄始终坚守匠心品质。从葡萄品种选育、田间管理到精准采收,每一个环节都凝聚着酿酒师的专业与专注。"尊重每一串葡萄,让自然风味完美绽放"的理念,生动诠释了工匠精神的内涵。紫霞酒庄积极践行社会责任,采用有机种植方式保护生态环境,并通过技术帮扶带动周边农户共同发展。同时,酒庄深入挖掘中国葡萄酒历史,将传统工艺与现代技术相结合,在文化博物馆中展现中国葡萄酒的千年传承。

通过紫霞酒庄事例,让学生深刻理解这座将专业知识与人文教育深度融合的酒庄。酒庄不仅传授了葡萄酒产业的核心知识,也有助于激发学生的工匠精神、责任意识与文化担当,为培育德才兼备的高素质专业人才提供了实践样本。

请谈谈你对葡萄酒企业践行社会责任的理解。

第二节 法国知名酒庄

法国并不是最古老的葡萄酒生产国,但它确实是众多著名酒庄的汇聚地。法国的酒庄在全球范围内具有不可撼动的地位。法国经典的酒庄主要分布在波尔多、勃艮第、阿尔萨斯、香槟和卢瓦尔河谷等地区,知名葡萄酒酒庄近 2000 个。

一、拉菲古堡(Chateau Lafite Rothschild)

(一)拉菲古堡简介

拉菲古堡作为葡萄酒世界中的璀璨明珠,荣膺一级酒庄的殊荣。其酒品风格刚劲且浑厚,在众多葡萄酒爱好者心中占据着极为重要的地位。目前,酒庄由埃力克·罗斯柴尔德男爵(Baron Eric de Rothschild Francois Pinault)掌管。

拉菲古堡葡萄园种植面积达 112 公顷,园内葡萄树的树龄为 9 年左右。拉菲古堡葡萄园分布在围绕古堡的山丘上、古堡西方的卡旭德高原和接近酒庄的圣埃斯泰夫村的约 4.5 公顷的土地上。这片种植园阳光照射充足,底层土壤为第三纪石灰岩,上覆厚厚的细砾石和由风化形成的砂砾质土壤,排水性能好,为葡萄生长提供了得天独厚的条件。在拉菲古堡所用的酿酒原料中,树龄低于 10 年(大约 20 公顷的葡萄树)的植株果实根本不会用来酿酒。而用于酿造正牌酒的平均树龄大约为 45 岁,"采石场(La Graviere)"地块的葡萄树种植于 1886 年,树龄堪称酒庄之最。

拉菲古堡葡萄酒的产量极其稀少,每年仅能生产 20 000~30 000 箱(每箱

12 瓶，每瓶 750 毫升），其中正牌酒平均年产量约 16 000 箱。极其稀少的供应量也造就了拉菲葡萄酒在市场上供不应求的状态，平均 2~3 棵葡萄藤的产出才能酿出一瓶酒，这也致使拉菲葡萄酒越发珍贵。赤霞珠位居葡萄品种之首，比例为 70%，剩余的是 25% 梅洛、3% 品丽珠以及 2% 味而多，多种葡萄品种相互掺杂，呈现出拉菲葡萄酒丰富多样的口感。

1982 年、1986 年、1996 年、1998 年、2000 年、2003 年、2008 年、2009 年、2010 年、2015 年、2016 年是以往岁月中被认为酒庄的最佳年份，特别是 1982、1986、1996、2000 年份酒庄出品的正牌 100 分红葡萄酒更是受到美酒收藏家和爱好者的追逐。

（二）酒庄发展历史

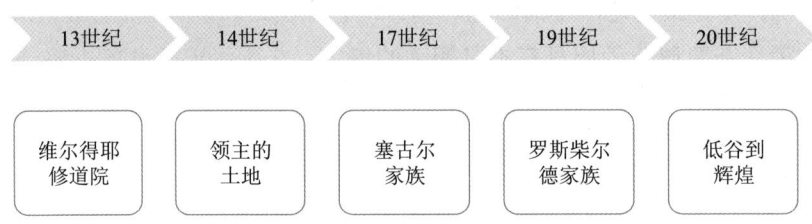

图 2-1 拉菲古堡的发展历程

拉菲古堡的历史可追溯至 1234 年，当时法国境内修道院林立，而现在的拉菲古堡所在地，正是波雅克村北部的维尔得耶修道院所在地。14 世纪时，拉菲古堡成为中世纪领主的土地，"Lafite" 是加斯科涅方言，意为"小山丘"。

17 世纪，塞古尔家族的到来拉开了拉菲古堡正式创立的序幕。雅克·塞古尔侯爵在 17 世纪七八十年代精心打造酒庄，随后其子亚历山大·塞古尔继承，通过联姻，家族势力进一步壮大。其孙尼古拉-亚历山大·塞古尔管理期间，酒庄迎来早期辉煌。但随着塞古尔家族男性继承人的缺失，拉菲古堡产权陷入混乱，但酒庄葡萄酒品质依旧上乘。1868 年，詹姆斯·罗斯柴尔德男爵在拍卖会上购得酒庄，拉菲古堡自此进入罗斯柴尔德家族时代。然而，男爵在购得酒庄仅三个月后便离世，酒庄由其三个儿子共同继承。在家族的悉心经营下，酒庄持续辉煌了约 15 年。

19 世纪末至 20 世纪上半叶，根瘤蚜虫害、战争、经济危机等诸多灾难接踵而至，严重冲击了全球葡萄酒业。法国沦陷期间，拉菲古堡被德军征用，酒庄的发展陷入低谷。尽管如此，1899、1900、1926 和 1929 年份的拉菲酒品质依旧出众。

1945 年底，罗斯柴尔德家族重掌酒庄，1945、1947、1949 年的葡萄酒作为战后的经典得以流传。1956 年受到霜冻的重创，幸运的是 1959 和 1961 年的优秀年份为酒庄开创了新的局面。在经历了波尔多危机之后，埃里克·罗斯柴尔德男爵负责并主导整个酒庄的发展，革新技术并扩大酒庄版图。2018 年，曾经出任酒庄侍酒师的赛斯吉娅·罗斯柴尔德从父亲手中接过主席位置，承担续写辉煌的使命。

（三）酿造特点

拉菲古堡的酿造工艺在坚守传统中融入了现代工艺。在种植环节，酒庄会严格把控亩产数量，坚持不使用或尽量不使用化肥。酒庄的工作大部分都由人工完成，葡萄的采摘过程也是由人工完成，以保持对葡萄品质的把控。葡萄采摘后按照地块进行分类，放入不同的发酵罐中，使其充分保留每块土地的风土特征。在酒精发酵完成之后，酒液进行苹果酸–乳酸发酵，然后放入小橡木桶中熟成。在橡木桶中陈酿期间，酒庄会定期品尝以实时监控葡萄酒的变化，在次年的 3 月会对葡萄酒进行第一次倒罐，之后混合不同地块的酒液，再经历 18 至 20 个月的熟成，之后再进行几次倒罐并用蛋清进行澄清，6 个月后装瓶上市。

二、罗曼尼·康帝酒庄（La Romanee Conti）

（一）酒庄简介

罗曼尼·康帝酒庄，在葡萄酒爱好者中常以"DRC"的简称闻名遐迩，是勃艮第地区当之无愧的明星酒庄。酒庄坐拥多个特级葡萄园，如声名远扬的罗曼尼·康帝园和拉塔希园。此外酒庄在里奇堡、依瑟索以及大依瑟索等特级葡萄园也均有土地，总面积达 506.2 英亩（204.85 公顷），仅罗曼尼·康帝园就占地 67.5 英亩（27.32 公顷）。园内种植的红酒葡萄品种全部为黑皮诺（Pinot Noir），葡萄植株平均年龄达 50 年，年产量约 7000 箱。

该酒庄酿制的葡萄酒可谓葡萄酒中的奢侈品，风味复杂而浓郁，香气丰富。该酒庄始终坚持选用产量稀少的老藤葡萄作为酿酒原料，晚采收、优质的天然园地和熟成采用的先进技术等共同造就了葡萄酒中佳酿的品质。其中，罗曼尼·康帝葡萄酒最为引人注目，无愧于"天下第一园"所产佳酿的美誉，因其价格高昂，常被视作亿万富翁的杯中物。葡萄酒权威罗伯特·帕克对罗曼尼·康帝各年份葡萄酒均给予了极高的评分，全都高于90分，其中2005年份的葡萄酒更是高达99~100分。

酒庄的销售策略也比较特别，一般很少单卖，只有购买了12瓶酒庄其他葡萄园的葡萄酒才搭配销售1瓶罗曼尼·康帝，这也为其增加了一丝神秘的色彩。

（二）酒庄发展历史

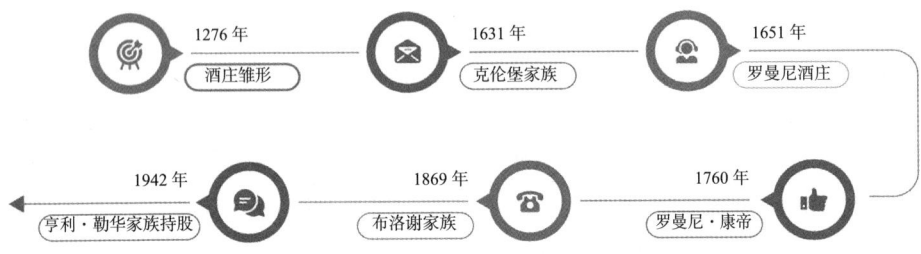

图2-2　罗曼尼·康帝酒庄的发展历程

罗曼尼·康帝葡萄园位于冯内罗曼尼村西侧，作为法国古老葡萄园之一，其历史可追溯至中世纪的圣-维旺修道院。12世纪起，在西多会教士的建设下，修道院区域的葡萄种植与酿酒已在当地小有名气。1232年，勃艮第女公爵艾利克丝·德维吉以法律证明的形式确保了修道院在土地、葡萄种植及收获方面的权益。随着修道院不断扩张，1276年，院长伊夫·德夏桑购入一块园区，其中就包含如今的罗曼尼·康帝酒庄。

1631年，酒庄被克伦堡家族收购，1651年更名为罗曼尼酒庄。在克伦堡家族的管理下，酒庄声誉日隆，酒价飙升，除蒙哈榭产区外，其酒价比周边优质酒庄贵出数倍。1760年，深陷债务的克伦堡家族不得不出售酒庄。当时，法国国王路易十五的堂兄弟康帝亲王与国王宠爱的情妇蓬巴杜夫人展开激烈争夺，最终康帝亲王成功购得，酒庄也由此得名罗曼尼·康帝。1789年法国大革命爆发，康帝家族遭驱逐，酒庄被充公。此后，酒庄频繁转手。1869年，雅克·玛利·迪沃·布洛谢以26万法郎买下酒庄。在其家族的精心经营下，酒庄逐步达到勃艮第乃至世界顶级酒庄的高度。1942年，亨利·勒华购入酒庄一半股权，至此酒庄由两个家族共同持有。

罗曼尼·康帝酒庄也曾历经坎坷，19世纪60年代，根瘤蚜虫肆虐法国，酒庄险象环生，靠着高价化肥才得以保全。1945年，受到春季冰雹与第二次世界大战双重打击，葡萄园老藤损毁严重。虽从拉塔希葡萄园引种新苗，但为保证品质，酒庄此后6年未生产罗曼尼·康帝酒，不过这些磨难并未阻挡其成为葡萄酒界传奇的脚步。

（三）酿造特点

罗曼尼·康帝酒庄秉持顺应自然理念，对葡萄园管理极为严苛。葡萄收获量极低，每公顷约种1万株葡萄树，平均3株才酿1瓶酒，年产量仅为拉菲古堡的1/50。采收时，葡萄园严禁闲杂人等进入，由熟练工人逐串采摘，经严格筛选后用于酿造，所用木桶均由风干3年的新橡木制成。

三、路易亚都酒庄（Maison Louis Jadot）

（一）酒庄简介

路易亚都酒庄坐落于法国勃艮第中心的核心区域，堪称最能精准表达勃艮第葡萄酒精髓的佳作。酒庄的葡萄园占地154公顷，宛如宽广的绿海，星罗棋布地分布在勃艮第地区，其中最为突出的是超过50%的葡萄园为一级园和特级葡萄园，这是保证酒庄品质的瑰宝。更令人叹为观止的是，全部的葡萄园仅由两名酿酒师精心照料。

园内种有不同年份的霞多丽、黑皮诺和佳美的葡萄品种。树龄从20年到80年不等，或许这便是酒庄最好的财富，每株树披裹着岁月的痕迹，孕育出风味独特的葡萄果实。

（二）酒庄发展历史

1859年，亚都家族怀着对葡萄酒的热爱，建立了路易亚都酒庄，他们第一步便是收购了位于伯恩的一级葡萄园——乌尔苏礼克洛，从此拉开了酒庄的辉煌序幕。之后酒庄迎来了100年的辉煌时期，亚都家族凭借着对葡萄酒事业的满腔热忱和卓越的管理能力，牢牢地把控着酒庄的发展方向。

直到1954年，时任路易亚都酒庄主人路易斯·奥古斯特·亚都（Louis Auguste Jadot）邀请安德烈·盖吉（Andre Gagey）担任酿酒师。安德烈·盖吉以其高超的酿酒技艺很快在这个酒庄崭露头角。1962年，路易斯·奥古斯特·亚都不幸去世，安德烈·盖吉毅然担起路易亚都酒庄负责人的担子，并带领酒庄继续前行。1984年，亚都女士（Madam Jadot）将路易亚都酒庄出售给了远在美国、致力于收购顶级葡萄园的科普夫家族（Kopf Family），但值得欣慰的是酒庄的管理层并未因此而改变，安德烈·盖吉依然是在自己的岗位上为酒庄的发展保驾护航；1992年，安德烈的儿子皮埃尔－亨利·盖吉（Pierre－Henry Gagege）继承家业，子承父业，担任酒庄负责人一职，继续谱写酒庄及家族的传奇。

（三）酿造特点

在酿酒工艺上，路易亚都酒庄独树一帜。其所用的葡萄，一部分源自自家精心呵护的葡萄园，另一部分则是通过与葡萄种植者签订合同购入。

酒庄的橡木桶皆为自制，酒庄的工匠们技艺娴熟，每人每天能够制作五个橡木桶。路易亚都酒庄在橡木的处理上更是一丝不苟，橡木一般在制酒桶时要放置大约两年时间，但是路易亚都酒庄还要再等一年，他们认为用三年自然风化的橡木制作的酒桶，会与葡萄酒完美地结合，不会让橡木的味道盖过酒的香味，还能让酒带上橡木特有的味道，从而确保每一瓶酒都达到极高的品质标准。

对于路易亚都酒庄而言，酿酒的核心在于酒品能够充分体现当地的自然条件，而并非简单地培育特定葡萄品种，是发掘地方性并融入葡萄酒中，因此让每一瓶酒都独具魅力，让消费者欣赏其品质。其酒标上画有酒神巴克斯，这不仅仅是个单纯的装饰，而是对每一款酒品质的一种承诺。路易亚都酒庄的葡萄酒品质在业界备受赞誉，赢得了众多葡萄酒爱好者的青睐与推崇。

四、酩悦香槟酒庄（Moët & Chandon）

（一）酒庄简介

酩悦香槟酒庄坐拥664公顷葡萄园，其酿造的香槟在法国香槟外销总量中占比高达1/4，凭借卓越品质与庞大市场份额，成功跻身法国极具代表性的香槟品牌行列。

酩悦香槟酒庄归属于法国酩悦·轩尼诗－路易·威登集团旗下。酩悦香槟凭借自身过硬的品质以及源远流长的历史底蕴，在全球范围内声名远扬，成为香槟品类中的佼佼者。历经280多年，该品牌始终致力于酿造高品质香槟，每一杯酩悦香槟都蕴含着深厚的品牌历史，独特的酿造工艺，以及慷慨、成就、优雅的品牌精神。

（二）酒庄发展历史

酩悦香槟酒庄的历史积淀极为深厚。当被尊称为"香槟之父"的圣本笃修士唐·培里侬成功发明香槟酒后，酩悦香槟酒庄的创立者克劳德·酩悦便迅速投身于香槟酒的试酿实践之中。然而，在其后相当长的一段历史时期内，酩悦香槟酒庄在香槟行业中一直处于籍籍无名的状态。

直至克劳德之孙杰·雷米执掌酩悦香槟酒庄，酒庄的命运才迎来了重大的转折点。彼时，正值拿破仑一世以青年军官的身份活跃于历史舞台，机缘巧合之下，他与杰·雷米建立了联系。拿破仑一世对酩悦香槟展现出了浓厚的喜爱之情。凭借拿破仑一世在当时社会中的广泛影响力与极高的声誉，酩悦香槟酒庄的名号逐渐为大众所熟知。

在杰·雷米逝世之后，酩悦香槟酒庄的产业由其儿子维克多与女婿皮埃尔-加布里埃尔·香登共同继承。在此背景下，酒庄正式更名为酩悦香槟。自此次更名之后，酩悦香槟在香槟市场上的声誉与日俱增，其品牌影响力亦不断拓展至更为广泛的区域。

法国大革命时期，唐·培里侬修士曾经居住的欧维莱尔修道院及其附属的葡萄园被政府依法充公。酩悦香槟酒庄凭借敏锐的商业洞察力，精准地抓住了这一历史机遇。在相关拍卖会上，酩悦香槟酒庄耗费巨资参与竞拍，最终成功将欧维莱尔修道院及其葡萄园纳入囊中。此后，酩悦香槟酒庄对该地块进行了精心的规划与开发，将其辟为一座博物馆，并在馆内增设了唐·培里侬的铜像，以彰显其对香槟酿造历史的尊重与传承。这一系列举措吸引了来自世界各地的香槟爱好者，他们纷纷怀着虔诚的"朝圣"之心前来参观，这进一步提升了酩悦香槟在全球香槟行业中的地位与声誉。

到了1927年，又一具有深远影响的历史事件为酩悦香槟的发展注入了新的活力。当时，香槟行业内另一家著名的酒商美斯乐庄主的女儿与酩悦香槟酒庄的年轻继承人喜结连理。在这场婚姻中，作为陪嫁的重要资产，"唐·培里侬"这一具有极高品牌价值的注册商标正式归属于酩悦香槟酒庄。在获得"唐·培里侬"这一商标后，酩悦香槟酒庄迅速做出决定，将旗下品质最为卓越、代表酒庄顶尖酿造水平的香槟产品命名为"唐·培里侬"。此款香槟一经推出，便凭借其卓越的品质与独特的品牌魅力，进一步巩固了酩悦香槟在全球高端香槟市场的领先地位，使其成为了香槟行业中无可争议的领军品牌之一。

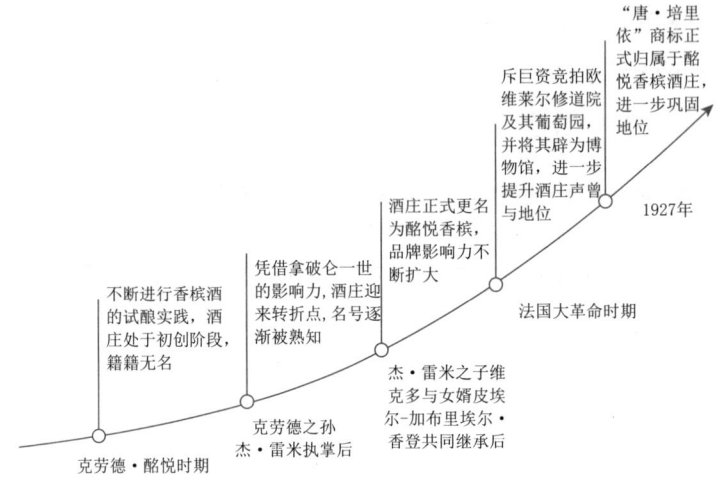

图 2-3 酩悦香槟酒庄发展进程

(三)酿造特点

酩悦香槟坐拥法国香槟区广袤丰饶的葡萄园,其中半数被列为特级葡萄园,1/4 为一级葡萄园。酩悦香槟的酒窖周长达 28 公里有余,得天独厚的湿度与温度条件,为葡萄酒的酿造提供了近乎完美的环境。

酩悦香槟作为酒庄极具代表性的产品,由逾百种不同基酒精心调配,而 20% 到 30% 比例的甄选窖藏酒有效增强了酒体的成熟度与风味的复合度。酒庄将黑皮诺之饱满、莫尼耶皮诺之柔美及霞多丽之细腻精心调配在这瓶香槟之中,多年来,酩悦香槟始终保持着口感的和谐平衡。

酩悦香槟拥有着独特的风格,其明媚活泼的果香气息和优雅成熟的诱人风格令人沉醉不已。从葡萄采摘开始,每一个步骤都在总酿酒师的悉心指导下进行,葡萄种植者、酿酒的技术人员和酒类专家默契配合,精工细作,协力完成复杂的工艺,最终成就具有传奇品质的酩悦香槟。

五、达格诺酒庄(Devaux)

(一)酒庄简介

达格诺酒庄坐落于享有"法国后花园"美誉的卢瓦尔河谷,此地以古老城堡与醇美饮食著称。酒庄建筑风格仿若大教堂,庄严肃穆整洁。

达格诺酒庄由达格诺家族建于1989年，是卢瓦尔河最优秀的酒庄之一，其出产的长相思白葡萄酒尤为出色，风格独一无二。

(二)酒庄发展历史

酒庄的创建者——迪迪耶·达格诺是全球享有盛名的酿酒大师。他虽然出生于酿酒世家，年轻时却热衷于种种冒险活动，他曾是一名摩托车手。但在经过一些意外事故之后，迪迪耶·达格诺于1982年回归故乡——位于普伊富美产区附近的圣昂代兰村，并自立门户，建立了达格诺酒庄，开始了自己的酿酒生涯。

如今的达格诺酒庄由迪迪耶·达格诺的儿子路易-本杰明·达格诺和女儿夏洛特·达格诺共同继承管理，他们为酒庄注入了新的活力。作为酿酒师的路易-本杰明继承了父亲追求完美的优良品格，接手酒庄后，他没有丝毫懈怠和退却，同时也展现了出色的酿酒才能。2016年，他被法国著名葡萄酒杂志《葡萄酒评论》评选为"年度酿酒师"。

(三)酿造特点

达格诺酒庄的葡萄园占地约12公顷，主要位于普伊富美产区，还有一部分位于桑塞尔和瑞朗松。为了保证葡萄酒的高品质，酒庄尊重风土，采用有机方式和生物动力法种植葡萄，并严格控制产量。当酿酒葡萄达到理想的成熟度后，葡萄会由人工采摘，并经过严格的筛选。达格诺酒庄酿制葡萄酒时并没有特定的工序，有些年份会把葡萄浸皮，可多数年份则不会采用这一工序。在达格诺酒庄，葡萄达到充分成熟状态后才被采摘，并且不会去除果梗。在发酵阶段，达格诺酒庄会选用多种不同的工业酵母，将其置于温度能够精准调控的不锈钢酒桶内开展发酵工作。

达格诺酒庄出产的葡萄酒风味复杂平衡，带有浓郁的矿物质风味，充分诠释了卢瓦尔河谷的风土。达格诺酒庄的燧石干白葡萄酒（Silex）是酒庄的代表性酒款，其名"Silex"源自葡萄园中的燧石土壤，酒标上也印有燧石的图案。该酒只用从充满燧石的葡萄园中挑选长相思来进行酿造，采用新橡木桶进行发酵和陈酿，口感紧实，一般带有白色花朵、泥土和柑橘类水果等香气和风味，余味悠长，通常需要陈酿4~8年才能达到巅峰状态，随着时间的沉淀，口感也会逐渐变得柔顺。此外，达格诺酒庄酿造的普桑白葡萄酒，在发酵与陈酿过程中同样选用新橡木桶，而普伊富美白葡萄酒的酿造工艺有所不同，这款葡萄酒在酿造时先在橡木桶中发酵，之后再将酒液置入50%的不锈钢罐与 50% 的大型中性橡木桶中进行陈酿。

人文园地

匠心酿琼浆：一位酿酒师的极致追求与坚守

在葡萄酒的世界里，迪迪耶·达格诺堪称传奇人物。于卢瓦尔河谷，他是声名赫赫的酿酒大师，一心只为酿造出举世无双的长相思葡萄酒。为了实现这一目标，他四处求学，足迹遍布新旧世界葡萄酒产区。波尔多那些赫赫有名的酒庄留下了他虚心求教的身影，勃艮第的酿酒师们也与他分享过宝贵经验。他甚至远赴加利福尼亚州，深入探究最新的葡萄种植与酿造理论，博采众长，汲取全球顶级葡萄酒成功背后的精髓。

迪迪耶·达格诺勇于尝试各种方法。有机耕作、自然葡萄酒酿造法、生物动力种植法，甚至酿造过程中完全摒弃二氧化硫，这些新奇理念在他的酒庄都得到实践。在生活中，迪迪耶·达格诺对机械有着独特的情感，可他深知拖拉机对土地和葡萄的危害性，毅然选择放弃机械种植，回归传统的马匹犁土方式。他还别出心裁地引种 19 世纪前未经人工嫁接的葡萄树种，秉持着对品质的极致追求，以极低的产量、多次人工采收确保每一颗葡萄都达到最佳成熟度。不仅如此，就连橡木桶他都亲自改良，只为给葡萄酒提供最完美的酿造和存储环境。从葡萄园的耕作，到葡萄酒的酿造，再到最后的装瓶环节，迪迪耶·达格诺都亲力亲为。他的努力和坚持得到了市场的高度认可，其酿造的葡萄酒以当地前所未有的高价被抢购一空。

然而，迪迪耶·达格诺在法国葡萄酒界也是个备受争议的人物。迪迪耶·达格诺性格直爽，经常毫不避讳地指出附近庄园存在的问题，在电视访谈节目中，更是对那些庄园的高产量和粗放管理发表看法。尽管他言语犀利，时常引发争论，但没有人能否认他仍是一个十分伟大的擅长酿造普伊富美白葡萄酒的酿酒师。在卢瓦尔河流域，迪迪耶·达格诺已然成为年轻一代酿酒师心中的偶像，他的葡萄酒也成为了品质与卓越的象征。

资料来源：红酒世界.达高诺酒庄：卢瓦尔河谷的杰出代表.红酒世界网，2021-01-12.

谈谈你对迪迪耶·达格诺在葡萄酒酿造方面展现出的工匠精神的理解。

第三节 德国知名酒庄

德国有巍峨秀丽的山脉,绵延不断的森林,风景如画的湖泊,还有一座座历史悠久的古堡点缀其中,已然形成其独有的葡萄酒文化韵味,芳香的雷司令是这里的一面旗帜。德国葡萄酒出产于13个葡萄种植区,种植的葡萄品种近140种,白葡萄酒占65%,剩余35%为红葡萄酒。

一、伊贡米勒酒庄(Egon Müller)

(一)酒庄简介

伊贡米勒酒庄位于德国摩泽尔产区维庭根镇,以酿造高品质的雷司令闻名于世,该酒具有经典的德国雷司令风格,是德国乃至世界最出色的雷司令葡萄酒之一。现在伊贡米勒拥有约11.3公顷的葡萄园。这片葡萄园土壤为片岩,岩石层层叠压,透水性好,在雨季也可以迅速排水,同时又有保温释热、提高地温的优势。种植的葡萄树全部为雷司令,每公顷5000~10 000株。树龄大部分已经超过五六十年,不少是第二次世界大战前种植的。伊贡米勒采用比较保守的方式管理葡萄园,多次中耕,减少喷药,以修剪的方式控制产量。

(二)酒庄发展历史

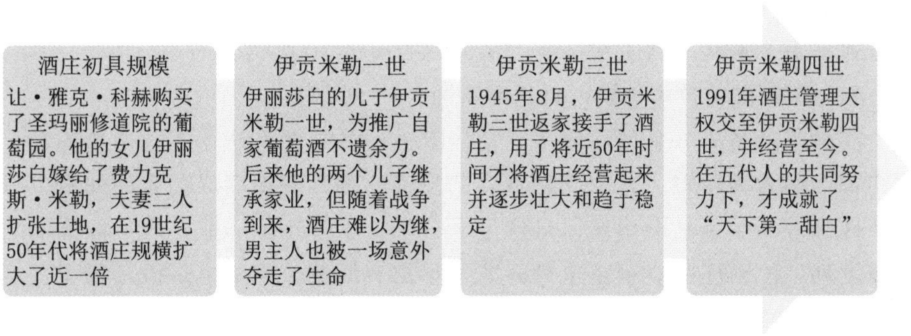

酒庄初具规模	伊贡米勒一世	伊贡米勒三世	伊贡米勒四世
让·雅克·科赫购买了圣玛丽修道院的葡萄园。他的女儿伊丽莎白嫁给了费力克斯·米勒,夫妻二人扩张土地,在19世纪50年代将酒庄规横扩大了近一倍	伊丽莎白的儿子伊贡米勒一世,为推广自家葡萄酒不遗余力。后来他的两个儿子继承家业,但随着战争到来,酒庄难以为继,男主人也被一场意外夺走了生命	1945年8月,伊贡米勒三世返家接手了酒庄,用了将近50年时间才将酒庄经营起来并逐步壮大和趋于稳定	1991年酒庄管理大权交至伊贡米勒四世,并经营至今。在五代人的共同努力下,才成就了"天下第一甜白"

图 2-4 伊贡米勒酒庄的发展历程

伊贡米勒酒庄的历史可从 6 世纪建成的圣玛丽修道院说起。该院建在维庭根镇附近一座名为沙兹堡的小山上。后来，法国军队占领了莱茵河地区，教会与贵族所拥有的庞大葡萄园被充公和拍卖。这片地就被让·雅克·科赫购得。后来，他的女儿伊丽莎白嫁给了费力克斯·米勒，夫妻二人扩张土地，在 19 世纪 50 年代将酒庄规模扩大了近一倍。此后，酒庄便一直为米勒家族所有，至今传承至第五代后人。

这个家族企业真正开始享誉世界，要归功于伊丽莎白的儿子伊贡米勒一世，他任职的几年间积极参加各种世界级博览会，为推广自家葡萄酒不遗余力，直至与世长辞。后来，酒庄交给他的两个儿子继承，但好景不长，随着战争到来，酒庄难以为继，男主人也被一场意外夺走了生命。1941 年前后是伊贡米勒酒庄最艰难的日子，不论是劳动力，还是肥料、杀虫剂都十分匮乏。直到 1945 年 8 月，伊贡米勒三世返家接手了酒庄，用了将近 50 年时间才将酒庄经营起来并逐步壮大和趋于稳定。

1991 年酒庄管理大权交至伊贡米勒四世，并经营至今，在五代人的共同努力下，才成就了"天下第一甜白"。但是，这个饱经沧桑的酒庄享誉世界，不仅仅是因为经营得法，而是像米勒四世所说："我们做的，是根据当地的自然条件和当年的气候，尽自己最大的努力种好葡萄。我们试图顺应自然，而不是改变自然。"酒庄的酿酒理念是 The best wines are the ones that make themselves（最好的葡萄酒往往源于自我成就），因此无论是种植，还是酿造，酒庄都充分尊重自然，通常使用天然酵母发酵，出产的甜白葡萄酒中的糖分完全来自天然累积，出产的葡萄酒从不需要澄清剂来使其达到完美的透明度。

（三）酿造特点

伊贡米勒酒庄崇尚自然，葡萄酒风格由该年份葡萄状态决定。葡萄的采摘方式是手工采摘。酒庄始终坚信葡萄酒的质量 100% 取决于葡萄园的品质，所有酿酒葡萄都由自家种植，且只有雷司令一个品种。

在酒庄出品的一系列优质雷司令佳酿中，沙兹堡雷司令逐粒精选葡萄干甜白葡萄酒尤为珍贵，它由受到贵腐菌侵染的葡萄酿造而成，香甜如蜜，只在条件极好的年份才会出产，且产量十分稀少，常年位居世界最贵白葡萄酒榜单之列。该酒庄的贵腐精选酒并非每年都有酿制，产量也是极其稀少，每年最多生产 200~300 瓶。这是稀缺中的稀缺品，因此逐粒精选贵腐葡萄酒（TBA）的价格才会如此高昂，它获得了"德国酒王"的桂冠。

酒庄内所有酿酒葡萄都是由人工采收后装进小容器中运送到酒庄。在发酵前，酒庄根据年份和葡萄状态的不同采取不同的方法压榨。到了次年三四月份，再将葡萄酒与酵母分离，并使用硅藻土过滤器进行过滤，之后还要进行无菌过滤。酒庄崇尚天然的酿酒理念，除了使用二氧化硫以外，葡萄酒中不添加任何其他物质。因此酒庄葡萄酒产量比较低，每公顷只出产3000升。

在摩泽尔陡峭的山坡上，葡萄园里的工作大多只能靠人工完成。一些山坡的坡度甚至达到了70°。由于坡度大，山上的土壤很容易被大雨冲走，因此经常可以看到工人们用篮子装满了土壤，徒步跋涉到山坡上补充那些被雨水冲刷走的土壤。在精心培育下，葡萄茁壮生长。因此伊贡米勒采用自有葡萄园栽培的雷司令酿成的酒，酒香优雅，细腻精致。

二、普朗酒庄（Weingut J.J. Prüm）

（一）普朗酒庄简介

普朗酒庄位于德国摩泽尔产区内的卫恩村，是德国最富传奇色彩的酒庄之一。这个酒庄以其独特的地理位置和精湛的酿酒技艺闻名于世。值得一提的是，普朗酒庄并没有追求大规模的年产量，而是注重每一箱酒的品质。每年的1万箱产量，确保了每一瓶酒都能承载着酒庄的精心和独特性，成为了葡萄酒爱好者心中的珍藏之选。

普朗酒庄的葡萄园占地约43英亩，这些葡萄园分布在4个地区，均位于土质为灰色泥盆纪板岩的斜坡上。园里全部种植着雷司令，平均树龄为50年上下，种植密度为7500株/公顷。葡萄成熟后都是经过人工采收。酒庄的主要生产特色在于其100%的雷司令白葡萄比例，这种葡萄品种以其清新、复杂的口感和对矿物质的卓越捕捉能力，为普朗酒庄的每一瓶酒都注入了独特的风味。

（二）酒庄发展历史

普朗酒庄的创立者是普朗家族，该家族在教产拍卖会上买下了一块园地，之后，该家族的所有成员便迁移到该园地，并逐渐扩充园地，子孙也不断繁衍。酒庄背后的普朗家族早在12世纪便在此扎根，拥有悠久的葡萄种植和葡萄酒酿造历史。1911年，在分配遗产时，家族的葡萄园被分为了7块。其中一块叫作"日晷"的园区被分配给了约翰·约瑟夫·普朗。当年，他便自立门户，创立了普朗酒庄。不过酒庄声誉的建立多归功于其儿子塞巴斯蒂安·普朗。塞巴斯蒂安从18岁开始就在酒庄工作，而且在20世纪30年代和40年代发展了普朗酒庄葡萄酒的独特风格。1969年，塞巴斯蒂安·普朗过世，他的儿子曼弗雷德·普朗博士开始接管酒庄。如今，酒庄由他和他的弟弟沃尔夫·普朗共同打理。

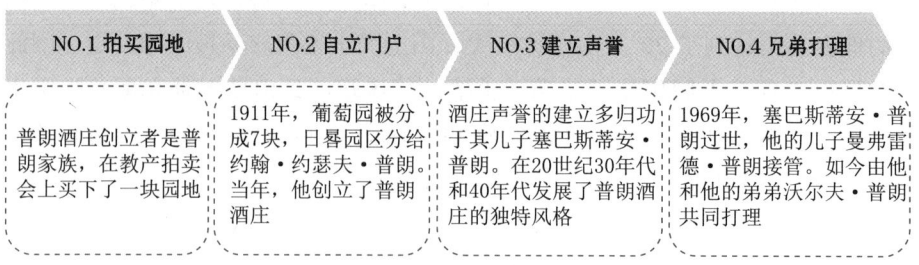

图2-5 普朗酒庄的发展历程

如今，普朗酒庄在摩泽尔一些顶级的葡萄园内拥有地块，包括声名显赫的日晷园和天堂园等。酒庄出产的佳酿以出众的陈年潜力而著称，即使是级别较低的珍藏系列，陈放几年后依旧富有活力。

（三）酿造特点

在葡萄酒的酿制方面，普朗酒庄在发酵时结合使用不锈钢罐和玻璃纤维酒罐。陈酿是在传统的木质酒桶中进行的。陈酿过程一直持续到次年的7月，然后装瓶。普朗酒庄葡萄酒的装瓶日期比摩泽尔产区的大多数酒庄都要晚一些。

普朗酒庄酿制的葡萄酒总是充满了精致的水果风味，而且口感强烈，酒精度低，酸度相当清新。酒庄中有几款年份酒酿制时加入了相对大量的二氧化硫，不过长期下来，这好像保护了葡萄酒，使得它们惊人得长寿。在某些年份，他们还酿制出了一种超级优秀的精选葡萄酒，被酒庄指定为"金瓶封酒"；因为使用的是金箔包装，所以很容易辨认。有几款精选葡萄酒的风格甚至更加丰富，这种酒被称为"长金瓶封酒"，它们被世界上的收藏家当作液态金子进行收藏。

普朗酒庄对品质的极致追求表现之一在于坚持采用手工采摘的方式，保证每一颗葡萄在最佳的成熟度下被摘取，以最大限度地保留其天然的风味。酒庄的葡萄园虽然面积不大，但却精耕细作，每一寸土地都被精心照料，为酿制出顶级的雷司令葡萄酒提供了理想的生长环境。

三、露森酒庄（Loosen）

（一）露森酒庄简介

露森酒庄位于德国摩泽尔产区，有着 200 多年的历史，由露森家族管理。该酒庄专注于雷司令葡萄的种植与酿造，以其明显的酸度、低酒精度、高纯度和浓郁度而著称。露森酒庄是德国顶级葡萄酒庄联盟 VDP 的成员，代表着德国最好的酿酒商。酒庄出产的葡萄酒包括贵腐酒、特选酒和冰酒等，以优雅和复杂的口感闻名，清新的酸味和白桃、柠檬的香气完美融合，令人回味无穷。每一款酒都蕴含着酒庄对品质的坚持和精湛的酿酒技艺。在采收时，酒庄每日对葡萄园进行考察，以确保不同园区的葡萄在最佳时机采收。酒庄在露森家族的管理下，秉承着对葡萄酒的热爱与执着，酿造出一款又一款经典之作。

（二）酒庄发展历史

露森酒庄是一个有着 200 多年历史的酒庄，一直由同一家族经营。在 1988 年，恩斯特·露森先生接管了该酒庄。虽然露森先生并没有酿酒的经验，但在接管酒庄之前，他曾到世界各个著名酒庄考察学习，并认识到土壤、气候和葡萄是能否酿造好酒的必要因素。此后，他和他的忠实战友伯恩哈德·舒格一起重建了酒庄，并将酒庄带到了一个新的高度。他们利用酒庄所种植的没有嫁接过的老藤葡萄，酿造出比过往更细致、清新的白葡萄酒。为了酿造出好酒，露森先生减少种植面积，只使用有机肥料耕作，并在酿酒过程中尽量减少对葡萄酒的干扰。这里不仅是一家酒庄，更是一个传承与创新相结合的葡萄酒文化圣地，无论是品鉴美酒还是感受文化，露森酒庄都能给人带来一段难忘的体验。

（三）酿造特点

露森酒庄在摩泽尔地区的名园都拥有园地，葡萄园中只种植雷司令葡萄。在葡萄采收时，酒庄方面会每日对葡萄园进行考察，以决定不同园区的葡萄的采收时间。采收后，不同园区的葡萄会分开酿酒。因此，该酒庄的单一园区酒款的质量都较高。摩泽尔名园多板岩土壤，这使葡萄酒有着矿物质气息，其清新的酸味和白桃、柠檬的香气在酒中融合，使酒液显得非常平衡。

露森酒庄一般生产三个系列的酒款。其中贵腐酒的酒款包括金顶精选酒、精选贵腐酒和精选干粒贵腐酒三个类型；特选的酒款则有香料花园迟摘酒、大地之主教精选长金顶和冰酒。

四、约翰山酒庄（Johannisberg）

（一）酒庄简介

约翰山酒庄地处德国莱茵高产区，是该产区最具代表性的酒庄，也是一个充满传奇故事的酒庄。独立单一的葡萄园、北部的橡木森林、庄园可持续发展的环保理念等因素，共同确立了德国约翰山在全球葡萄酒行业中独特而重要的地位。作为世界上第一家种植雷司令葡萄的酒庄，约翰山酒庄自1720年起便专注于种植雷司令葡萄，拥有逾300年的种植和酿造经验。可以说约翰山酒庄的历史，即是雷司令的酿造历史。

约翰山酒庄出品的干粒葡萄精选、迟摘酒和特级酒都表现得十分出众，此外，约翰山酒庄也是精品小酒庄的发源地，还是德国顶级葡萄酒庄联盟VDP的成员。美国前总统托马斯·杰斐逊对约翰山酒庄赞不绝口，称其为"莱茵河上无人可敌的最佳酒庄"；著名酒评家罗伯特·帕克给约翰山酒庄的酒款评出了90+的高分；而另一位著名酒评家詹姆斯·萨克林在他的2020版全球百大葡萄酒榜单中，将约翰山酒庄的酒款排名第二位。

（二）酒庄发展历史

约翰山酒庄的故事和它的酒一样，充满了历史传奇。据说，早在公元8世纪，有一次查理曼大帝（742—814）看到约翰山附近的雪融化得比较早，便判定那里的天气温暖，于是决定在适宜之地种植葡萄。不久，山脚下就建起葡萄园，并归王子路德维希所有。不久，美因茨市大主教在该地盖了一座献给圣尼克劳斯的小教堂。1130年，圣本笃教会的修士们在该教堂旁加盖了一座献给圣约翰的修道院，因此酒庄正式有了"约翰山"之名。之后，酒庄一直由修士们管理。1802年，修士们被法国大军赶走，教产世俗化，欧兰尼伯爵成为该地的新庄主。后来酒庄几经易手，传入了梅特涅伯爵（1773—1859）之手。目前，虽然梅特涅家族仍拥有约翰山酒庄，但酒庄的经营权已经交给食品业大亨鲁道夫·奥格斯特·欧特格。现在，世界各地都赞誉"约翰山雷司令"，可以说酒庄是全球雷司令酒的鼻祖。

（三）酿造特点

目前，酒庄葡萄园每公顷种植1万株葡萄，每年总共可生产约2.5万箱葡萄酒。葡萄的平均树龄30多年。在葡萄园管理方面，一半的葡萄园人工除草，另外一半不除草，以使土壤产生更多的有机质。这里的葡萄在成熟后，也是分次采收、榨汁，经过4周的发酵后移入百年的老木桶中静存，时间约半年之久。到了次年春天的三四月，这些葡萄酒即可完全成熟，随后装瓶上市。

约翰山在莱茵高山地葡萄园里的黄金C位：位于海拔182米的山上，刚好让这里的葡萄昼夜温差更大，能积累更多的酸度和风味物质。45°的陡峭向阳斜坡，又能保证充足日晒；葡萄园正对蜿蜒而过的莱茵河，一方面保温，另一方面，河面也能反射阳光，让葡萄接收到更多的热量。平原地区的莱茵高雷司令，大多长在黏土、沙土之中，但约翰山上，都是陶努斯山脉亿万年形成的石英石，不仅保热强、透水性强，在保留了葡萄的丰富果味的同时，还会给酒带来很有辨识度的矿物感。所有的葡萄都是来自25年以上的老藤，风味更集中；全部手工采摘；所有陈酿用的橡木桶都是用自有森林里的树木做成的。

◎ 人文园地

青山为证：解码人与自然和谐共生的中国答卷

地球是人类共同的、唯一的家园。人类文明的兴盛离不开大自然的滋养。坚定走生态优先、绿色低碳发展之路，源自中国共产党对人类文明发展规律的深邃思考。生态文明建设的中国实践，不仅在中国大地上绘就美丽的绿色画卷，也为各国携手共建地球生命共同体贡献中国智慧和中国力量。2022年10月，在中国共产党第二十次全国代表大会上，习近平总书记指出：尊重自然、顺应自然、保护自然，是全面建设社会主义现代化国家的内在要求。必须牢固树立和践行绿水青山就是金山银山的理念，站在人与自然和谐共生的高度谋划发展。习近平主席站在对人类文明负责、为子孙后代负责的高度，多次在不同国际场合就加强生态环境保护阐明中国理念、中国行动、中国方案，强调构建人与自然和谐共生、经济与环境协同共进、世界各国共同发展的地球家园。德国汉高集团副总裁荣杰表示，近年来，中国在加强生态环境保护、推动绿色低碳发展道路上取得的成就令人印象深刻。中国对可持续增长的关注,将为汉高等跨国公司提供更多发展机会。

资料来源:节选自颜欢,张志文,戴楷然.携手共建地球生命共同体.光明网.2023-07-16.

谈谈你对"人与自然和谐共处"的看法。

 意大利知名酒庄

意大利,虽不一定是最早酿造葡萄酒的国家,但却是古老酿酒技艺的传承国。意大利的酒庄在世界葡萄酒行业占据着重要地位。意大利经典的酒庄主要分布在托斯卡纳、皮埃蒙特、威尼托、西西里岛和普利亚等地区。意大利知名的酒庄有很多,独特的风土和精湛的酿制工艺酿造出了无数让人心醉的葡萄酒。意大利的酒庄既有传承百年的家族式庄园,也有引入当今先进理念和技术的先进的酒企。

一、嘉雅酒庄(Gaja)

(一)酒庄简介

嘉雅酒庄位于意大利皮埃蒙特的巴巴莱斯科产区,始建于1859年,由嘉雅家族的创始人乔万尼·嘉雅(Giovanni Gaja)一手缔造,目前仍由嘉雅家族掌管运营,秉承创新精神,赢得了遍及意大利乃至世界顶级的葡萄酒声誉。2013年被《意大利葡萄酒年鉴》(Vinid'Italia)评为五星(五颗星),引领整个意大利葡萄酒行业风骚,再度显示了嘉雅酒庄的品质。

该酒庄葡萄园种植面积约101公顷,拥有阿尔巴产区的内比奥罗、巴贝拉、霞多丽、长相思和赤霞珠等葡萄品种。葡萄的平均年龄为20年,种植密度为每英亩1120~2200株。酒庄有部分葡萄园或个别酒款的葡萄树龄更加高龄,酿造嘉雅巴巴莱斯科红葡萄酒的葡萄来自酒庄14个葡萄园,葡萄的平均树龄为40年。

主要葡萄品种有:

内比奥罗。内比奥罗是嘉雅酒庄最有名的葡萄品种,被用以酿造嘉雅酒庄最负盛名的巴巴莱斯科和多款单一葡萄园葡萄酒。内比奥罗以浓郁的果香、丰富的口感以及悠长的回味而闻名,是意大利葡萄酒中的瑰宝。

赤霞珠。嘉雅酒庄还是意大利第一家种植非皮埃蒙特产区葡萄品种的酿酒商,其中包括赤霞珠,这种葡萄带来了新的风味和特色,也使嘉雅酒庄的葡萄酒更加多样化和国际化。

霞多丽。嘉雅酒庄中另一个重要的葡萄品种是霞多丽,酒庄利用霞多丽酿造出了品质优异的白葡萄酒。嘉雅酒庄的霞多丽葡萄酒带有清新的口感,丰富的果香和优雅的酸度。

长相思。由长相思酿造的白葡萄酒也是嘉雅酒庄的王牌,这种葡萄以其独特的香气和口感为嘉雅酒庄的葡萄酒增添了更多的层次和变化。

(二)酒庄发展历史

1961年,乔万尼·嘉雅的儿子安杰罗·嘉雅逐步接替其父来打理酒庄,开始承担起家族酒庄的管理重任。生于1942年的安杰罗·嘉雅在大学期间已经开始学习酿造葡萄酒,后来他还获得了经济学博士学位,展现出不同寻常的学术素养与专业水平。安杰罗·嘉雅自接管其家族酒庄以后,曾多次访问法国,尤其是勃艮第地区的酒庄,通过借鉴、挖掘和学习,深刻领悟到了葡萄酒酿造的理念与方法。此后,安杰罗·嘉雅带领酒庄,大胆地对产品以及经营管理方式进行更新和变革。在葡萄园经营方面,他贯彻绿色采收理念,控制产量,生产出高品质的葡萄酒;他大胆引进了波尔多葡萄品种(赤霞珠和梅洛)和代表着波尔多优良技术的智能温控发酵罐及法国橡木桶陈酿方法;他创造性地推出了单一园葡萄酒。变革后的嘉雅酒庄成为一个极具探索新风格的先行者,安杰罗·嘉雅已经成为意大利现代风格葡萄酒的标志性风向标,可以说奠定了皮埃蒙特葡萄酒以及意大利葡萄酒在世界葡萄酒舞台上高质量、优质品牌的地位。

酒庄里有多块葡萄园,值得一提的是在巴巴莱斯科三个最著名的单一园地苏里圣洛伦佐园、苏里蒂丁园、罗斯海岸园,都是皮埃蒙特地区红葡萄品种内比奥罗品种的种植园。苏里圣洛伦佐园是嘉雅酒庄的资产,同时也是酒庄最早的象征,当时由阿尔巴教区收购而来,而园名的灵感也受到了阿尔巴大教堂守护神圣洛伦佐(San Lorenzo)的启发。同样还有一个精品园,罗斯海岸园的英文名"Russi"是指酒庄私有的前园主尼古莱斯·罗西(Nicolaus Rossi),因此罗斯海岸园也体现了其历史背景。1988年开始,酒庄开始在意大利不同地区进行扩张,以嘉雅酒庄实现经营的第一家是酿制巴罗洛的葡萄园马卡林与丽雅塔园;1994年在托斯卡纳著名产区蒙塔希诺地区购入教区果园;1996年在保格利产区购入歌玛坎达园酒庄。这一系列的战略收购,空前扩大了酒庄的葡萄园面积,也为其赢得了在意大利葡萄酒产业领域中举足轻重的地位。2000年,安杰罗·嘉雅在酿造巴巴莱斯科葡萄酒的时候,做了一个大胆的尝试,采用一种不同寻常的"非传统"的方法,把巴贝拉葡萄品种和内比奥罗葡萄品种混合起来进行混酿,为生产巴巴莱斯科葡萄酒开辟了新的道路。这种对待葡萄品种搭配的新理念在当时引起了很大的争议,并且在客观上也为葡萄酒的酿造增添了创新性和多样性。2016年7月1日,安杰罗的长女佳亚·嘉雅对外表示,嘉雅酒庄的三个标志性单一葡萄园——苏里圣洛伦佐园、苏里蒂丁园、罗斯海岸园,将指定专门酿造嘉雅酒庄巴巴莱斯科葡萄酒的产区葡萄。该葡萄只能取自单一葡萄园,产区必须只能来自规定区域内的品种,即完全为内比奥罗。此规定旨在保障嘉雅酒庄巴巴莱斯科葡萄酒的品质和体现其独特风味的唯一性。这是自嘉雅酒庄创立以来的又一个重大举措,也对酒庄的发展起到重要的推动作用。

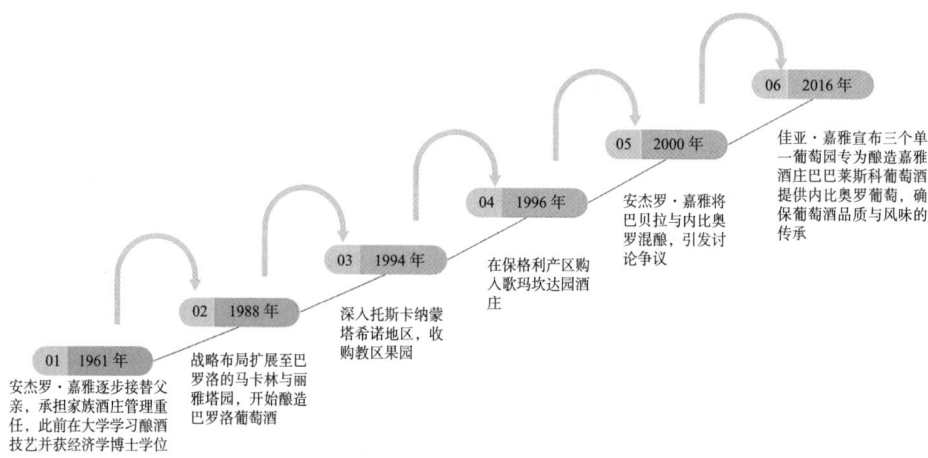

图 2-6 嘉雅酒庄的发展历程

(三)酿造特点

在葡萄酒酿造过程中,嘉雅酒庄不用短期发酵法、不使用压缩器或旋转发酵器,坚持传统工艺,以确保酒质的纯正与复杂度。现代酒庄更倾向于频繁使用全新的橡木桶,但仍保留和继承了百年前的传统做法。葡萄酒在发酵过程中，前期温度控制在 30℃，后期经循环旋转均匀加热，温度在 22℃时停止旋转，稳定局部低温环境发酵 7~10 天，充分完成微生物活动。然后进入浸渍工序，浸渍 7 天后进行彻底浸皮 3 周，葡萄酒在小橡木桶中陈酿 1 年后转入大的橡木桶中继续陈酿 1 年，之后装瓶，在密闭容器中再陈酿 1 至 2 年，然后面市。

二、孔特诺酒庄（Giacomo Conterno）

（一）酒庄简介

孔特诺酒庄素享盛名，长期担任巴罗洛产区酿制卓越巴罗洛葡萄酒的领头羊。该酒庄代表着传统的以保守的酿酒方式酿酒，在巴罗洛品质上一直坚持着自己的酿造原则，不随波逐流，不为了迎合市场口味而改变。酒庄的管理者是孔特诺家族的第四代继承人罗伯特·孔特诺。该酒庄葡萄园基地在皮埃蒙特的塞拉伦加尔巴村，基地总面积约 14 公顷，其方向朝南及朝西南方。该基地种植的葡萄品种主要是产自阿尔巴地区的内比奥罗和巴贝拉。葡萄的平均树龄为 28 年，每公顷种植葡萄的数量是 4000 株。

该酒庄出品的主要酒款包括孔特诺酒庄希纳弗朗西亚园巴罗洛红葡萄酒和孔特诺酒庄蒙福尔蒂洛园巴罗洛陈酿。酒庄庄主比较喜欢的年份包括 1996 年、1995 年、1990 年、1989 年、1988 年和 1987 年等。

（二）酒庄发展历史

关于孔特诺酒庄的创立者，葡萄酒学术界有如下两种不同说法：其一，认为酒庄的创立者是吉亚科莫·孔特诺（Giacomo Conterno）；其二，认为创立人是吉亚科莫的父亲乔万尼（Giovanni Conterno）。抛开酒庄创立者究竟是谁的历史谜团不谈，不可否认的是通过吉亚科莫的努力，孔特诺酒庄已经声名赫赫，成为世界上最著名的巴罗洛酒款之一。这种声望和地位的变化很大一部分都归因于吉亚科莫的倾力打造，是他的风格塑造了顶级的巴罗洛。20 世纪初以前的巴罗洛，风味风格趋向于供人们直接饮用，不经过储存陈放。20 世纪 20 年代，吉亚科莫，一位出身酿酒世家的年轻人，在服完第一次世界大战的军役之后，立志研究一种用传统之外的方式来生产出一款存续时间长且有风味的"人类神器"。在他不断试图生产出一款陈年老巴罗洛的努力中，成功酿造了第一个顶级巴罗洛酒款：一款非常优秀、很有风味且最重要的是陈年潜力惊人的巴罗洛。这块酿酒庄园的缔造者，用他们葡萄园的名字命名了这款佳酿，也就是后来在市面上所见的"梦馥迪诺"（Monfortino）酒款。正是这种创新做法，不仅让酒庄表达了对风土的敬意，更提高了其在巴罗洛产区乃至整个意大利葡萄酒界的影响。梦馥迪诺已成为该酒庄所属产区——巴罗洛——代表传统的风格葡萄酒的领路人。

吉亚科莫于1961年正式将孔特诺酒庄传承给两个儿子乔万尼和阿尔多。后来兄弟俩因在酿造上的理念不同，未能就如何继续运营孔特诺酒庄意见达成一致而导致酒庄分裂。阿尔多于1969年毅然离开了自己的家族酒庄，自创了阿尔多·孔特诺酒庄，专门生产现代风格的巴罗洛葡萄酒。乔万尼坚守酿酒传统。1988年罗伯托·孔特诺在父亲乔万尼的指导下开始学习葡萄酒酿制技术。乔万尼于2004年逝世，罗伯托继承了孔特诺酒庄，并继承了祖父辈所有的酿酒理念和技术。

成立近百年的时间里，孔特诺酒庄并没有自己独立的葡萄园，一直从当地的葡萄农处购买葡萄原料酿酒。20世纪70年代，葡萄种植者开始自己酿造葡萄酒，这导致了像孔特诺酒庄这样的葡萄酒生产商难以取得葡萄原料。为保障酿酒可用的葡萄原料，乔万尼·孔特诺在自己的家乡塞拉伦加村买下了卡西纳弗朗西亚葡萄园，在一定程度上解决了葡萄原料短缺的问题。该园区面朝西南，土壤为钙质土，出产的葡萄品质优异，于是酒庄在买下该葡萄园数年内便不再向其他葡萄农购买葡萄原料。2008年，罗伯托买下了塞拉伦加村瑟瑞塔葡萄园的3公顷土地，这也展示出他致力于经营酒庄的雄心。

（三）酿造特点

在葡萄酒酿造领域，孔特诺家族严格按照传统工艺来酿造巴罗洛葡萄酒，主要表现在使用低产量葡萄园的葡萄、保证葡萄高度成熟的采收时间、较长的浸渍以及较长时间的陈酿，以此来传承家族的葡萄酒酿造工艺。葡萄的发酵是在不锈钢容器和不封闭的橡木容器内进行发酵，发酵温度为28~30℃，发酵时间为3~4周，未进行过滤、澄清和浓缩等操作。苹果酸-乳酸发酵是在自然温度下进行的，发酵结束后将葡萄酒倒入斯拉夫尼亚大橡木桶或大木桶内。不同酒款陈酿时间差异很大。葡萄酒在酿造完成后的1年之内会将其装瓶、窖藏1~2年，然后在7月中旬上市。

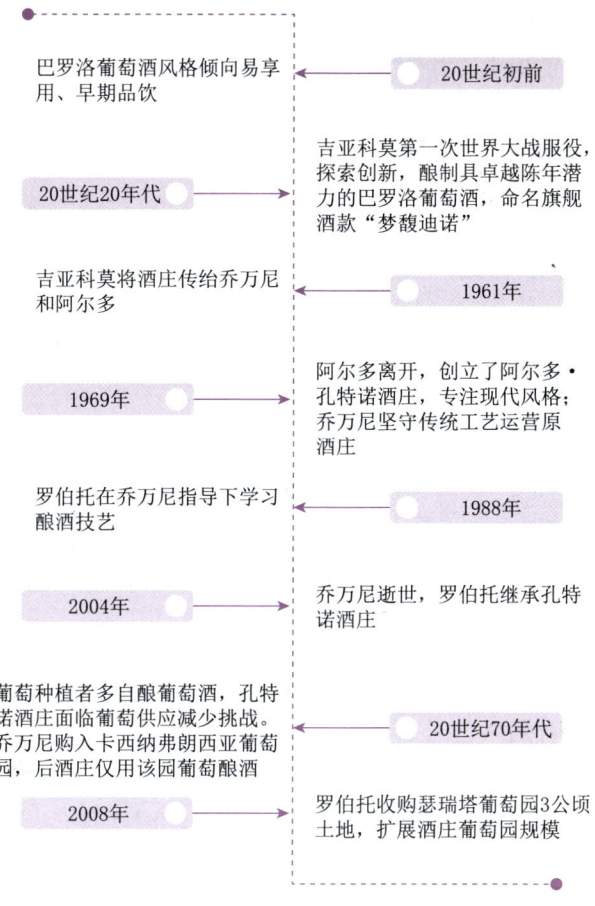

图 2-7　孔特诺酒庄的发展历程

三、奥纳亚酒庄（Tenuta dell'Ornellaia）

（一）酒庄简介

奥纳亚酒庄（Tenuta dell'Ornellaia，亦称欧纳拉雅酒庄）坐落在意大利托斯卡纳产区最美丽的自然景色中，它存在的核心思想就是酿造品质超群的葡萄酒。奥纳亚酒庄凭借着对葡萄酒的热爱、对葡萄酒质量的苛刻和得天独厚的自然条件，酿造了被世人公认的佳酿，使它在众多名庄中占有一席之地。

奥纳亚酒庄位于意大利托斯卡纳地区保格利产区的利佛诺省，这里紧临地中海，由于临近海岸，因此海风全年都会吹拂着奥纳亚酒庄的葡萄园。这里的土壤以冲积土为主，并含有火山岩石，独特的气候以及优越的微气候为葡萄生长提供了非常适宜的环境。奥纳亚酒庄的核心葡萄园有两块：第一块园奥纳亚园，是奥纳亚葡萄种植的始发地，之后酒厂就建在了这里；第二块园贝拉瑞亚园，位于保格利镇的东方。

（二）酒庄发展历史

奥纳亚酒庄于1981年创建，酒庄占地91公顷，拥有葡萄园。该庄园受地中海气候的影响，拥有种植优质葡萄的优良条件。

2001年，奥纳亚庄园被美国加利福尼亚州的罗伯特-蒙大维公司收购，自此，该庄园完全归属于该公司。托马斯·杜豪与米歇尔·罗兰两位法国专家负责酿酒技艺把控，后杜豪转而回到法国波尔多的宝马酒庄任职。

（三）酿造特点

酒庄坚守自然法则，酿造每一季美酒，只用完全成熟的葡萄，手工采摘，从而保证葡萄的质量。每一块园地的葡萄独立发酵，以便体现其生长环境赋予的最独特而稀有的风土。葡萄摘下来人工去梗后，进入发酵环节，其中一部分葡萄汁放入橡木桶里发酵，另一部分放入不锈钢的罐子里发酵，整个发酵过程保持在低于30℃。苹果酸-乳酸发酵持续时间很长，平均1个多月，有时超过2个月。发酵后的汁液转移到法国大橡木桶中，其中70%为新桶，30%为旧桶。接着葡萄酒在大酒窖中历经18个月的陈放，其中前12个月是在橡木桶中熟成。之后，酿酒顾问米歇尔·罗兰会对其进行调配。葡萄酒装瓶之前轻微澄清，但不会用过滤的方式。

四、圣圭托酒庄（Tenuta San Guido）

（一）酒庄简介

圣圭托酒庄位于意大利托斯卡纳的保格利沿海，占尽土地优势，从距海岸线13千米处向内陆延展至山地止，总面积达2500公顷。辽阔的庄园里有得天独厚的自然环境，丰富的地形生态，还有面积达1000公顷以上的森林区域与500多公顷的湿地，是意大利首个大规模的野生生态保护区；庄园内微气候条件优良，非常适合葡萄成熟，特别是如赤霞珠等生长期较长的葡萄品种；葡萄园被划分为多个区域，结合光照、土壤的不同"量身定制"管护方案，确保每一株葡萄都能在最适宜的环境中生长。

圣圭托酒庄葡萄园葡萄树的品种主要有赤霞珠和品丽珠，分别占85%和15%，树龄为25~30年，平均每公顷种植4000~5000株，平均单株产量为1千克，酒庄通过对葡萄株的精细管理，确保了果实的品质。

圣圭托酒庄最著名的酒款是西施佳雅（Sassicaia），它是"意大利四雅"之一、超级托斯卡纳之首，由赤霞珠与品丽珠混酿，并经法国小橡木桶发酵熟成，深红宝石色，散发浓郁的浆果香，酒体饱满，带雪松、香料等味道，单宁紧密，余味悠长。比较优秀的年份有2000年、1998年、1997年、1993年、1990年、1988年、1985年、1982年、1978年和1975年。除西施佳雅外，圣圭托酒庄还出产其他不错的酒款，如Guidoriccio和Le Difese等。

（二）酒庄发展历史

圣圭托酒庄的历史可以追溯到19世纪，然而正式从事葡萄酒酿造活动却是20世纪60年代。马里奥与其妻克拉丽丝共同创建了酒庄。克拉丽丝来自乌戈洛诺家族，这个家族为托斯卡纳最古老的家族之一。圣圭托酒庄的名字正是以此家族成员之一——11世纪的教会信徒San Guido della Gherardesca命名。

20世纪40年代初，马里奥立志要酿酒与法国勃艮第红酒齐名的酒。因为在意大利只听说过法国的勃艮第酒是葡萄酒中的贵族，他们在意大利土地上是出产不出顶级的酒的。马里奥试种了若干法国的葡萄品种。在当时的意大利，大多数的酒农以传统的本地葡萄为主，比如桑娇维塞和奈比奥罗，如果决定用法国的葡萄品种酿酒，就是"革命"，因为酒以风土见长，改变葡萄酒品种则是颠覆传统。

1942年，马里奥在Castiglioncello城堡周边栽种赤霞珠葡萄并开始酿酒。最初，由于缺少酿造设备和经验，又受到地域、气候的诸多限制，该酒单宁感重、口感苦涩，无法受到品尝者的认可。对此，马里奥并没有退缩，而是下定决心转变策略，他从法国拉菲古堡酒庄引进了赤霞珠，使用法国橡木桶进行陈酿，同时学习法国的酿酒技术，结合本地的条件，敢于创新，力图做出精品酒。厚积薄发下，西施佳雅葡萄酒终于在1948年至1967年被酿制成功，但当时只是在酒庄内部销售。

1968年对于圣圭托酒庄来说是一个永远值得被铭记的年份，持续改善后的西施佳雅于1968年首次上市。这一时期的西施佳雅在当年的一次国际盲品中表现优异，令世界葡萄酒业为之惊艳，足以比肩一级名庄酒，此时的西施佳雅被大家誉为意大利酒王。西施佳雅在1985年被葡萄酒评家罗伯特·帕克评为满分。

按时间顺序，圣圭托酒庄除了专注生产西施佳雅葡萄酒，还陆续推出了副牌西施小教堂和其他顶级产品，同时参加环保活动，推进可持续发展活动。

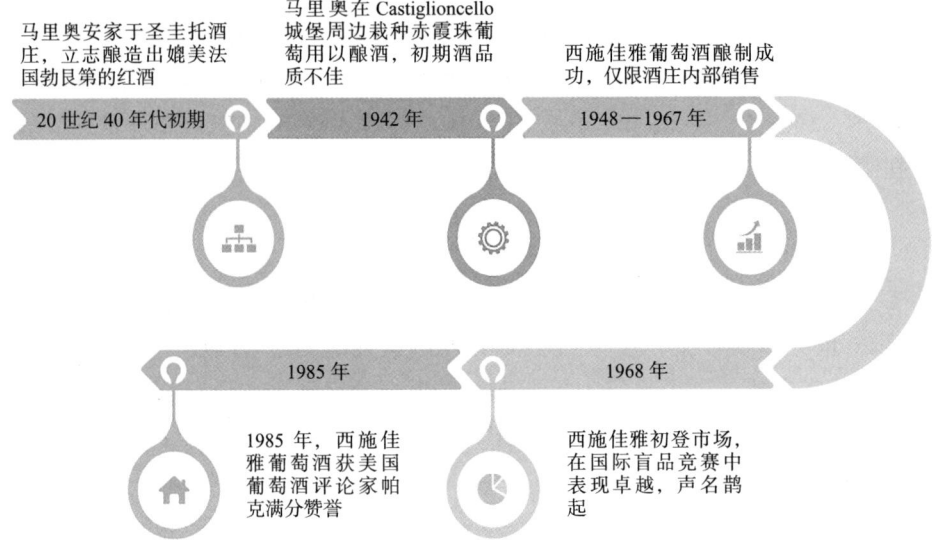

图2-8 圣圭托酒庄的发展历程

（三）酿造特点

圣圭托酒庄在酿造工艺中引入了新颖技术，以提升酒品品质与生产效率。例如，酿酒师采用容量从3500升到11 000升不等的不锈钢酒桶进行发酵，温度精确调控，确保了酒体品质的稳定与提升。浸渍过程通常持续约14天，此阶段关键在于充分萃取葡萄皮内的色素与风味成分。在陈酿过程中，酒庄采用225升容量、新桶比例为1/3的法国橡木桶，历时2年，这一工艺为葡萄酒增添了丰富而复杂的香气与口感层次。

人文园地

承古韵拓新境　意大利传统酒庄的转型发展

意大利酒庄在葡萄酒酿造领域成就斐然，嘉雅酒庄、孔特诺酒庄等经典酒庄历经岁月沉淀，传承百年。它们对传统酿造工艺的坚守，如孔特诺酒庄遵循传统，选用低产量葡萄园的葡萄，历经长时间浸渍和陈年，精心酿制巴罗洛葡萄酒，是工匠精神的生动诠释。这种对工艺的执着，不随波逐流，只为酿造出极致美酒，反映出酒庄对品质的不懈追求和对传统的敬畏。

在创新浪潮中，这些酒庄也积极求变。嘉雅酒庄的安杰罗·嘉雅引入先进技术和新葡萄品种，大胆创新，却未摒弃传统根基，实现传承与创新的平衡。这启示我们，在现代社会，既要珍视传统文化，也要有开放创新的勇气。

请思考中国传统行业应如何在传承文化底蕴和传统技艺的基础上，通过创新适应现代社会的发展需求。

第五节　西班牙知名酒庄

西班牙拥有悠久的酿酒历史和丰富的酒文化，葡萄种植面积达 98 万公顷，稳居世界前三位，占世界葡萄种植总面积的 13%。西班牙葡萄酒生产企业有 4000 多家，葡萄酒年产量高达 37.8 亿升，位居世界第三位。葡萄酒生产总量位居世界第一的法国和世界第二位的意大利，生产葡萄酒的总数均在 40 亿升以上。西班牙的经典酒庄在西班牙国内外都大有拥趸，酒庄风格各异，葡萄酒的酸度与酒精度也颇有差异。西班牙的经典酒庄主要位于西班牙葡萄酒生产产区的里奥哈（Rioja）、里贝拉德尔杜罗（Ribera del Duero）、加泰罗尼亚（Catalonia）和安达卢西亚（Andalusia）等地，葡萄酒酿造以红葡萄酒为主，亦有白葡萄酒和起泡酒。西班牙的经典酒庄不仅是西班牙葡萄酒的诠释者，也是西班牙酒文化的代表，是西班牙酒文化的镜子，可从中窥探西班牙酒文化的精髓。

一、里卡萨尔侯爵酒庄（Marqués de Riscal）

（一）酒庄简介

里卡萨尔侯爵酒庄位于西班牙里奥哈地区交易中心——洛格罗尼奥市附

近，靠近埃布罗河，最早可追溯到古罗马时代葡萄种植和酿酒时期，酒庄有大型酒窖，里面存放着 1500 个美国白橡木桶、500 个法国橡木桶，这些木桶用于葡萄酒的熟成过程，可以根据所选的葡萄品种的特性不同选择不同的橡木桶，以增强葡萄酒的复杂性和口感。

酒庄的葡萄园主要分布在上里奥哈和里奥哈阿拉维萨两个产区，两个区域的土壤组成不同。上里奥哈区的海拔比里奥哈阿拉维萨区高得多，土质也不同；上里奥哈区以白垩质黏土的土质为主，里奥哈阿拉维萨区的土壤则相对贫瘠，属于铁质黏土，不同的土质和风土赋予酒庄葡萄酒复杂多变的风味。西班牙主要的葡萄品种有丹魄（Tempranillo）、加纳恰（Garnacha）和马士罗（Mazuelo），不同品种收获后采用不同的方法进行葡萄酒的陈酿。

酒庄所在的里奥哈地区不仅是重要的葡萄酒生产区，也是"圣地亚哥朝圣之路"的重要驿站，具有深厚的历史文化意义。

（二）酒庄发展历史

19 世纪末的酒庄是一个家族酒庄，由葡萄酒爱好者 Emilio Hurtado 建立，他选择将酒庄建在里奥哈地区，看重的是当地得天独厚的自然条件和葡萄种植优势。

在 Emilio Hurtado 的领导下，酒庄开始种植葡萄和酿造葡萄酒并逐渐名望日隆。酒庄名"Marqués de Riscal"源自 Hurtado 家族的贵族封号。

酒庄在 20 世纪后扩大规模，增加葡萄园面积，提高葡萄酒产量，逐渐在国内外市场获得了不同程度的知名度，同时在这个时期开始摸索不同的酿酒技术和风格，将传统的酿酒工艺与现代科技相结合，酿造出独具特色的葡萄酒。

从 20 世纪末、21 世纪初开始，进入现代化转型的里卡萨尔侯爵酒庄开始引进现代化的酿酒设备和酿酒技术，改造升级葡萄园，提升酒庄葡萄酒的质量和产量；同时开始注重葡萄酒的市场营销和品牌建设，进行各类形式的活动和宣传，在全球葡萄酒市场提升自己的影响力和品牌。

酒庄近年来在继续发展葡萄酒业务的同时，开始了多元化经营的尝试。酒庄开发出了一系列与葡萄酒相关的延伸产品，如葡萄籽油、葡萄酒醋等，同时，酒庄还积极发展生态旅游＋体验，吸引游客参观葡萄园和酿酒设施，体验葡萄酒的魅力和文化。

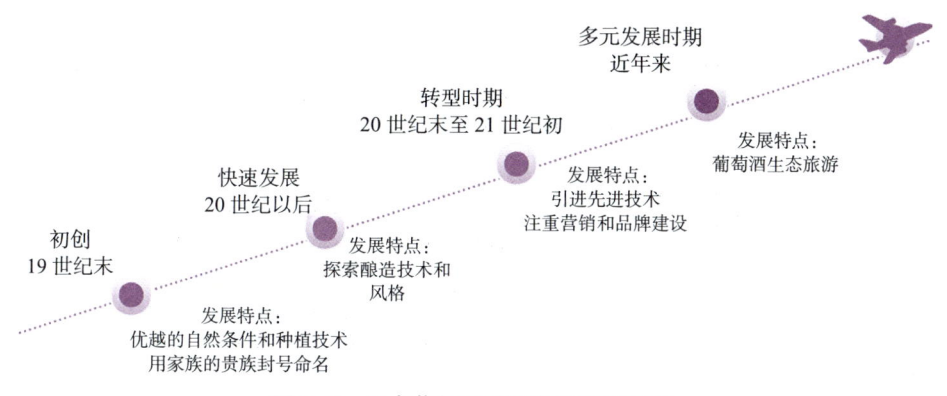

图 2-9 里卡萨尔侯爵酒庄的发展历程

(三) 酿造特点

里卡萨尔侯爵酒庄的酿造特色更多地体现在葡萄酒的风味和制作工艺中。从原料选取、工艺使用再到存放要求都极其严格。首先在葡萄的选取上严格把关。酒庄有着适合葡萄种植的微气候和土壤条件，用精心挑选优质的葡萄品种，如里奥哈地区的主要葡萄品种丹魄，酿造出具有丰富风味、良好结构的葡萄酒。其次是工艺手法的完美结合。在酿酒过程中里卡萨尔侯爵酒庄既保留了传统的酿酒方法，如使用橡木桶进行陈年，又采用现代技术来提升葡萄酒品质，两者的完美结合既保证了葡萄酒风味的复杂性，又能让它迎合时代发展的新要求。再次便是长期陈酿。酒庄的葡萄酒大多都会经过长期陈年才能上市，其中标志性的陈年老酒存放时间会达到十几年，存放在酒庄酒窖中的陈年酒风味会逐渐丰富，口感也会更加圆润细腻。最后便是风土表达。酒庄的葡萄酒充分表达了里奥哈地区的风土特色，如独特的地理位置，悠久的葡萄种植传统等，这些因素使得每一瓶里卡萨尔侯爵酒庄的葡萄酒都带上了独一无二的地域标记。

二、洛佩兹德埃雷迪亚酒庄（López de Heredia）

(一) 酒庄简介

洛佩兹德埃雷迪亚酒庄是位于西班牙里奥哈产区的顶级酒庄，建立于1874年，创始人为洛佩兹雷迪亚家族，由家族的几代人传承。创始人拉斐尔·洛佩斯在19世纪后期将其出产的葡萄酒定义为"至尊里奥哈"杰作。

一个多世纪以来,洛佩兹雷迪亚家族一直致力于酿造品质卓越且非常独特的葡萄酒。洛佩兹德埃雷迪亚酒庄的葡萄园的土壤主要是淤积土、石灰石和黏土混合物,为葡萄生长营造了良好的环境,在葡萄园护理、葡萄挑选以及葡萄酒陈酿的过程中酒庄一直都一丝不苟,这使它酿造出经典葡萄酒。

洛佩兹德埃雷迪亚酒庄出产的葡萄酒都是超长时间陈酿的,无论是红葡萄酒还是白葡萄酒都享有盛名。

(二)酒庄发展历史

酒庄的历史可以追溯到19世纪末,当时由创始人为这座酒庄打下了基础。创始人是拉斐尔·洛佩斯先生。1877年,拉斐尔·洛佩斯先生开始设计并且建立洛佩兹德埃雷迪亚酒庄,酒庄也随着时间的推移发展成为今天里奥哈地区最古老也是最著名的酒庄之一。

在1913—1914年,拉斐尔先生发展了酒庄技术,并且建成了100公顷的葡萄园"Vina Tondonia"。葡萄园有优良的地理环境及土壤条件,产出的葡萄被用来酿造酒庄以后最为著名的Pago系列葡萄酒。

在洛佩兹德埃雷迪亚酒庄,他们所用的都是一直由家族继承下来的传统方式,该方式既能保持传统的延续性,又能很好地做到可持续发展,保证酒庄在质量优良的同时,又不会破坏环境。

如今,酒庄已经传承至家族的第四代传人。他们继续以爱心和激情种植葡萄和酿造葡萄酒。这种热爱,连同一直实施的严格质量标准,成为了酒庄过去、现在乃至未来的座右铭。

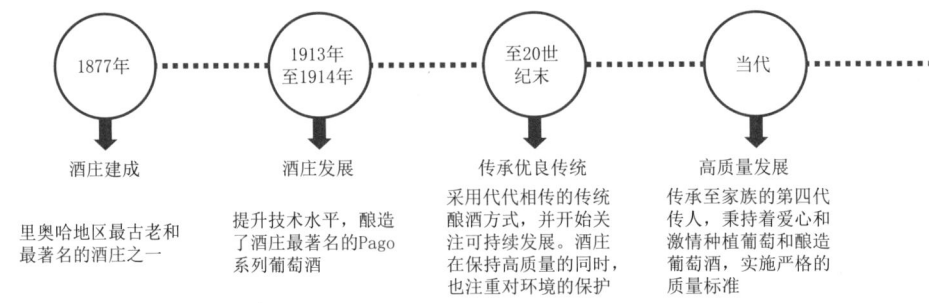

图2-10 洛佩兹德埃雷迪亚酒庄的发展历程

（三）酿造特点

洛佩兹德埃雷迪亚酒庄在葡萄酒酿造上强调对传统的坚持与对葡萄酒品质的追求。洛佩兹德埃雷迪亚酒庄葡萄园土壤由淤积土、石灰石、黏土混合物组成，地势呈阶梯状向下延伸，特殊的土壤结构有利于培育出优质的葡萄，从而酿造出风味独特的葡萄酒。

家族传承：有着140多年经营历史的家族酒庄，洛佩兹雷迪亚家族四代人秉承着传统的酿酒工艺，生产出卓越而独特的葡萄酒。

陈酿过程：酒庄的葡萄酒在地下酒窖的橡木桶中经过长时间陈放，这个过程有助于葡萄酒散发出非凡的香气和风味。

葡萄园管护：酒庄非常注重葡萄园的管护，精心挑选的葡萄是酿造出优质葡萄酒的基础。

品种特色：酒庄发布的酒款如 Vina Tondonia Reserva Red 和 Vina Cubillo Crianza 等，都旨在展现产区风土和葡萄品种的独特性。

三、桃乐丝酒庄（Torres）

（一）酒庄简介

桃乐丝酒庄是镶嵌在加泰罗尼亚这片肥沃土地上的一颗璀璨明星。桃乐丝的葡萄酒不仅在国内市场备受好评，更在国际舞台上大放异彩，成了西班牙葡萄酒的一张名片。

佩内德斯土壤肥沃，光照充沛。夏季炎热干燥，冬季温和多雨的地中海温暖湿润的气候为葡萄种植和葡萄酒生产提供了非常理想的自然环境。酒庄充分利用地理环境优势，精心选育多种优质葡萄品种，为酿造出风味独特的葡萄酒奠定了基础。酒庄拥有经典红葡萄酒、清新白葡萄酒和优雅的起泡酒，桃乐丝酒庄凭借精湛的工艺和卓越的品质满足了不同消费者的需求。

酒庄建筑有自己独特的风格，既富于历史感，又不失现代感。酒庄注重古老的酿酒传统与现代科技的结合，寻求继承与创新的平衡。酒庄里有专门为游客提供品酒的区域，可加深游客对葡萄酒的制造过程的了解。

（二）酒庄发展历史

桃乐丝酒庄于1870年创建，但桃乐丝家族早在17世纪就开始在佩内德斯古老的加泰罗尼亚镇酿造葡萄酒。时至今日，桃乐丝已然成为西班牙最大的葡萄酒生产商，"桃乐丝"几乎成为了西班牙酒的代名词，物有所值的品质可以说是西班牙酒的荣誉标签。

17世纪，在巴塞罗那南部的桃乐丝家族就已经是Primum Familiae Vini组织成员之一。该组织由11个历史悠久、声名显赫的葡萄酒家族组成，成员包括罗斯柴尔德、贝加西西利亚等。桃乐丝酒庄采用子承父业式的发展模式，发展前途不但没有受到局限，反而能稳步前进。

如今，桃乐丝酒庄已成为世界顶级葡萄酒品牌之一，全球知名度和影响力非常大，酒庄还践行社会公益，旨在促进葡萄酒文化传播和发展。酒庄联手艺术家、设计师，生产限量版葡萄酒，满足收藏家和葡萄酒爱好者的不同需求。

（三）酿造特点

桃乐丝酒庄在酿造过程中始终追求品质。酒庄意识到一款优秀的葡萄酒不仅要有优质的葡萄原材和酿造工艺，还要有独特的风土条件和不同的酿造方案，因此酒庄在酿造过程中更注重葡萄的品种特色和风土表达。

佩内德斯产区的特殊地中海气候和土壤条件使得该产区具备培育葡萄的地利条件，而在地利条件之外，佩内德斯产区也拥有一批适合自己环境的葡萄品种。这些葡萄品种相对健康，且在酒庄的管理下充分展示出自身最佳的风味。除此之外，酒庄在管理葡萄的过程中采用了科学的灌溉技术及合理施肥技术，使葡萄植株可以健康生长且高产。

在酿造上，酒庄也是精益求精。酒庄酿酒师经验丰富，技能娴熟，擅长根据葡萄品种特性以及风味目标制定个性化的酿造工艺；精细把握葡萄采摘、压榨、发酵、陈酿等每一个环节，特别是需要橡木桶陈酿的葡萄酒，酒庄会严格挑选橡木桶的种类，确定陈酿的时间，让葡萄酒既能充分吸收橡木桶香气和物质，又不致于多了橡木桶味而掩盖了其原有新鲜度和果香。

正是由于这些酿造工艺的独有特点，桃乐丝酒庄的葡萄酒风味既具有浓郁的地区特色，同时又彰显了酒庄本身的独特风格，每一款葡萄酒都有它自己的故事，每一款葡萄酒都见证了酒庄实实在在、追求品质的历史传承，无论是浓郁的红葡萄酒，还是清爽的白葡萄酒以及优雅的起泡酒，都经过精工酿制使其品质优良、风味独特，成为世界葡萄酒爱好者心中特定地位的美酒。

人文园地

从荒漠到酒乡：宁夏沙坡头的生态蝶变之路

2020年，习近平总书记在视察宁夏时指出，宁夏葡萄酒产业是中国葡萄酒产业发展的一个缩影，假以时日，可能10年、20年后，中国葡萄酒"当惊世界殊"。

沙坡头酒庄，一座诞生在茫茫戈壁里的沙漠之花，用17年的坚持，赋予了戈壁葡萄最美丽的生命，实现了从治沙庄园到美酒庄园的华丽蜕变。曾经，这里风大沙多，寸草不生，是全国荒漠化最严重的地区之一，"一年一场风，从春刮到冬，风吹沙子走，抬脚不见踪"是生活在这里的人们对于黄沙的记忆。如今，走进这里，宽阔清澈的黄河宛如一条银链，横贯东西，对岸，贺兰山余脉巍峨耸立。在灵动与苍凉的景色中，有一片300多亩的葡萄园犹如绿海望不到边。这就是位于中卫腾格里大沙漠南端，香山脚下，沙坡之畔，黄河之滨，全球环保500佳核心区的国家级沙坡头自然保护区内的宁夏红沙坡头葡萄庄园。2011年11月，沙坡头葡萄庄园通过中国质量认证中心（CQC，China Quality Certification Centre）检测认证，成为全国首家获得认证的沙漠有机葡萄酒及沙漠有机葡萄种植基地。

近年来，宁夏推动葡萄酒产业走出了一条具有自身特色的产业文化融合发展之路。目前，宁夏有253家葡萄酒庄和种植企业实体，年产量1.4亿瓶，占中国国产酒庄酒酿造总量的近40%。先后有60多家酒庄的葡萄酒在重量级国际大赛中获得上千个奖项，产区葡萄酒远销40多个国家和地区。

资料来源：马一萍，邹丽.贺兰山下美酒飘香——吴忠市推动葡萄酒产业高质量发展.吴忠日报，2024-07-10.

谈谈葡萄酒种植与沙漠化防治的关系。

第六节 葡萄牙知名酒庄

葡萄牙是旧世界阵营的重要成员,拥有两千多年的葡萄酒酿造历史,但相比于德、意、法等国家,这个老牌产酒国并不那么引人注目。然而,温和的海洋性气候、丰富的地形和独具特色的本地葡萄品种都赋予了葡萄牙巨大的潜力,这个低调的小国还有无数优秀的葡萄酒等待我们发掘。

一、飞鸟园酒庄(Quinta do Noval)

(一)酒庄简介

飞鸟园是葡萄牙最古老最昂贵的波特酒庄之一,创建于1715年,坐落于杜罗河谷的中央地带,位置得天独厚,葡萄园全部都是A级,种植着杜罗河最具代表性的葡萄品种:国产多瑞加、多瑞加弗兰卡、罗丽红等。

(二)酒庄发展历史

"Douro"在葡萄牙语里面是黄金、金色的意思,所以杜罗河也被叫作黄金河谷,飞鸟园坐落在杜罗河区域的最中心的Pinhao村,酒庄现在有大约247英亩的葡萄园。

酒庄于1715年创建,最初由赫贝勒·瓦朗特家族拥有并经营超过百年,19世纪初由于联姻而传给威斯空·威拉·达朗。19世纪80年代由于根瘤蚜危害,如同当地的其他酒庄一样,飞鸟园也是沽价待售,1894年出售给当地著名商人安东尼奥·约瑟·德西瓦。安东尼奥重新种植葡萄,使酒庄获得新生,之后其女婿路易斯·瓦斯孔凯络·波特继承管理,一直经营管理酒庄将近30年。路易斯进行大力改革,加宽梯田宽度,增加光照以及田间操作的便捷性,即使用今天的技术标准来看,也是了不起的改革;路易斯还借助剑桥、牛津等俱乐部进行推广,提升酒庄的知名度。飞鸟园的声誉不断获得提升,其中1931年份是标志性的。由于当时世界经济不景气,波特酒的订单严重下降,飞鸟园是当时唯一的在英美市场连续不断出口的葡萄牙生产商。

现在，飞鸟园由世界知名的保险公司 AXA 米莱西梅斯集团经营。如今飞鸟园成为杜罗河谷的典型代表，不仅因为其历史辉煌，更因为其酒质卓越。

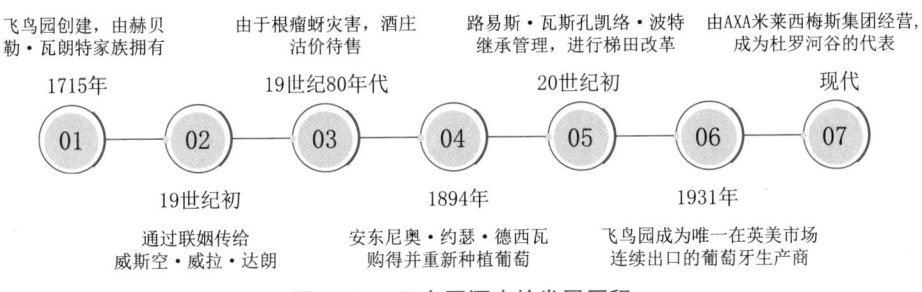

图 2-11　飞鸟园酒庄的发展历程

（三）酿造特点

飞鸟园酒庄一直以"老藤单一园年份葡萄酒"而著称，其中出产的国家年份波特酒更是常年被评为葡萄牙最贵的波特酒。该酒产量极低，每年仅 2000 瓶左右，且只在最优异的年份才酿造。

酒庄不仅出产优异的波特酒，同时也出产高品质的干红葡萄酒，由国产多瑞加等本地葡萄品种酿造，颜色深浓，带有充沛果味和辛料味，酒体厚重饱满，层次复杂多变，是杜罗河谷最具代表性的干红葡萄酒之一。

20 世纪 90 年代，庄园重新种植了百余公顷的葡萄，采用"定制型"的葡萄园管理方式，因此能够收获到品质优异的葡萄，不仅确保了出品拥有卓越水准的波特佳酿，自 2004 年以来，还保证了杜罗河干型葡萄酒的酿造。

二、格兰姆酒庄（W&J Graham's）

（一）酒庄简介

格兰姆酒庄创建于 1820 年，位于葡萄牙的杜罗河葡萄酒产区，是世界顶尖的波特酒生产商之一，也是最早一批酿造波特酒的酒庄，现隶属于辛明顿家族酒业集团。酒庄刚创建的时候就立志于酿造杜罗河谷最优异的波特酒，如今已经走过了 3 个世纪，酒的品质依然位列顶端。2016 年，格兰姆被 Drinks International 评为全世界最受尊崇的波特酒品牌，同时也是全球最受瞩目的 50 大葡萄酒品牌之一。

（二）酒庄发展历史

格兰姆酒庄由格兰姆家族的两兄弟 William 和 John 于 1820 年创建于葡萄牙的第二大城市波尔图。两兄弟以生产最优质的波特酒为目的，共同成立了 W&J Graham&Co 公司。1882 年，赛明顿从苏格兰来到波尔图，为格兰姆家族工作，从而开始了两家人长期的合作关系。1970 年，赛明顿的孙子们从格兰姆家族手中收购了公司，持续提升酒庄波特酒的声誉。

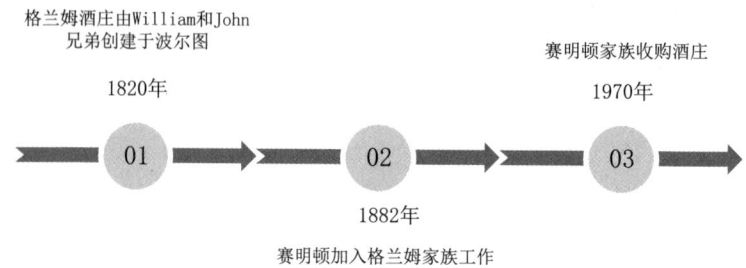

图 2-12　格兰姆酒庄的发展历程

（三）酿造特点

格兰姆酒庄的历史横跨三个世纪。这二百多年，格兰姆和来自苏格兰的赛明顿家族致力于酿造令人难忘的葡萄酒。如今，格兰姆酒庄的葡萄酒以口感丰富、酒体紧凑和单宁结构坚实而闻名，这些特性赋予了葡萄酒回味绵长的韵味。

格兰姆酒庄 2002 年出产的"1952 年女王钻禧纪念版"波特酒更是酒庄的经典之作，其为纪念伊丽莎白二世登基 50 周年的特酿，常年位列 WS（葡萄酒权威杂志《葡萄酒观察家》）评选的 10 大最贵葡萄牙葡萄酒之列，目前也是 WS 上最贵的波特葡萄酒。

三、泰勒酒庄（Taylor's）

（一）酒庄简介

泰勒酒庄坐落于葡萄牙著名的杜罗河谷，这里独特的气候与土壤条件，为优质葡萄的生长提供了得天独厚的环境。酒庄历史源远流长，自 1692 年创立以来，历经数百年的传承与发展，始终坚守传统酿造工艺，在葡萄牙葡萄酒行业中占据着举足轻重的地位。

(二)酒庄发展历史

泰勒酒庄成立于1692年,由英国葡萄酒商人Job Bearsley在葡萄牙创立。最初,Bearsley主要从事葡萄牙西北部红葡萄酒的贸易。1744年,在他的孙子Bartholomew的领导下,酒庄成为第一家在杜罗河产区购买酒庄的英国葡萄酒公司,奠定了其在波特酒行业的重要地位。

19世纪至20世纪,泰勒酒庄由Joseph Taylor和John Fladgate共同管理。19世纪末,根瘤蚜灾害席卷欧洲,加上两次世界大战的影响,酒庄经历了重建。20世纪初,酒庄转入Yeatman家族手中,并一直由该家族拥有。

20世纪60年代,Alistair Robertson接管酒庄,开始将市场拓展至亚洲和北美,而不再局限于英国市场。在他的领导下,泰勒酒庄酿造了第一款晚装瓶年份波特酒,这一创新成为波特酒行业的里程碑。1970年,这款酒首次推出便取得了巨大成功,进一步巩固了泰勒酒庄在行业中的领先地位。

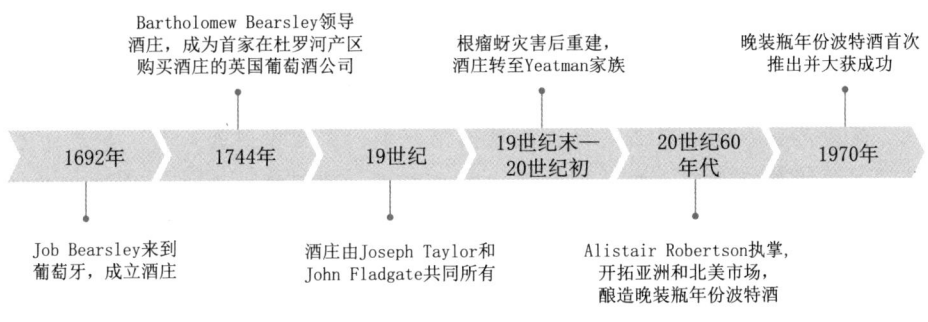

图2-13 泰勒酒庄的发展历程

(三)酿造特点

在葡萄品种方面,泰勒酒庄主要种植国产多瑞加、罗丽红、弗兰卡多瑞加等当地特色品种。这些品种各具特点,为酿造高品质的葡萄酒奠定了坚实基础。

泰勒酒庄以生产高品质的波特酒闻名,其产品线丰富,包括年份波特酒、茶色波特酒以及晚装瓶年份波特酒(LBV),后者正是由该酒庄首创。酒庄的葡萄园主要分布在杜罗河谷的三个农场庄园,这些葡萄园坐落在山腰坡上,土壤为片状页岩土,排水性好,且能为葡萄在炎热夏季提供适量水分。酒庄坚持可持续发展理念，葡萄种植过程中杜绝使用化学药剂。

泰勒酒庄的波特酒以其浓郁度、集中度及卓越品质著称，年份波特酒更是被视为行业标杆，风格优雅沉稳、持重长久。其 1992 年份波特酒获得罗伯特·帕克 100 分的高分评价，1994 年份波特酒被《葡萄酒观察家》杂志评为年度酒款。此外，酒庄还拥有大量稀有桶陈葡萄酒窖藏，其茶色波特酒也备受推崇。如今泰勒酒庄的葡萄酒远销全球 54 个国家，其卓越的历史和品质赢得了全球酒评人的高度评价。

人文园地

葡萄美酒映丝路：文明长河中的对话与共生

葡萄酒的传播路径与中西文化的交融是一个跨越时空的文化现象，它不仅见证了不同文明之间的交流与互动，也是中西文化交融的生动案例。

葡萄酒的传播始于古代文明，如古埃及、古希腊和古罗马时期，葡萄酒已成为重要的饮品，并被用于宗教仪式和庆典活动。随着地中海地区贸易的繁荣，葡萄酒文化逐渐向欧洲大陆其他地区传播，尤其是在法国、意大利和西班牙等国家，这些国家也逐渐成为了葡萄酒的主要生产国，并形成了各自独特的葡萄酒产区和酿造风格。

葡萄酒与中国的联系可以追溯到西汉时期，张骞出使西域后，丝绸之路的形成使得东西方商人在商贸交流中分享特产，葡萄酒也于这一时期传入中国。葡萄酒在中国的传播与丝绸之路密切相关，它不仅是一种饮品，更是东西方文化交流的纽带。中国的葡萄酒文化在传承西方技艺的同时，也融入了丰富的中国文化元素，如唐诗宋词中的葡萄酒文化与西方的葡萄酒文化比较，勾勒出全球视野下的文化交融。

资料来源：杨迪. 中国如何让西方舶来品葡萄酒"当惊世界殊"？——专访宁夏贺兰山东麓葡萄与葡萄酒联合会主席郝林海. 中国新闻网 www.chinanews.com，2022-02-20.

谈谈你对不同文化之间的对话与和谐共生的看法。

主要术语

自然葡萄酒；生物动力种植法；TBA；VDP；超级托斯卡纳；波特酒；WS 评选

思考与讨论

1. 葡萄酒需要满足什么条件才能被称为酒庄酒?
2. 拉菲古堡的发展历史是怎样的?
3. 酩悦香槟的酿造有何特点?
4. 手工采摘葡萄的好处有哪些?
5. 达格诺酒庄的代表性酒款有哪些?
6. 伊贡米勒酒庄的发展历史是怎样的?
7. 意大利各酒庄在传承传统酿造工艺的同时,如何进行创新以适应市场需求?
8. 圣圭托酒庄的发展历程对其他酒庄在开拓市场和提升品牌知名度方面有哪些启示?
9. 飞鸟园酒庄的发展历史是怎样的?
10. 泰勒酒庄的酿造特点是什么?

任务实训

1. 试调查了解法国酒庄,选择两个从酒庄特色、酿造特点等方面展开对比分析,并以小组为单位进行汇报。
2. 调研德国其他两个代表性酒庄,与本节中的三个代表性酒庄进行对比研究,找出其共同点和差异性。
3. 清晰梳理嘉雅酒庄、孔特诺酒庄、奥纳亚酒庄和圣圭托酒庄的酿造工艺,精准对比各酒庄在葡萄采摘、发酵、陈酿等环节的异同,深度探究不同酿造工艺对葡萄酒风味和品质的影响机制。
4. 选择一个西班牙酒庄作为研究对象,进行市场调研和分析。包括酒庄的市场定位、目标消费群体、竞争对手分析、产品特点等。
5. 请以飞鸟园的波特酒为例,对该款酒进行营销推广策划方案设计,内容包括品牌形象塑造、产品定位、价格策略、渠道选择及促销活动设计等。

旧世界葡萄酒酒庄

第三章

新世界葡萄酒产区知名酒庄

思维导图

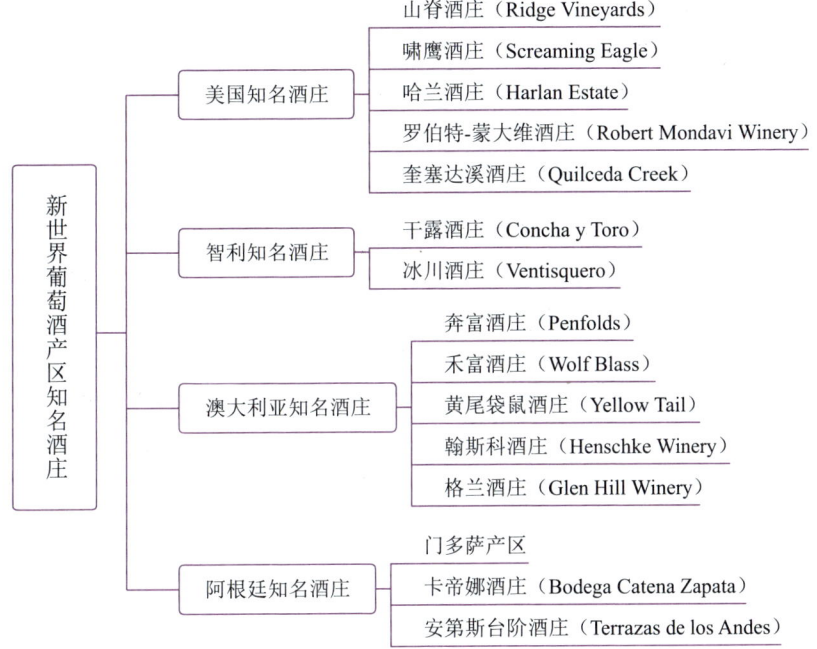

学习目标

1. 了解美国代表酒庄
2. 了解智利知名酒庄
3. 熟悉澳大利亚知名酒庄
4. 了解阿根廷知名酒庄

开篇案例

新世界葡萄酒产区的魅力之旅

罗拉是一位从事销售工作的年轻人,平时喜欢收集、品饮各个国家的葡萄酒,同时她加入了线下的葡萄酒爱好者社群。高压的工作节奏让她一直渴望能有一段放松身心的旅行。一次偶然的机会,她在社交媒体上看到了一组澳大利亚巴罗萨谷酒庄的照片,照片中那连绵起伏的葡萄园,阳光洒在一串串饱满的葡萄上,古老而又充满艺术感的酒庄建筑,以及人们手持酒杯在葡萄园里惬意品酒的场景深深吸引了她。于是她决定利用年假,开启一场新世界葡萄酒产区的探索之旅。

在美国加州的纳帕谷,罗拉被当地浓郁的葡萄酒文化氛围所感染。一方面,她结识了来自世界各地的葡萄酒爱好者,大家彼此交流着对葡萄酒的见解与感受;另一方面,她参加了不同的品鉴葡萄酒酒会。她不仅品尝到纳帕谷果香四溢的赤霞珠与口感香醇的梅洛,还深刻感受到酿酒师的创新精神。离开纳帕谷后,罗拉又分别来到了智利、阿根廷与澳大利亚的葡萄酒酒庄参观旅游。她发现,新世界葡萄酒产区虽然起步较晚,但凭借着创新的精神、优质的葡萄品种和独特的风土条件,新世界的葡萄酒已经在世界葡萄酒舞台上占据了重要的地位。这次旅行让罗拉意识到,葡萄酒不仅仅是一种饮品,更是一种文化和生活方式的体现。回国后,罗拉把这次对新世界葡萄酒产区魅力的探索分享给身边的朋友们。

第一节 美国知名酒庄

今天的美国已经跻身于世界上最重要的葡萄酒生产国之列,作为全球十大葡萄酒生产国之一,全美国 50 个州均分布有葡萄园与酿酒厂,目前葡萄酒产业主要集中在美国西海岸的加利福尼亚州、俄勒冈州以及华盛顿州,其中加利福尼亚州的葡萄酒产量尤为突出,占全国总量的 89%。虽然纳帕谷依然是核心精品葡萄酒产区,但随着全球精品葡萄酒市场的不断扩张,加州 140 余个美国法定葡萄种植产区(AVA,American Viticultural Area)正不断扩大规模,成为葡萄酒产业关注的焦点,并且在葡萄酒购买能力上一举打败老牌大

不列颠帝国，毫无争议地坐上头把交椅并将继续保持世界第一葡萄酒消费大国的地位。

一、山脊酒庄（Ridge Vineyards）

（一）酒庄简介

山脊酒庄为山脊庄园股份有限公司所有。酒庄包括三个葡萄园，分别是蒙特贝罗葡萄园（波尔多品种）、利顿之春葡萄园（仙粉黛和传统混合品种）与盖瑟维尔葡萄园（仙粉黛和传统混合品种）。葡萄园面积共达 264.38 公顷，老葡萄树种植于 1880 年，新葡萄树种植于 2003 年。其中三个葡萄园葡萄树的平均树龄分别为 35 年、33 年和 47 年。葡萄种植密度为 310~1350 株/英亩，平均产量为 288~1600 千克/英亩。三个葡萄园的葡萄酒年产量分别为 46 400 瓶、139 000 箱、121 500 箱，平均售价为 25~125 美元。

山脊酒庄的主要葡萄品种是赤霞珠、梅洛、小味多、品丽珠、霞多丽、仙粉黛、西拉、佳利酿、慕合怀特、歌海娜、维欧尼、紫北塞。其中，蒙特贝罗葡萄园近期最佳年份是 1962 年、1964 年、1968 年、1970 年、1971 年、1974 年、1977 年、1978 年、1981 年、1985 年、1988 年、1991 年、1992 年、1995 年、1996 年、1997 年、1999 年、2001 年和 2002 年；利顿之春葡萄园近期最佳年份是 1973 年、1974 年、1987 年、1990 年、1995 年、1999 年和 2001 年；盖瑟维尔葡萄园近期最佳年份是 1970 年、1973 年、1977 年、1987 年、1993 年、1997 年、1999 年、2001 年和 2002 年。三个葡萄园生产的红葡萄酒共有 20 多款评分在 90 分及以上。其中，蒙特贝罗葡萄园有 14 款，利顿之春葡萄园与盖瑟维尔葡萄园各有 5 款。

（二）酒庄发展历史

山脊庄园位于圣-克鲁兹山上，长期以来它一直是高质量加州葡萄酒的一个经典参照标准。虽然山脊庄园现在已经有了一个日本庄园主，但是长期在职的酿酒师保罗·德雷珀仍继续对该葡萄园的管理和葡萄酒的酿制负全责。

在过去的 40 年中，山脊庄园的重要目标之一一直是酿制最优质且辨识度高的葡萄酒，并且绝不使用机械方式和化学方式对葡萄酒进行干预。酿酒师保罗·德雷珀认为世界上最优质的葡萄酒应该"代表一些比工业加工过程更加现实,更加真实的东西"。

山脊庄园最初的酒厂建立于1886年,但是直到1949年它才在一块石灰岩下层土的区域种上了赤霞珠葡萄,人们认为那里的气候和波尔多产区一样寒冷。有记载显示,蒙特贝罗酒厂是由奥西亚·佩罗内建立的,他是一名来自意大利北部的医生。他沿着陡峭的斜坡周围建造梯田,第一次把葡萄种植在海拔为2700米的地方,并且在1892年对第一款蒙特贝罗年份酒进行装瓶。这个酒厂在禁酒时期停止了酿酒,随后便被遗弃了。

后来的山脊酒庄由在斯坦福研究院工作的戴夫·本尼恩及他的两位同事共同建立,他们在20世纪50年代晚期开始在群山中寻找一片土地,便于周末时带他们的孩子到这里野营。1959年时,他们从一个叫威廉·肖特的退休神学家那里购买了这个酒庄;1962年,该酒庄进入全面的商业运营。山脊酒庄著名的酒标是由已故的吉姆·罗伯特森(Jim Robertson)设计的,这一酒标从一开始至今并没有发生多大变化。之后,戴夫·本尼恩和他的妻子弗兰·本尼恩偶遇了保罗·德雷珀。尽管德雷珀不是一个酒类学家(他在斯坦福大学就读时的专业是哲学),但他非常了解葡萄酒,1969年,他加入了山脊酒庄,并开始担任酿酒师。

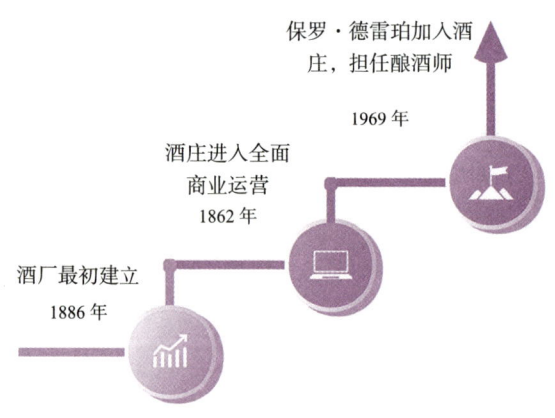

图3-1 山脊酒庄的发展历程

1986年,一个出生于日本的优质葡萄酒收藏家大家明彦购买了山脊酒庄,他很有远见地留下保罗·德雷珀继续担任酿酒师;保罗·德雷珀也是该酒庄主要股东之一,负责酒庄的运营。

(三) 酿造特点

山脊酒庄所有的波尔多品种都是在酒桶中进行天然的苹果酸－乳酸发酵，而且葡萄酒与果渣一起陈放至少 3 个月。山脊酒庄总是使用美国白色橡木酒桶。酒庄始终都更喜欢把采收自蒙特贝罗园的葡萄放在干燥的美国白色橡木桶中酿制，而且酿制蒙特贝罗园赤霞珠葡萄酒时会使用 100% 的新橡木酒桶；不过在酿制另外两款优质仙粉黛红葡萄酒时却几乎不用，即利顿之春园红葡萄酒和盖瑟维尔园红葡萄酒。

二、啸鹰酒庄（Screaming Eagle）

(一) 酒庄简介

啸鹰酒庄的庄园主是简·菲利普斯，盛产的酒品为赤霞珠红葡萄酒。葡萄园面积共达 57 英亩，葡萄品种包括赤霞珠、品丽珠和梅洛。葡萄树的平均树龄为 15 年。葡萄平均产量为 2000~4000 千克/英亩。赤霞珠红葡萄酒年产量为 500~850 箱，平均售价为 125~300 美元。

近期最佳年份是 1992 年、1994 年、1995 年、1997 年、1999 年、2001 年和 2002 年。盛产的赤霞珠红葡萄酒共有 11 款评分在 94 分及以上。

(二) 酒庄发展历史

简·菲利普斯女士在纳帕谷底地理条件较好的地方拥有 57 英亩的土地，她每年可以从这里选择最优质的葡萄来酿制 500 到 800 多箱葡萄酒。酿酒是在一个面积微小的石头酒厂里进行的，该酒厂位于一座可以俯瞰山谷的石头山上。从她 1992 年第一次出售葡萄酒开始，啸鹰酒庄在很多方面都是产量有限、高质量、超级昂贵的加州葡萄酒的代表。只有邮寄名单中的消费者购买的价格比较平实，而在二级市场（拍卖市场）中，这些葡萄酒的价格已经猛增至每瓶 700 到 1000 美元。

啸鹰酒庄的葡萄酒是奥克维尔走廊生长的赤霞珠的出色表达，酒庄发展缓慢但是质量有保障，简·菲利普斯也因此快速地获得了良好名望。她通过自己的朋友罗伯特·蒙大维认识了海迪·巴莱特，巴莱特是蒙特兰那酒庄责任人之一博·巴莱特的妻子，也是纳帕谷最受人尊敬的酒类专家，巴莱特一直是啸鹰酒庄唯一的酿酒师。

菲利普斯从1986年的一次零星酿制开始,逐渐获得她的产业。葡萄园位于纳帕河以东一个最向西方的斜坡上,土壤为岩石质,还拥有一流的排水系统。即使在最炎热的年份,该园的葡萄也绝不会表现出煮熟或烘焙的特性。啸鹰酒庄的葡萄酒拥有惊人的纯度、杰出的丰富性,而且没有任何沉重感,也没有不均衡感。

简·菲利普斯自我总结:"我只是追随自己的真心,我一直觉得自己正做着自己真正热爱的事情。如果我做成功了,那就太好了;如果没有,至少我享受自己的生活。这是我一直以来推崇的哲学。"

(三)酿造特点

酿酒方式一直都是采收健康的葡萄,将成熟的赤霞珠加入少量的品丽珠和小味多进行混酿。在葡萄的糖度达到24时采收,葡萄酒放在法国圣哥安酒桶(大约六五成新的)中陈年,18个月后装瓶,装瓶之前稍加过滤或完全过滤。酿酒过程中用小桶发酵,这也许是菲利普斯能够酿制出如此卓越的葡萄酒的秘诀所在。另外,也得益于风土条件的加持。

三、哈兰酒庄(Harlan Estate)

(一)酒庄简介

哈兰酒庄位于美国加利福尼亚州的纳帕谷,由哈兰家族于1984年创立,是加州"一级酒庄"。酒庄的创始人是比尔·哈兰(Bill Harlan)与妻子海蒂·哈兰(Heidi Peterson Harlan)。这个酒庄以其豪华的设施和私人品酒体验而闻名。多年以来,该酒庄的平均年产量不断增长,从约800箱增至现在的2000箱,却仍然供不应求。哈兰酒庄占地面积达36英亩,其酿酒葡萄采用的是标准的"梅多克配方"(70%赤霞珠、20%梅洛、8%品丽珠和2%小味多)。盛产的酒品为哈兰酒庄红葡萄酒,平均售价为100~175美元。葡萄的平均树龄从4年到17年不等。

近期最佳年份是1991年、1992年、1993年、1994年、1995年、1996年、1997年、1998年、2001年和2002年。葡萄园盛产的12款红葡萄酒评分在91分及以上。

哈兰酒庄红葡萄酒1990年第一个年份面世后就轰动一时,次年即获得98分的评价,随后也有3个年份得到满分。哈兰的酒标颇具艺术感。哈兰酒庄第一款葡萄酒标的设计灵感来自一幅19世纪的版画,由前印钞厂纸钞制版师监督指导制作。酒庄认为:"酒标不是用来陈列在商店的货架上的,而是要放在餐桌上在烛光下欣赏的。"

(二)酒庄发展历史

酒庄所属人比尔·哈兰一直有一个坚定的单一目标,这在很大程度上解释了为什么哈兰酒庄能在如此短暂的时间内取得如此巨大的成就,酿制出如此质量非凡的葡萄酒。比尔·哈兰曾经说过,他的使命是始终如一地酿制最优质和最长寿的葡萄酒……从本质上说,就是在加州产区创立一个一级酒庄。

哈兰酒庄的首次葡萄园扩展是在1984年进行的,当时的葡萄园只有2.4公顷,目前已有15公顷的栽种面积,而且葡萄的品种都非常经典:赤霞珠、梅洛、品丽珠和小味多。这些令人印象深刻的山坡葡萄园都位于纳帕谷的西边。

自从1990年第一年酿制葡萄酒开始,哈兰酒庄就已经酿制出加州最令人印象深刻的赤霞珠葡萄酒。在酿制这种葡萄酒的过程中,比尔·哈兰在他的酿酒师鲍勃·莱维和法国专家米歇尔·罗兰的帮助下,酿制出一款精致、丰富和复杂的葡萄酒。这款酒拥有顶级加州产区葡萄酒的强度,复杂,并且具有优雅感,这使得它明显可以被当作一款顶级的加州产区葡萄酒。

哈兰酒庄酿制的葡萄酒拥有所有优质的元素——个性、力量与优雅的结合,非凡的复杂性,卓越的陈年能力,令人叹服的丰富性,并且丝毫没有笨重感。迄今为止,该酒庄酿制的所有年份酒都表现出能够在瓶中陈化20到30年以上的迹象。1995年,他们的第二种酒——少女园红葡萄酒首次酿制,这是对这个山坡葡萄园中的葡萄进行更加严格的筛选后酿制出的葡萄酒。

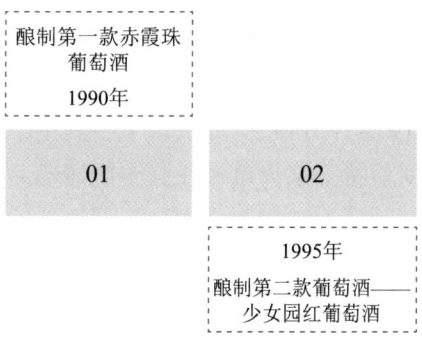

图3-2 哈兰酒庄的发展历程

完美的葡萄酒非常少见，历史告诉我们，像哈兰酒庄这样拥有极大抱负的酒厂将继续推动葡萄酒质量的发展。哈兰酒庄的目标很简单——低产量，成熟的葡萄，没有花哨的发酵操作，自然地培养，而且不进行净化就装瓶。

（三）酿造特点

哈兰酒庄的酿酒哲学当然是尽量保持葡萄酒的天然品质，对待葡萄和发酵的策略非常温和。使用小型采收托盘，严格地对成串葡萄分类，去梗，不压碎，然后对已去梗的葡萄进行分类（这在葡萄酒行业是罕见的）。为了不对葡萄汁进行泵打，会使用最温和的发酵方式：在顶端开口的小发酵器中发酵，这些发酵器是专为提供和谐单宁而设计的，有着更加恒定的温度。接着在全新的法国小橡木酒桶中进行苹果酸－乳酸发酵，发酵后，葡萄汁仍会留在酒桶中与果渣一起陈年，时间大约是23到36个月。通常不经澄清和过滤就装瓶。

四、罗伯特－蒙大维酒庄（Robert Mondavi Winery）

（一）酒庄简介

酒庄位于美国加利福尼亚州的纳帕谷，葡萄园占地面积达440公顷，盛产的酒品为罗伯特－蒙大维酒庄珍藏赤霞珠葡萄酒与罗伯特－蒙大维酒庄托卡隆园珍藏赤霞珠葡萄酒。葡萄品种包括赤霞珠、富美白、长相思、黑皮诺、霞多丽、梅洛、仙粉黛、长相思贵妇葡萄、奥罗莫斯卡托，还有少量其他品种（品丽珠、马尔贝克、小味多、沙美龙），葡萄的平均树龄从10至50年不等。葡萄酒的平均售价为150美元。

近期最佳年份是1971年、1973年、1974年、1978年、1984年、1987年、1990年、1991年、1992年、1994年、1999年、2000年、2001年和2002年。盛产的红葡萄酒共有19款评分在90分及以上，其中，罗伯特－蒙大维酒庄珍藏赤霞珠葡萄酒与罗伯特－蒙大维酒庄托卡隆园珍藏赤霞珠葡萄酒分别占15款和4款。

（二）酒庄发展历史

这个令人肃然起敬的纳帕谷酒庄对加州产区葡萄酒酿制的质量有相当大的影响，它将葡萄园和酒厂的质量都推到了更高的水平。

罗伯特·蒙大维家族中有四代人都是葡萄酒酿制商，他们从1966年开始经营罗伯特－蒙大维酒庄，对酿制特别的葡萄酒富有激情。蒙大维家族移民到世界上优质的葡萄酒产区，尊重风土，并且坚信在纳帕谷产区内可以生产出优质的葡萄酒。事实上，罗伯特·蒙大维和他的两个儿子——提姆和迈克尔，可以说是纳帕谷产区最先彻底理解和创造优质欧洲风格葡萄酒的人，他们酿制的葡萄酒可以和非常优质的法国葡萄酒、意大利葡萄酒相媲美。

酒庄在葡萄培植和酿酒革新方面一直都是个领导者。在20世纪60年代晚期，酒庄引进了冷发酵、不锈钢酒罐和法国小橡木酒桶的使用，这在当时的加州酿酒产业中基本上是闻所未闻的。更近一点的革新包括：温和的酿酒技术以提高葡萄酒的质量，控制葡萄的产量以增加口味的集中性，还有天然葡萄培植实践以保护环境以及葡萄园中的工人健康，这些改进都推进了酿酒工业中酿酒方法和种植方法的重大改变。

蒙大维酒庄也是葡萄酒旅游业最有力的提倡者之一，他们认为葡萄酒也是风俗文化的一部分，在饮食和艺术的庆祝中才能被最好地欣赏。蒙大维酒庄是最先对参观者开放的酒庄之一，也是最先提供旅游和品酒服务的酒庄之一。他们后来还陆续增加了一些烹饪项目、音乐会、艺术品展览和其他文化项目，包括从1976年就开展的大厨项目，许多活动都是美国首次开展的。每年夏天，蒙大维酒庄都会赞助一次音乐节，作为一个重要的筹款者为纳帕谷的交响乐筹集资金。

罗伯特－蒙大维酒庄是酿酒技术革新的基地，在加州和世界优质葡萄酒发展的历史上都占有一席之地。

2004年酒庄易主，成为星座葡萄酒企业名下资产，但蒙大维家族依然掌管经营这个奥克维尔最重要的酒庄。

蒙大维酒庄虽然也酿制着很多其他顶级葡萄酒，但这是一个优质的赤霞珠葡萄酒产地，他们最优质的两款葡萄酒是罗伯特－蒙大维酒庄珍藏赤霞珠和托卡隆园珍藏赤霞珠葡萄酒。

（三）酿造特点

蒙大维酒庄对于每一个葡萄品种都采用不同的酿酒技术，为使葡萄品种和葡萄园的个性发挥到极致，还会对酿酒技术进行微调。大体说来，蒙大维酒庄尽可能地使用温和、天然的酿酒方法，包括广泛使用天然酵母进行发酵，在合适的地方进行天然的苹果酸－乳酸发酵，在100%的法国橡木酒桶中陈年，而且装瓶前不进行过滤。

提姆·蒙大维说："我们在酿制珍藏赤霞珠葡萄酒的过程中，为了获得强烈水果的优雅特性，为了精粹更多的特性和口味，我们结合使用重力作用和人工操作来进行皮渣分离；只对最优质的葡萄串进行分类，使用橡木酒罐发酵，进行长时间的浸泡，使用在地下贮藏了1年的酒桶，而且全部是法国橡木酒桶，还会对葡萄酒逐桶进行分离，以使得净化过程比较自然，而且尽可能地不过滤就装瓶。"

五、奎塞达溪酒庄（Quilceda Creek）

（一）酒庄简介

奎塞达溪酒庄位于华盛顿产区。从气候角度来看，这个区域在夏天拥有充分的光照和热量，昼夜温差很大，而这里的温差比加州的大部分地区都要大。这就解释了为什么该区域最优质的葡萄酒拥有天然的清新酸度，这些葡萄酒都是使用波尔多品种进行酿制的，风味相当丰富和集中。

奎塞达溪酒庄盛产的三款酒品分别为赤霞珠红葡萄酒、夏普园赤霞珠红葡萄酒与珍藏赤霞珠红葡萄酒。葡萄园面积共有32英亩，葡萄品种包括赤霞珠、梅洛和品丽珠。葡萄平均产量为2500~3000千克/英亩。赤霞珠红葡萄酒年产量为3.8万瓶，平均售价为50~75美元。

近期最佳年份是1983年、1989年、1994年、1998年、1999年、2001年和2002年。三个葡萄园盛产的红葡萄酒评分90分及以上红葡萄酒共15款。其中，赤霞珠红葡萄酒有11款，夏普园赤霞珠红葡萄酒有1款，珍藏赤霞珠红葡萄酒有3款。

（二）酒庄发展历史

埃里克斯·戈利齐在20世纪10年代初期出生于法国，他推动了奎塞达溪酒庄的创立。1946年，家族从法国移民到美国加州，在离纳帕谷很近的旧金山定居。

1974年，在酿酒师安德烈·切利斯夫的帮助下，戈利齐酿制了自己的第一桶赤霞珠葡萄酒。接下来又酿制了另外三款年份酒和另外三桶葡萄酒，1978年奎塞达溪酒庄正式建立，并且在1979年酿制了第一款奎塞达溪酒庄红葡萄酒。4年后，这款葡萄酒在西雅图的葡萄酒酿制节上获得了金牌和特等奖，它也是唯一获得此殊荣的红葡萄酒。

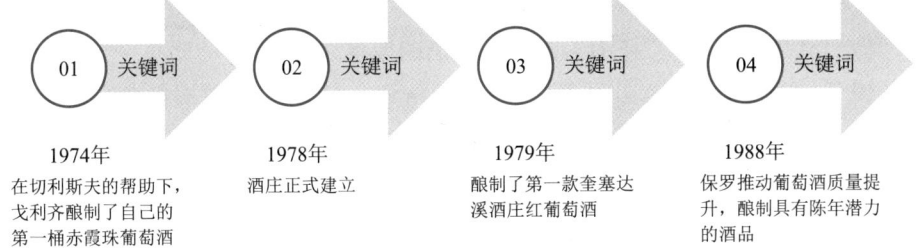

图 3-3　奎塞达溪酒庄的发展历程

现在，戈利齐的儿子保罗已经成为奎塞达溪酒庄主要的酿酒师。保罗的事业以卓越的 1988 年款珍藏赤霞珠葡萄酒开始，他在推动奎塞达溪酒庄葡萄酒质量提升方面做出了杰出贡献。他酿制的葡萄酒强劲、优雅、均衡，拥有水果、多层次的橡木风味和圆润的单宁，并且具有可以窖藏 20 年以上的陈年潜力。

（三）酿造特点

奎塞达溪酒庄把自己的物质和精神资源都集中于唯一的一个品种——赤霞珠。虽然也会酿制少量的梅洛，不过数量非常有限，因为华盛顿州每五六年都会经历一次非常低温的冬天，而梅洛不耐低温。奎塞达溪酒庄也以赤霞珠或梅洛酿制日常餐酒。

为了在保持赤霞珠品种特性的情况下发展葡萄酒的果香，酒庄在酿制赤霞珠葡萄酒时通常会掺入不到 5% 的梅洛或品丽珠。他们的目标是酿制一款在年轻时品饮就已经可口，但仍有 20 年以上陈年潜力的葡萄酒。

葡萄只有在完全成熟时才会进行采摘，然后对葡萄进行去梗和相当轻微的挤压破碎，接着葡萄在重力的作用下进入发酵器。发酵是使用特定的商业酵母菌种进行的，精粹是通过按压酒帽完成的。发酵过程一直持续到葡萄酒变为干型，然后才把葡萄酒抽入法国新橡木酒桶中。分离和苹果酸－乳酸发酵都是在酒桶中进行的。

所有的葡萄酒都会在酒桶中陈年，大约 22 个月后进行装瓶。不对葡萄酒进行澄清和过滤。在瓶中陈年 9 个月后上市。

人文园地

杯中美国：葡萄酒的发展之路

从 19 世纪葡萄藤在加州扎根，到 1976 年，美国人用两个世纪的时间在葡萄酒版图上书写了独具特色的篇章。这片曾被欧洲酿酒师断言"无法培育优质葡萄"的土地，最终孕育出充满新大陆气质的葡萄酒文化。美国葡萄酒的发展首先体现在对传统的突破性改造上。20 世纪 70 年代诞生的白金粉黛（White Zinfandel），将传统红酒葡萄品种转化为半甜型桃红葡萄酒，这种酿造方式创造了年销量千万箱的商业奇迹。纳帕谷的酿酒师们大胆采用赤霞珠与梅洛的混酿，创造出具有巧克力与黑醋栗香气的标志性风味，这种不拘一格的做法最终塑造了"加州风格"的全球认知。

这段发展史给予我们的启示，远超饮品本身。它生动诠释了在尊重传统与突破发展之间保持平衡的智慧。

美国酒庄在传承传统酿酒工艺的同时，也不断追求创新。美国酒庄的创新举措体现在哪些方面？

第二节 智利知名酒庄

智利酒庄是葡萄酒产业的新兴力量，尽管其历史相对较短，但发展势头强劲，引起业界的广泛关注。与传统葡萄酒生产国如西班牙相比，智利酒庄在继承传统酿酒技艺的同时展现出更为突出的创新和现代化管理特色。智利酒庄深受欧洲酿酒风格的影响，不仅在葡萄酒的品质和口感上呈现出独特的欧洲风情，更在经营理念和酿酒技术上融入了欧洲元素。这种欧式酿酒风格的引入，使得智利酒庄在酿造过程中注重细节，追求卓越，从而显著提升了葡萄酒的整体品质。

智利的酒庄主要分布在中部和南部地区。百年干露酒庄和新兴的冰川酒庄是行业的杰出代表。

一、干露酒庄（Concha y Toro）

（一）酒庄简介

干露酒庄在拉丁美洲的葡萄酒版图上占据着十分重要的地位。作为拉丁美洲最大也是历史最为悠久的葡萄酒酿酒商，干露酒庄的规模和影响力不仅仅局限于本土，更是在全球范围内产生了深远的影响。

酒庄拥有广阔的葡萄园，遍布智利各适宜葡萄生长的产区，这些葡萄园在得天独厚的自然条件下孕育出优质的葡萄。酒庄建筑集传统与现代于一体，古老的酒窖与现代化的酿酒设施交相辉映，体现了酒庄在尊重历史的同时，也追求技术创新。

干露酒庄不仅是葡萄酒的生产者，更是葡萄酒文化的传播者。酒庄吸引着世界各地的游客，成为了解智利葡萄酒文化的重要窗口。游客在这里可以亲身体验从葡萄采摘到装瓶的全过程，这种沉浸式体验加深了对葡萄酒的理解与尊重。

（二）酒庄发展历史

干露酒庄的创立可追溯至1883年，由干露先生创立。当时，智利的葡萄酒产业尚处于起步阶段，酒庄面临着诸多挑战。从葡萄园的开垦到葡萄品种的选择，每一个环节都充满艰辛。酿酒过程更多地依赖于传统经验和手工操作，技术条件相对有限。1957年，塔格莱·爱德华·吉利萨斯蒂加入酒庄，开始加大对葡萄园的投资，并加强酒庄的管理和拓展对外贸易。1985年，酒庄实现现代化经营，引进先进技术和设备，开始使用法国橡木桶酿造葡萄酒。1987年，酒庄的葡萄酒开始在国际上获奖，标志着其国际声誉的初步建立。1997年，吉利萨斯蒂与法国木桐酒庄签订合作协议，共同建立了活灵魂酒庄。酒庄不断探索适合智利土壤和气候的葡萄种植方法，引进新的葡萄品种，并与当地种植者建立紧密合作关系，促进了葡萄种植技术的交流和提升。进入20世纪，全球葡萄酒市场需求增长，智利葡萄酒因其独特风味和较高性价比受到国际市场关注。

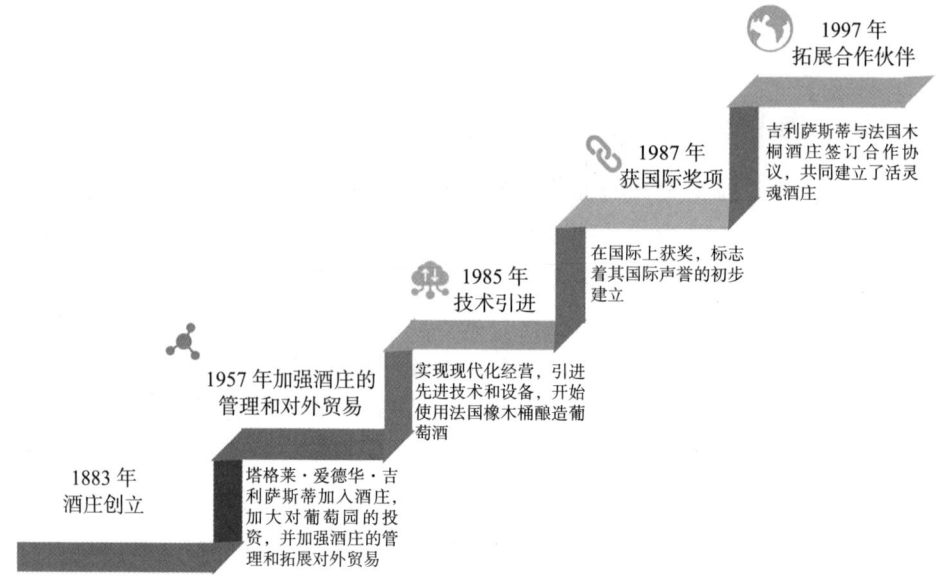

图 3-4　干露酒庄的发展历程

酒庄在发展历程中经历了多次技术革新和管理变革。酒庄不断引进先进的酿酒技术和设备，提高生产效率和葡萄酒品质。同时，酒庄在企业管理方面也逐渐走向现代化，建立了完善的质量管理体系和市场营销策略，保持了强劲的竞争力。

（三）酿造特点

1. 葡萄园管理

干露酒庄的葡萄园分布在智利不同的产区，这些产区各具独特的土壤和气候条件。酒庄种植了多种葡萄品种，其中赤霞珠、佳美娜等红葡萄品种以及长相思、霞多丽等白葡萄品种尤为突出。酒庄根据葡萄品种的特性进行精心种植管理，确保葡萄达到最佳成熟度。

酒庄秉持可持续发展的种植理念，注重葡萄园的生态平衡。在葡萄园管理中，尽量减少化学农药和化肥的使用，采用生物防治和有机肥料来保障葡萄的健康生长。这种生态友好的种植方式不仅有助于保护环境，还能为葡萄的生长提供更自然、健康的条件。

2. 酿酒工艺

干露酒庄在葡萄采摘季节会根据葡萄的品种和成熟度进行精准采摘。采摘后的葡萄会经过严格筛选，只留下品质优良的葡萄用于酿酒。

发酵是葡萄酒酿造的核心环节。酒庄根据不同的葡萄品种和葡萄酒风格采用不同的发酵工艺。对于红葡萄酒，酒庄注重提取葡萄皮中的色素、单宁和风味物质；对于白葡萄酒，酒庄则更加注重保持葡萄的果香和清新度。

橡木桶是提升葡萄酒品质的重要元素。酒庄使用来自不同地区的橡木桶，赋予葡萄酒不同的风味特点。经过橡木桶陈酿后的葡萄酒，在装瓶前还会进行澄清和过滤，以确保清澈度。对于高端酒款，酒庄还会进行瓶陈，使葡萄酒在瓶内继续发展和成熟。

二、冰川酒庄（Ventisquero）

（一）酒庄简介

冰川酒庄，位于智利迈坡谷产区，是新世界葡萄酒领域的璀璨新星。酒庄名称源自智利南部壮观的冰川，寓意着酒庄如冰川般纯净、独特且充满生命力，这种特质也体现在其葡萄酒中。尽管历史不长，冰川酒庄在葡萄酒酿造上却展现出非凡活力。作为智利最大食品集团艾格丝蓓旗下的一员，酒庄拥有坚实的发展后盾。

酒庄的经营理念融合传承与创新，既尊重传统酿造工艺，珍视智利葡萄酒的历史文化底蕴，又积极采用现代科技和创新思维，探索新的酿酒技术，以适应市场需求。这种平衡使得酒庄既能保持传统风味，又能在国际市场上展现独特魅力。

冰川酒庄的葡萄酒在国际上广受认可，是智利葡萄酒的代表，也是新世界葡萄酒的重要力量。酒庄葡萄酒在各类国际大赛中屡获殊荣，品质与独特风味备受好评，成为葡萄酒爱好者探索智利葡萄酒的重要选择。

（二）酒庄发展历史

冰川酒庄最早的故事开始于1996年，当时，智利农场主唐·贡赛洛·威尔先生出于对土地和葡萄酒的热爱，决定成立一家在工艺和酿造上都尊重智利起源的葡萄酒庄。1998年，冰川酒庄在智利这片葡萄酒酿造的热土上应运而生。2001年，冰川酒庄的第一批葡萄酒正式上市，随后酒庄不断发展壮大，分别在美国和欧洲开设办事处，并不断开拓新的产区和葡萄园，生产出的葡萄酒在国际上广受认可。酒庄根据葡萄的生长习性，发现炎热干燥的环境更利于葡萄有机物的积累，于是2008年开始尝试在智利北部的阿塔卡玛沙漠种植葡萄并取得了成功。2020 年，Viña Ventisquero 更名为"Ventisquero Wine Estate"，标志着酒庄迈入集团化，具备了世界级的规模和影响力。

图 3-5　冰川酒庄的发展历程

品牌建设方面，冰川酒庄旗下多个品牌在国际市场崭露头角。核心品牌冰川（Ventisquero）凭借其高品质和独特风味赢得了广泛赞誉；海蓝（Kalfu）品牌以其独特的海洋风味吸引了众多消费者；雅利（Yali）品牌则以其优雅质朴的风格，在市场上树立了良好的口碑。这些品牌的成功，不仅丰富了酒庄的产品线，更为酒庄在国际市场赢得了广泛的客户群体。

冰川酒庄的一个里程碑式成就是其佳酿成功进入世界上最好的五家米其林餐厅。这一荣誉不仅是对酒庄葡萄酒品质的高度认可，更是酒庄在国际高端餐饮市场的重大突破。米其林餐厅对葡萄酒的品质、风味和搭配性要求极高，冰川酒庄能够跻身其中，彰显了其对品质的执着追求、独特的酿造工艺，以及对葡萄酒与美食搭配的精妙理解。这一成就为酒庄带来了国际声誉和商业机遇，国际订单量大幅增长，激励酒庄持续追求卓越，不断提升葡萄酒品质和品牌形象。

（三）酿造特点

1. 葡萄原料精选与培育

冰川酒庄精心布局迈坡谷与空加瓜谷，管理着总面积 1500 公顷的 9 大葡萄园，这些园区是酿造高品质葡萄酒的基石。迈坡谷以多样化的土壤条件著称，为赤霞珠、梅洛等多种葡萄品种提供理想生长环境；而空加瓜谷则因温暖气候和充足阳光，是红葡萄品种的种植天堂。

酒庄所处地区享有地中海气候优势，夏季炎热干燥，冬季温和湿润，为葡萄生长提供了理想的自然条件。充足日照促使葡萄光合作用充分，积累丰富糖分；夜晚凉爽气温则利于保持葡萄酸度，平衡糖酸，是酿造优质酒的关键。

酒庄主要种植赤霞珠、梅洛、西拉及霞多丽等葡萄品种。赤霞珠果实饱满，富含单宁和花青素，酿造出的葡萄酒果香浓郁、口感醇厚；梅洛则口感圆润，香气丰富；西拉充满活力，酒体饱满，单宁强劲；霞多丽风格多变，从清新果香到热带风情，应有尽有。

酒庄采取严格管理措施，包括修剪、疏果等，确保葡萄品质。同时，采用可持续种植法，减少化学农药和化肥使用，保护生态平衡。

2. 先进酿酒技艺

冰川酒庄融合传统与现代酿酒工艺，致力于展现葡萄原始风味和智利风土特色。精准采摘，手工挑选成熟度最佳的葡萄；去梗破碎后，在可控温不锈钢发酵罐中发酵，精确调控温度，满足不同品种需求。发酵过程中，酵母转化糖分，释放二氧化碳，酿酒师通过搅拌提取葡萄皮中的色素、单宁和风味物质。发酵结束后，压榨分离，精确控制压榨程度以塑造不同风格。橡木桶陈酿是提升酒质的关键步骤，酒庄选用法国大橡木桶，赋予葡萄酒复杂细腻的香气。陈酿时间依酒品而定，从数月到两年不等。最后，葡萄酒经过澄清和过滤处理，去除杂质，呈现清澈透明，确保最终产品的高品质与独特风味。这一系列精湛工艺，成就了冰川酒庄葡萄酒的卓越品质。

此外，冰川酒庄还会根据市场需求和不同的消费群体，推出一些限量版葡萄酒或特别混酿的葡萄酒。这些葡萄酒通常在酿造工艺、葡萄品种搭配或陈酿时间上有所创新，为葡萄酒爱好者提供了更多元化的选择。

这种多样化的产品线不仅满足了不同消费者的口味需求，也进一步提升了酒庄的市场竞争力。无论是追求高品质的葡萄酒鉴赏家，还是刚刚接触葡萄酒的新手，都能在冰川酒庄找到适合自己的葡萄酒产品。同时，不同品牌之间的协同发展也有助于提升冰川酒庄的整体品牌形象，使其在国际葡萄酒市场上占据更大的市场份额。

人文园地

借政策东风，绘酒类行业健康发展新画卷

2021年9月，商务部印发了《商务部关于"十四五"时期促进酒类流通健康发展的指导意见（征求意见稿）》，其中指出，要以创新为驱动力，推进酒类流通的数字化、智能化改造，促进模式创新、业态创新、管理创新、制度创新，高标准建设现代化酒类流通体系；充分发挥酒类流通对生产和消费的引导作用，提升流通环节的质量和效率，推动酒类流通行业与文化、旅游等相关产业跨界融合；统筹安全和发展，建立健全酒类流通安全体系，加强对酒类流通企业分类指导，充分发挥政策的激励引导和保障支持作用。

谈谈酒类行业如何健康发展。

第三节 澳大利亚知名酒庄

澳大利亚葡萄酒是新世界葡萄酒中的典型代表，也是新世界葡萄酒市场营销较为成功的典范。澳大利亚葡萄酒行业有其独特的优势，这与酒庄对葡萄酒行业高涨的热情以及对葡萄酒品质不拘一格的创新与追求是分不开的。

澳大利亚的葡萄酒产业拥有悠久的历史，是全球第四大葡萄酒出口国，以其高品质、多样性和创新性而享誉国际。澳大利亚的葡萄酒产区广泛分布于全国，但主要集中在气候适宜葡萄种植的地区，其中以南澳州、新南威尔士州、维多利亚州和西澳州为主要产区。

南澳州作为澳大利亚最大的葡萄酒产区，得益于其温暖的气候和适宜的土地，孕育了诸如巴罗萨谷和麦克拉伦谷等著名产区，拥有众多著名的酒庄，如奔富、杰卡斯、奥兰多、天瑞等。这些地区以生产高品质的西拉和雷司令葡萄酒而闻名。

新南威尔士州作为澳大利亚第二大的葡萄酒产区，拥有多个气候多样的产区，包括猎人谷和堪培拉区。猎人谷有澳大利亚葡萄酒产业摇篮之称，以生产赛美蓉和霞多丽葡萄酒而知名。

维多利亚州作为澳大利亚第三大葡萄酒产区，以其凉爽气候和多样化的葡萄酒风格而闻名。如雅拉谷、莫宁顿半岛和吉朗，以生产优雅的黑皮诺和霞多丽葡萄酒而知名。

西澳州作为澳大利亚最西部的葡萄酒产区，以其地中海气候和独特的土壤类型而著称。玛格丽特河是该州最著名的产区，以生产高品质的赤霞珠、霞多丽和赛美蓉葡萄酒而闻名。

一、奔富酒庄（Penfolds）

（一）酒庄简介

位于巴罗萨谷产区的奔富酒庄是澳大利亚最著名、最大的葡萄酒庄，被称为澳大利亚葡萄酒的象征、葡萄酒业的贵族。

奔富酒庄平均葡萄树龄为50年，主要葡萄品种为西拉、霞多丽、赤霞珠、梅洛。酒庄以其精湛的酿酒工艺和对品质的不懈追求而著称，其产品线丰富多样，从日常饮用的葡萄酒到收藏级别的佳酿，每一款都蕴含着酿酒师的匠心独蕴。

（二）酒庄发展历史

奔富酒庄创办人是克里斯托弗·罗森·奔富，曾是英国一名年轻医生。1844年，奔富带着妻子移民到澳大利亚，购买了位于阿德莱德山的马吉尔庄园，开始种植葡萄并酿造葡萄酒，在葡萄园的中心地带建造小石屋，并将其命名为葛兰许，后来酒庄的葛兰许系列葡萄酒即源于此。

1845年，奔富酒庄生产以加强型葡萄酒为主的第一批葡萄酒，这些葡萄酒得到澳大利亚和英国市场的认可。1870年，酒庄葡萄园面积已扩展至60英亩，专注于生产干红葡萄酒。这一时期，奔富酒庄的葡萄酒开始在国际上获得奖项和荣誉。20世纪20年代，"Penfolds"成为奔富酒庄正式商标。在1920年至1930年，酒庄以加强酒稳固了市场地位，一经推出便备受市场欢迎。1940年，在麦克斯舒伯特的带领下，奔富酒庄开始研发葛兰许系列葡萄酒。葛兰许系列是澳大利亚最著名的葡萄酒之一，它奠定了奔富酒庄在澳大利亚葡萄酒行业的领导地位。到第二次世界大战，整个澳大利亚葡萄酒市场几乎被奔富酒庄垄断，产业达到最高峰。20世纪50年代，奔富酒庄不断扩大葡萄园的规模，同时引入了更先进的酿酒技术和设备，以提高葡萄酒的品质和产量。

奔富酒庄在20世纪60年代全面出击，在开发适合普通消费者饮用的低价位餐酒系列的同时，还开发了以BIN作为标志的限量顶级葡萄酒，奔富的身影在整个红葡萄酒市场上随处可见。特别是BIN品牌系列的酒，成为葡萄酒收藏家的宠儿。1976年，奔富推出以单一品种赤霞珠酿造的Bin 707，再次证明了其市场领导地位。

20世纪90年代，奔富酒庄不断适应市场新变化，进军白葡萄酒领域。随后，奔富酒庄继续扩大其国际影响力，其葡萄酒在全球范围内获得了极高的评价。同时，奔富酒庄也开始注重可持续发展和环保，改进葡萄园管理和酿酒工艺。霞多丽葡萄以其优雅的果香和微妙的橡木味成为白葡萄酒爱好者的宠儿；梅洛葡萄则以其柔和的单宁和圆润的口感为酒庄的红葡萄酒系列增添了一抹柔和的色彩；而雷司令葡萄以其独特的花香和清新的酸度，为酒庄带来了别具一格的白葡萄酒选择。

2000年至今，奔富酒庄继续巩固其在澳大利亚葡萄酒行业的地位，并不断推出新的葡萄酒系列和限量版葡萄酒。奔富酒庄的葡萄酒在全球范围内享有极高的声誉，成为澳大利亚葡萄酒的象征。

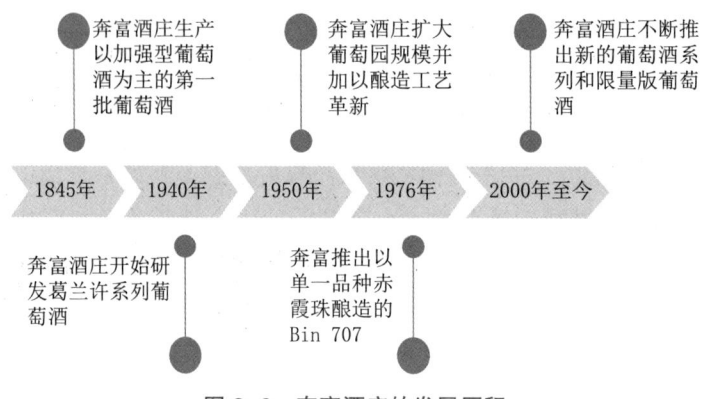

图3-6 奔富酒庄的发展历程

（三）酿造特点

奔富酒庄的酿造特点主要体现在其独特的混酿策略、严格的葡萄挑选、精湛的酿酒工艺以及陈酿过程的精心处理上，酿造的葡萄酒酒香浓郁，口感丰富，高中低档次都有，风味各异。

奔富酒庄的混酿策略是其一大亮点。奔富酒庄的酿酒风格主要是"跨葡萄园、跨产区、混酿"，酒庄只选用成熟度适宜的葡萄进行酿造，巧妙地将不同产区的风味融合在一起。

酿酒工艺方面，奔富酒庄采用恒温控制发酵、微生物培育菌种等现代技术，以确保葡萄酒在发酵过程中的品质稳定。酒庄还保留了传统的酿酒工艺，如橡木桶陈酿等，为葡萄酒增添更多的层次感和复杂度。

在陈酿过程中，奔富酒庄会根据不同酒款的特点选择不同的橡木桶进行陈酿。此外，酒庄还会根据陈酿时间的长短来调整橡木桶的使用比例，以确保葡萄酒在陈酿过程中能够达到最佳的品质状态。

二、禾富酒庄（Wolf Blass）

（一）酒庄简介

禾富酒庄以其高品质的葡萄酒而闻名，特别是在生产优质西拉葡萄酒方面享有盛誉。禾富酒庄的葡萄酒产品线丰富，包括入门级的黄标系列、中高端的黑标系列以及限量版的金标珍藏系列。

酒庄主要园区约 2.5 万公顷，一直坚持质量、风格和统一的传统，通过其精致的出品、现代的酿酒技术和创新的营销理念，获得了全球的公认。酒庄的葡萄酒不仅在澳大利亚本土广受欢迎，还远销全球多个国家和地区，成为澳大利亚葡萄酒的代表之一。禾富酒庄的葡萄酒在国际上屡获殊荣，其中黑牌西拉更是多次赢得国际葡萄酒大赛的金奖。

（二）酒庄发展历史

禾富酒庄的历史始于 1525 年，当时名为"La Mothe de Haut-Brion"，由让德蓬特家族所拥有。1533 年，酒庄的主人阿诺德蓬特建造了酒庄的主建筑，这栋建筑至今仍然屹立在酒庄内。1584 年，酒庄被授予"Château"（城堡）的称号，这在当时是贵族身份的象征。

17 世纪，酒庄的葡萄酒开始在欧洲享有盛誉。弗朗索瓦是一位精明的商人，他不仅在酒庄内进行酿酒技术的革新，还通过在伦敦开设酒馆来推广自家的葡萄酒，这使得酒庄的葡萄酒成为英国上流社会的宠儿。

18 世纪，酒庄的声誉继续提升，其葡萄酒被认为是波尔多地区最优质的葡萄酒之一。但法国大革命和拿破仑战争对酒庄造成了影响，酒庄的经营一度陷入困境。

19 世纪，酒庄迎来了复兴。1855 年，法国巴黎世界博览会对波尔多葡萄酒进行分级，酒庄被列为一级酒庄，这标志着其在波尔多葡萄酒中的崇高地位。

20 世纪，两次世界大战对酒庄造成了破坏。1935 年，美国金融家克拉伦斯迪隆购买了该酒庄，并开始着手恢复酒庄的往日荣光。1961 年，来自德国的酿酒师禾富先生移民到了巴罗萨谷。1966 年，禾富先生登记了名为比亚拉的公司，在巴罗萨谷创建了以自己名字命名的禾富酒庄，酒庄标志为一只展翅欲飞的老鹰。同时开辟了葡萄园,从而开始了酿酒事业。

在20世纪后半叶,禾富酒庄继续巩固其作为世界顶级酒庄的地位,酒庄在葡萄种植和酿酒技术上不断创新,同时也在全球范围内推广其品牌。禾富酒庄不仅生产红葡萄酒,还生产白葡萄酒,后者同样享有极高的声誉。

20世纪90年代末,禾富被南方酒业集团收购并走上商业化道路,品牌在世界各个葡萄酒市场闻名。凭借其生产规模和能力,禾富酒庄已成为澳大利亚最大的酒庄之一。

进入21世纪,禾富酒庄继续在葡萄酒界保持其领导地位。禾富的葡萄园遍布南澳的几大葡萄产区。酒庄的葡萄酒以其独特的风味、复杂的香气和卓越的陈年潜力而闻名。禾富酒庄的发展历史不仅见证了波尔多葡萄酒产业的兴衰变迁,也反映了法国酒庄落足新世界后的蓬勃发展。作为波尔多五大一级酒庄之一,禾富酒庄的传奇故事和卓越品质将继续激励着葡萄酒爱好者和酿酒师们。

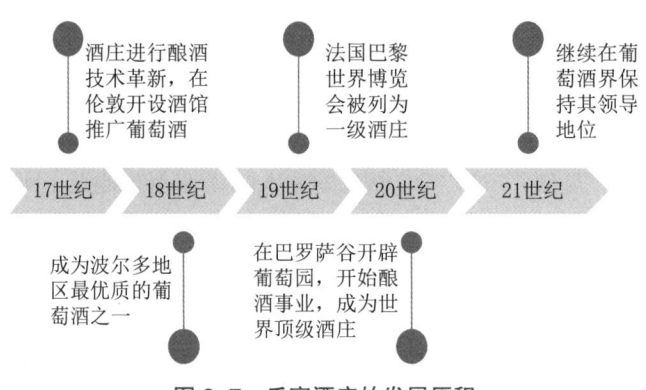

图 3-7 禾富酒庄的发展历程

（三）酿造特点

禾富酒庄将酿酒工艺与传统文化相结合,形成了独特的酿酒风格。酿酒师们秉承着古老的酿酒传统,不断引入现代科技和创新理念,致力于打造出口感丰富、香气浓郁的优质葡萄酒。每一瓶葡萄酒都蕴含着酒庄酿酒师的心血与智慧。酒庄以其精湛的葡萄酒生产技艺而闻名,每一瓶葡萄酒都经过严格的挑选和酿造,确保了酒的品质和口感达到最佳状态。禾富酒庄的酿造特点是多样化的产品线、创新与传统的结合、严格的品质把控以及地域风格的体现。这些特点共同造就了禾富酒庄在葡萄酒领域的卓越声誉。金标雷司令、南澳洲霞多丽、黄标赤霞珠、总统特选南澳洲西拉等，以其浓厚的果香和丰富的口感而备受好评。

三、黄尾袋鼠酒庄（Yellow Tail）

（一）酒庄简介

坐落在澳大利亚新南威尔士州产区的黄尾袋鼠酒庄，出品的葡萄酒是世界销量第一的澳大利亚葡萄酒。酒庄拥有葡萄园面积220公顷，主要葡萄品种为西拉、霞多丽等。酒庄出品的葡萄酒酸度适宜，酒体轻盈，呈现柠檬类果香；窖藏能力很强，陈年后有坚果、烤面包及蜂蜜风味，产生复杂浓郁的香气。酒款主要有赤霞珠葡萄酒、梅洛葡萄酒、西拉葡萄酒、霞多丽葡萄酒、桃红起泡葡萄酒及珍藏系列的珍藏霞多丽、珍藏赤霞珠和珍藏西拉等。

（二）酒庄发展历史

黄尾袋鼠酒庄的发展历史要从1957年开始。当时，酒庄的创始人菲利波·柯斯拉和玛丽亚·柯斯拉夫妇带着一家人从西西里岛移民来到澳大利亚。1966年，柯斯拉夫妇买下了1471农场——大约50英亩（约20.2公顷）的农地。随后，他们开始在农地里种植葡萄、桃子和西梅。1969年，他们扩大葡萄酒的生产规模，开始酿制属于自己的葡萄酒。

2000年，他们的儿子约翰·柯斯拉启动了黄尾袋鼠品牌在美国的拓展进程。他摒弃了美国市场上的传统葡萄酒模式，致力于让人们体验一种全新的葡萄酒风格———一种既可享受又值得欣赏的葡萄酒。

2001年，黄尾袋鼠品牌正式诞生，其名称来源于澳大利亚特有的黄尾袋鼠，这种袋鼠在澳大利亚文化中象征着活力和乐趣。品牌推出的第一款葡萄酒是黄尾袋鼠西拉，这款酒有着甘草、黑巧克力、黑色水果的风味，因易于饮用的特点迅速获得了市场的认可。目前，在美国，黄尾袋鼠是价值最高、最受餐馆欢迎的葡萄酒。此外，在加拿大、日本、意大利、中国台湾、南非以及马耳他等产品丰富多样的市场上，黄尾袋鼠同样当仁不让，成为首屈一指的澳大利亚葡萄酒品牌。

黄尾袋鼠酒庄能在全球如此成功，其出众的葡萄酒品质功不可没，但"黄尾袋鼠"这个生动易记的名字也起了不小的作用。袋鼠是澳大利亚典型动物的代表，酒庄选用了"黄尾袋鼠"这个名字，既体现了自身民族文化，又展现出酒庄的独特性及趣味性。此外,黄尾袋鼠的酒标也十分抢眼,它采用活泼的袋鼠形象,对比鲜明的黑黄色相间而反衬出葡萄酒本身,让人过目不忘。

(三)酿造特点

黄尾袋鼠酒庄酿造的葡萄酒具有以下特点:

口感丰富:黄尾袋鼠的葡萄酒通常口感饱满,带有浓郁的香草和莓果香气以及轻微的花香。

单宁细腻:酒体适中,单宁质地细腻,使得葡萄酒入口顺滑,易于饮用。

果香浓郁:澳大利亚温暖的气候使得葡萄成熟良好,酿造的葡萄酒酒精度较高,酸度适中,果味突出,香气以黑色果香为主,成熟后又有香草、烟熏气味。

风格多样:黄尾袋鼠酒庄生产多种风格和口味的葡萄酒,包括赤霞珠、梅洛、西拉、霞多丽等,以及起泡酒和桃红起泡酒。

品质出众:黄尾袋鼠是澳大利亚最成功的葡萄酒品牌之一,其酒款在全球销量极高,深受消费者喜爱。

四、翰斯科酒庄(Henschke Winery)

(一)酒庄简介

翰斯科酒庄位于南澳州,是当地一座著名的家族式酒庄,也是南澳大利亚历史最悠久的酒庄之一。酒庄不少葡萄酒都出自著名的伊顿谷和巴罗萨产区。酒庄于2011年被悉尼《先驱晨报》评选为"澳大利亚年度最佳酒庄"。酒庄葡萄园面积为69公顷,主要有雷司令、西拉、赤霞珠、梅洛等葡萄品种,葡萄多采用手工采摘方式。

翰斯科酒庄共有4块葡萄园,其中神恩山葡萄园占地8公顷,海拔400米。神恩山葡萄园位于伊顿谷,主要种植西拉葡萄。这些老葡萄藤粗糙多节,以旱作方式种植,产量很低,进而成就了如今的神恩山葡萄酒。因此神恩山既是葡萄园名,又是葡萄酒名。

(二)酒庄发展历史

翰斯科酒庄的历史始于19世纪中期。1862年,约翰·翰斯科在凯尼顿村的一个小农场中创建了翰斯科酒庄，开始种植葡萄和酿造葡萄酒。最初，约翰酿造的葡萄酒仅供家人和朋友享用，到1868年，酒庄出产的雷司令干白葡萄酒和西拉干红葡萄酒受到了当地其他饮酒者的喜爱，酒庄由此开始对外销售葡萄酒。

在酒庄传承至家族第四代继承人西里尔·翰斯科之际，西里尔在那个以混酿葡萄酒和加强酒为主流的时代，独树一帜地选择使用来自单一葡萄园的葡萄进行酿造，此举最终取得了巨大的成功。

1912年，宝石山葡萄园开始以旱作方式种植葡萄，之后又以40年老藤葡萄酿出第一款宝石山园葡萄酒，其品质非常惊人。酒庄甚至发布了该款酒的60个连续年份酒。

首支神恩山葡萄酒诞生于1958年，由西里尔·翰斯科精心酿制。该酒采用西拉葡萄品种，通过酒庄独特的酿造工艺，并得益于当地的土壤及古老的葡萄藤，赋予了葡萄酒复杂的结构和精致的黑浆果及辛香风味。此款佳酿赢得了众多葡萄酒鉴赏家的青睐。

1986年，酒庄由翰斯科家族的第五代传人史蒂芬夫妇共同管理，他们不断引进新的酿酒技术，开创新型酿酒风格，以此酿造能够带给人们更多惊喜的葡萄酒。

现今，酒庄的第六代传人约翰、贾斯汀和安吉斯也加入到翰斯科酒庄的运营中去，他们采用生物动力法管理和种植葡萄，以帮助酒庄实现更好的发展。翰斯科酒庄致力于从4块高品质的葡萄园中采摘优质葡萄，以酿造出卓越的葡萄酒。

（三）酿造特点

所有的神恩山葡萄园都是以生物动力法酿造而成的，用单一葡萄园的单一品种酿制。1990年至今，酒庄就开始使用覆盖物和堆肥来增强土壤肥力，促进葡萄生长。为寻求与自然的平衡，酒庄跟随月球运动周期开展栽培工作，还通过换掉无机肥料和除草剂，为葡萄生长提供更为健康的生长环境。

酒庄有许多非常传统的酿酒设备，有老橡木桶，有使用多年的加强酒酒桶，还有陶土罐。当然，酒庄也引入现代葡萄酒酿造技术。此外，酒庄还会用橡木桶来实现红葡萄酒的陈年，而用不锈钢罐和小橡木桶实现白葡萄酒的陈年。

现今，翰斯科酒庄推出了翰斯科霞多丽干白葡萄酒、翰斯科神恩山干红葡萄酒和翰斯科约瑟夫山琼瑶浆干白葡萄酒等多款葡萄酒，深受广大消费者的喜爱。

五、格兰酒庄（Glen Hill Winery）

（一）酒庄简介

格兰酒庄位于澳大利亚维多利亚州的格兰皮恩斯葡萄酒产区。

格兰酒庄的葡萄园占地约169公顷，地表多为砂质壤土，深层以红色砂质黏土和破碎的石灰岩质土壤为主，主要种有西拉和赤霞珠。高海拔为葡萄园带来了无霜冻的环境和优越的气候条件，白天温度较高、光照充足，夜晚凉爽，昼夜温差较大，十分适合葡萄的成熟和风味物质的积累。

（二）酒庄发展历史

格兰酒庄所在葡萄园的种植历史可追溯至1860年，当时苏格兰探险家托马斯·米歇尔发现了这片土地并在第二次登陆时小规模种植了从欧洲带来的西拉葡萄藤，开创了格兰皮恩斯的酿酒史，这也是格兰酒庄葡萄园的前身。一群志同道合的朋友因酒结缘，他们坚信葡萄酒将人们聚在一起，生活当以美酒、美食与音乐来庆祝。他们将酒庄更名为"格兰酒庄"，希望把他们的经历和理念注入到每一瓶葡萄酒中。

随后，在19世纪末和20世纪初，该地区的葡萄种植和酿酒业得到了进一步的发展。酒庄的庄主为伊恩和杰夫，他们一个是酿酒师，一个是享誉维多利亚州的葡萄种植专家。两人相信，在这个上身穿礼服，脚下是泥土的特别事业中，要酿造出一款复杂优雅的酒，第一步就是管理好葡萄园。这对黄金搭档分工合作，以极高的热情投入到葡萄酒事业中，用优质的佳酿来表达对这片土地的热爱。酒庄建筑的一砖一瓦，葡萄园里的一草一木都是他们的心血结晶。

在20世纪，格兰酒庄经历了多次变化。1977年，帕特里克·坎贝尔收购了位于索诺玛山的罗莱尔·格兰酒庄，并将其葡萄园扩展至现在的规模。2015年9月，JJX公司收购酒庄后成立格兰山酒庄（Glen Hill），主营业务是葡萄酒酿造和销售。

格兰酒庄在其发展过程中，不断扩大葡萄园的面积并引进新的葡萄品种，采用先进的栽培技术，致力于生产高质量的葡萄酒。例如，在2008年，酒庄开辟了新的葡萄园，主要种植梅洛和小芒森，并采用双居由式剪枝法。

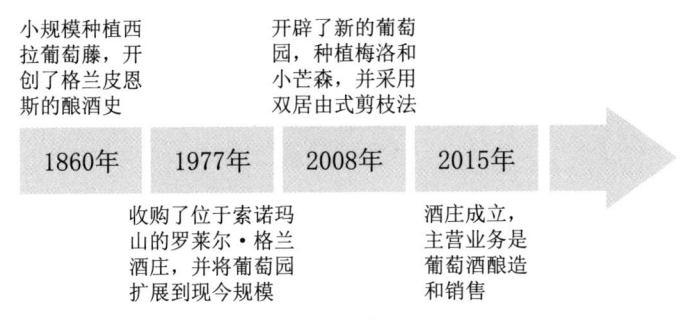

图 3-8　格兰酒庄的发展历程

（三）酿造特点

葡萄采收季时，园内采用人工采摘与机器采摘相结合的方式采摘葡萄。酿造红葡萄酒时，酒庄先将采摘后的葡萄冷藏 1 天，之后进行筛选、去梗和破碎处理，再将葡萄倒入发酵槽里进行为期 4 天的冷浸渍处理。随后酒庄会调高发酵槽内的温度，加入酵母，进行为期 10 天的发酵，在此期间酒庄每天会压酒帽 2 次。红葡萄酒在压榨前还会进行苹果酸-乳酸发酵，压榨后的葡萄酒则会静置一晚后再倒入橡木桶中陈年。而在酿造白葡萄酒时，葡萄同样会先冷置 1 天，以保持新鲜的酸度和精致的香气。随后进行整串轻柔压榨，得来的压榨汁会在市场上出售，而自流汁则用来酿酒。自流汁在冷置 2 天后，会被倒入装有不同酵母的不锈钢罐里进行发酵，发酵时长 30 天。发酵完成后，酒庄再把两个桶内的葡萄酒混调，然后再进行酒泥陈酿。

除了自有葡萄酿造，格兰酒庄还从澳洲各大著名产区中种植技术、风土条件都极度优良的葡萄园进行取材，由经验丰富的酿酒师负责酿造数款最能代表当地特色的精华酒款，其大多数都获得了 G100 超级葡萄酒大赛的金奖或双金奖。

酒庄出产的葡萄酒包括格兰酒庄老藤西拉干红葡萄酒、格兰酒庄赤霞珠干红葡萄酒和格兰酒庄卡西尔干红葡萄酒等，所产葡萄酒单宁精致细腻，酒体饱满，余味悠长，年产量为 9.8 万箱。

人文园地

张裕卡斯特的复兴之路：挑战中突围，创新中重生

自从 2002 年推向市场，张裕卡斯特酒庄就创造了中国酒庄酒市场的最大奇迹，随着央视的传播及渠道的扩张，张裕卡斯特连续多年占据压倒性市场

份额,是消费者心中的中国顶级酒庄酒。

但是后来因为各种外部因素,张裕卡斯特销售额较高峰期有所下滑。但目前张裕卡斯特依然是销量、销售额最大的中国酒庄酒品牌,一直没有企业能够超越。

随着问题的逐步解决,张裕卡斯特开启了复兴计划——2019年6月29日,张裕卡斯特酒庄正式推出了G2新品系列,并且在酒庄举办了600人规模的盛大仪式,来宾包括各级领导、经销商、媒体以及消费者代表。

张裕卡斯特酒庄推出G2新品共两款酒,一款蛇龙珠干红和一款霞多丽干白,均在品质、包装、防伪等层面进行了全面升级。

资料来源:节选自微信公众号"葡萄酒商业观察".张裕卡斯特酒庄启动"复兴计划":发放322张G2新品代理牌照,培育团购联盟商体系,2019-07-05.

根据所学的澳大利亚酒庄知识,谈谈张裕卡斯特可以在哪些方面开展复兴计划。

第四节 阿根廷知名酒庄

阿根廷,既是探戈之乡、足球之乡,也是葡萄酒之乡,人们总是用"舌尖上的探戈"来形容阿根廷葡萄酒的独特风味。阿根廷虽然属于新世界产酒国,但其实有着悠久的葡萄种植和酿造历史。作为南美洲第一大葡萄酒生产国,同时也是世界第五大葡萄酒生产国,阿根廷的葡萄酒产量是智利的4倍之多,也可与整个美国的产量匹敌。阿根廷出产的分别以马尔贝克和特浓情为代表的红、白葡萄酒,风格成熟,果香充沛,与其热情开放的人文精神一脉相承。

一、门多萨产区

门多萨(Mendoza)产区是阿根廷最大也是最重要的葡萄酒产区,其葡萄酒产量约占全国总产量的70%。该产区位于蜿蜒向西的安第斯山脉的"雨影区"，那里气候干燥，气温较高，灌溉条件优越，正好弥补了阿根廷国土干旱、贫瘠的缺陷，为门多萨葡萄酒的生产提供了十分有利的地理环境。

门多萨产区的许多葡萄园都分布在平均海拔高达约900米的地带，土壤丰富多样，以冲积土为主，是世界上少有的、种植海拔较高的葡萄园。由于高纬度所带来的微气候以及高海拔所特有的地形，这里孕育并生长着不少葡萄品种，甚至还为一些在其他产区难以种植的葡萄品种提供了一展所长的机会，这也使得门多萨产区酿制出来的葡萄酒展现出别具特色的风格，吸引了众多葡萄酒爱好者。

该产区非常成功地种植了许多葡萄品种，包括马尔贝克、赤霞珠、西拉和丹魄等红葡萄品种，以及霞多丽、赛美蓉、特浓情和维欧尼等白葡萄品种。

二、卡帝娜酒庄（Bodega Catena Zapata）

（一）酒庄简介

卡帝娜酒庄（又名卡氏家族酒庄）位于门多萨产区，是世界上最受赞誉的阿根廷酒庄之一，也是"葡萄酒皇帝"罗伯特·帕克的著作——《世界顶级葡萄酒与酒庄全书》一书中收录的南美洲酒庄。自1902年酒庄成立以来，卡氏家族历代成员都致力于提升酒庄的葡萄酒品质，希望能酿造出丰富有趣、令人一饮难忘的阿根廷葡萄酒。其庄主尼古拉斯·卡帝娜·萨帕塔被《醇鉴》杂志评为2009年年度人物。

（二）酒庄发展历史

1898年，卡氏家族的先祖尼古拉斯·卡帝娜从意大利移民至阿根廷门多萨。1902年，他在当地开辟了第一块马尔贝克葡萄园，并建立了酒庄，已传承四代。之后他的儿子多明戈继承父业，进一步扩大了酒庄规模，使卡氏家族成为门多萨地区最大的葡萄园持有者之一。20世纪60年代中期，多明戈的儿子尼古拉斯·卡帝娜·萨帕塔继承了家族产业。尼古拉斯拥有经济学博士学位，并在20世纪80年代初期前往美国加利福尼亚州考察，尤其是纳帕谷产区的酒庄。这次考察对他产生了深远影响，促使他将重心转向葡萄园管理和酿酒技术的提升。

回到阿根廷后，尼古拉斯果断卖掉了家族餐酒生产业务，仅保留了专注于优质葡萄酒的分公司——埃斯梅拉达藏酒阁。1992年，他在图蓬加托火山海拔近1524米的高地上，开辟了如今闻名世界的阿德里安娜葡萄园。

1995年，尼古拉斯的女儿劳拉·卡帝娜加入家族事业，与父亲共同致力于实现"要做就做最好的，不然就不做"的理念。她成立了卡帝娜葡萄酒研究所，带领团队对阿德里安娜葡萄园的每个地块进行深入研究，并对葡萄藤的管理方式进行精细化调整。在她的努力下，酒庄生产的五款优质葡萄酒屡获国际殊荣，被誉为阿根廷葡萄酒的巅峰之作。

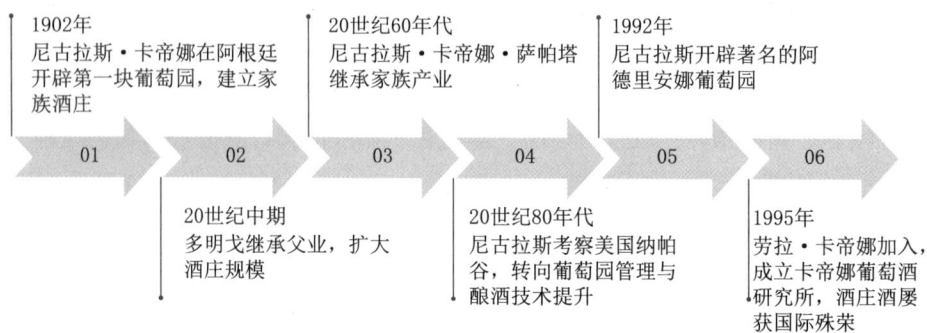

图3-9 卡帝娜酒庄的发展历程

（三）酿造特点

卡氏家族酒庄目前拥有6个葡萄园。阿德里安娜葡萄园以尼古拉斯小女儿的名字命名，位于图蓬加托的古塔拉利地区。园内有不同的地块，土壤由冲积岩、砾石和石灰岩组成，部分土壤中含有的大量椭圆形白色石头，提供了极佳的排水能力，并在夜晚能吸收热量调节土壤温度。这里种植了马尔贝克、赤霞珠、霞多丽、黑皮诺、维欧尼和品丽珠等葡萄品种。

卡氏家族酒庄根据各个葡萄园葡萄的生长情况在不同时间安排采摘，以确保收获的葡萄具有最佳的天然酸度和适宜的糖分。在红葡萄酒的酿造上，采收后的葡萄部分保留整簇，部分去梗，之后被放入容量为225~500升的法国橡木桶中低温发酵17~30天，这一过程会在酒桶内留下大量酒渣和沉淀物。发酵完成后，葡萄酒将在法国橡木桶陈酿18~24个月，部分葡萄酒还需经过瓶内陈酿才可上市。在白葡萄酒的酿造上，葡萄经过处理后，会被放入橡木桶中进行发酵，发酵完成后，葡萄酒会被放入法国橡木桶中进行陈酿12~16个月。

三、安第斯台阶酒庄（Terrazas de los Andes）

（一）酒庄简介

安第斯台阶酒庄为著名的奢侈品巨头——酩悦·轩尼诗 – 路易·威登集团（Moet Hennessy Louis Vuitton，简称LVMH）所有。该酒庄的名字"台阶"取自安第斯山麓地区如台阶般错落分布的梯田高地，酒庄的葡萄园便坐落其间，海拔为600到1500米不等。

安第斯台阶酒庄已被各大媒体公认为是全世界最好的酒庄之一，短短几年间，已经成为阿根廷高品质葡萄酒的领军品牌。安第斯台阶酒庄的高档红酒销往全球45个国家。安第斯台阶酒庄1994—2004年度获评《葡萄酒观察家》世界100强，有21款葡萄酒获评90分以上，或者是五星级的评级。

（二）酒庄发展历史

酒庄的历史最早可追溯至1959年，彼时，酩悦在阿根廷投资建立了其法国境外的第一家起泡酒酒庄。这家酒庄不仅是酩悦国际化布局的重要标志，更是南美洲第一家具有法国背景的酒庄，开启了南美洲葡萄酒产业发展的新篇章。

1988年，酩悦在阿根廷启动了一项具有开创性的项目——生产优质静态葡萄酒。这一举措不仅拓展了酒庄的产品线，也为阿根廷葡萄酒产业注入了新的活力。

经过半个多世纪在门多萨产区的深耕，积累了丰富的葡萄种植与葡萄酒酿造经验后，台阶酒庄于1999年正式创立。酒庄选址于佩德里埃尔的核心地带，由一座建成于1898年、具有西班牙传统风格的建筑翻新改造而成。在这里，酒庄与安第斯山脉中段遥遥相望，得天独厚的自然环境为葡萄酒的酿造提供了优质的条件。

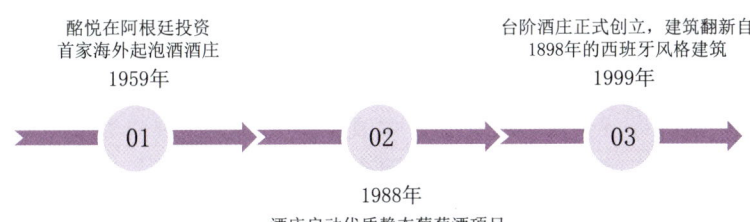

图 3-10　安第斯台阶酒庄发展历程

（三）酿造特点

安第斯台阶酒庄采用将引水管沿着葡萄株铺设的滤过式以及传统的水路式灌溉法，另外还引入了非常先进的设备，而这都是为了能够更细微地调整对葡萄植株水分的供给，这样才能表现出葡萄本身的特性。葡萄园中的葡萄品种，如著名的马尔贝克、赤霞珠和霞多丽等，分别栽种于最佳海拔高度，以获得最理想的成熟条件。酒庄则根据不同葡萄品种的特质来酿造出卓越品质的美酒。

安第斯台阶酒庄专注于酿造单一品种酒和单一园佳酿，出产的葡萄酒因非凡的浓郁度和独特的个性而享誉国际。值得一提的是，该酒庄还在1999年与LVMH旗下的法国圣埃美隆一级酒庄——白马酒庄携手打造了享有盛名的安第斯白马酒庄（Cheval des Andes）。

新世界葡萄酒产区知名酒庄的特色与发展

人文园地

琥珀色的家国情怀：张裕酒庄百年实业报国之路

新中国第一家现代葡萄酒工厂——烟台张裕葡萄酒酿酒公司，不仅是中国葡萄酒工业化生产的起点，更是实业救国思想的体现。1892年，爱国华侨张弼士怀着实业兴邦的梦想，在烟台创办了张裕公司。张弼士先生先后投资300万两白银，开启了中国产业化酿造葡萄酒的序幕。在当时国家贫弱、民族工业基础薄弱的背景下，张裕公司的成立具有重要的历史意义，它不仅代表了中国葡萄酒产业的起步，更是民族自强、实业救国精神的体现。

张裕公司的发展，从无到有，从引进酿酒葡萄、聘请国外酿酒师，到建成亚洲首座地下大酒窖，再到酿出中国第一瓶葡萄酒和白兰地，每一步都凝聚着创业者的艰辛和对国家民族的深厚情感。1915年，张裕产品在巴拿马万国博览会上荣获四项大金奖，这是中国葡萄酒首次在国际舞台上获得大奖，极大地提升了民族自信心和国际影响力。

张裕公司的成功，不仅在于其产品的质量和品牌的影响力，更在于其背后所承载的实业救国、自强不息的民族精神。它告诉我们，通过实业发展，可以增强国家的经济实力，提升民族的自豪感，实现国家的富强和民族的复兴。张裕公司的历史，是实业救国思想在中国民族工业发展史上的一个生动案例，激励着我们为实现中华民族伟大复兴的中国梦而不懈努力。

资料来源：高少帅."品重醴泉"，百年张裕的家国情怀.大小新闻网

www.ytcutv.com，2023-10-16.

谈谈你对实业救国的看法。

主要术语

山脊酒庄；啸鹰酒庄；哈兰酒庄；罗伯特－蒙大维酒庄；奎塞达溪酒庄；干露酒庄；冰川酒庄；奔富酒庄；禾富酒庄；南澳洲西拉；黄尾袋鼠酒庄；生物动力法；门多萨产区

思考与讨论

1. 哈兰酒庄的发展历史是怎样的？
2. 请为智利的两个酒庄各设计一条易传播的广告语。
3. 总结两个智利酒庄在发展上的异同。它们各自酿造特点上最大的特色是什么？
4. 根据介绍的澳大利亚知名酒庄，选择一个酒庄，为其设计一个旅游营销方案。
5. 选择一个澳大利亚知名酒庄，与中国的一个酒庄进行对比分析，并简要分析中国酒庄今后的发展策略。
6. 阿根廷门多萨产区的气候特点是什么？
7. 安第斯台阶酒庄名字中"台阶"的由来是什么？

任务实训

1. 选择国内某一葡萄酒酒庄，通过网上搜集资料，挖掘酒庄背后的发展故事，撰写一篇酒庄发展历史。
2. 以小组为单位进行阿根廷葡萄酒的模拟销售活动，根据市场调研结果制定销售策略，向"客户"介绍阿根廷葡萄酒酒庄文化与产品特点，完成销售任务指标，并总结销售经验与问题。

第四章

中国代表性葡萄酒酒庄

思维导图

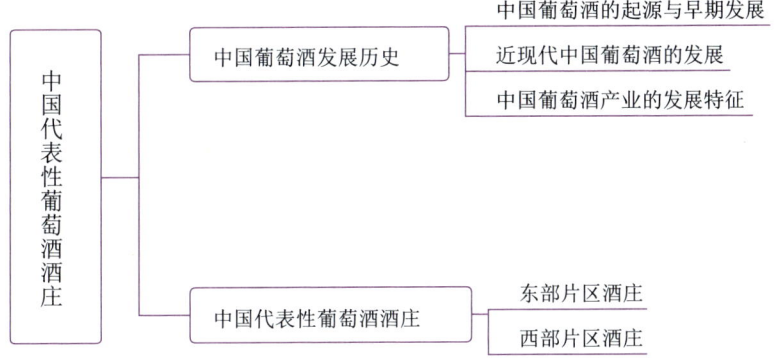

学习目标

1. 了解中国葡萄酒发展史
2. 了解中国葡萄酒产区代表性酒庄的概况

开篇案例

西汉古墓中的神秘酒液

在 20 世纪末，我国考古工作者在发掘某一西汉时期的贵族古墓过程中有了一个惊人的发现：墓室一角摆放着一件造型精美的青铜酒器。当考古人员小心翼翼地打开酒器时，发现里面竟然还留存着少量散发着特殊气味的液体。

经过一系列严谨的科学检测与分析，证实这些液体中含有葡萄酒的成分。

这一发现立即引起了考古界以及葡萄酒研究领域的关注。它不仅让人们对西汉时期贵族的生活有了更丰富的想象，更重要的是，为中国葡萄酒的起源提供了极为珍贵的实物证据。

这个案例犹如一把神秘的钥匙，开启了我们探索中国葡萄酒那源远流长的发展历程的大门。从西汉时期，葡萄酒就已经出现在贵族的生活场景之中，那么在这之前它是如何被引入中国的？在漫长的历史长河中，它又经历了怎样的兴衰起伏，从古代宫廷的珍馐饮品逐渐走向民间，乃至在近现代与世界葡萄酒产业相互交融、碰撞并发展出独特的中国葡萄酒文化与产业格局呢？带着这些疑问，让我们一同深入探究中国葡萄酒的发展历史。

资料来源：冯国.陕西宝鸡：考古人员发现疑似中国迄今最早的酒.新华网 www.chinanews.com，2012-07-06.

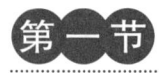 中国葡萄酒发展历史

一、中国葡萄酒的起源与早期发展

（一）起源

葡萄原产于西亚和欧洲，据考古学证据，最早可能在公元前2000年左右通过丝绸之路传入中国。葡萄的描述在《诗经》中已经存在，此处的葡萄是指最早记载的野生葡萄。

汉武帝时，张骞出使西域，带回了葡萄栽培技术与酿酒工艺。据史料记载，在建元二年（前139年），张骞出使西域，先后引进葡萄（蒲桃）、胡桃、苜蓿等植物到国内栽培。李时珍在《本草纲目》中说："葡萄，《汉书》作蒲桃，可以造酒；人醺饮之，则陶然而醉；故有是名。"

出使西域的张骞带回了瓜果佳肴，其中包括葡萄。张骞一生两次出使西域，推动了东西方经济文化往来。在此期间从西方传过来的葡萄等物种名字都有共同的特点，叫"胡××"，因为秦汉时期有着"东夷西胡，北戎南蛮"的说法，从西方传过来的自然是胡人的东西，代表性的有黄瓜（古称胡瓜）、香菜（古称胡荽）、胡萝卜、蚕豆（古称胡豆）、芝麻（古称胡麻）、核桃（古称胡桃）等。

张骞将葡萄及酿造酒工艺传入中原地区，带动了葡萄栽培和葡萄酒工艺发展。当时葡萄酒已经成为达官贵人享用的珍贵之物。不过，由于葡萄是季节性的，不能长时间保鲜，因此，用葡萄酿制葡萄酒并不十分广泛。

（二）发展

我国古代葡萄酒的发展经历了四个时期：魏晋南北朝、唐朝、元朝、明朝。

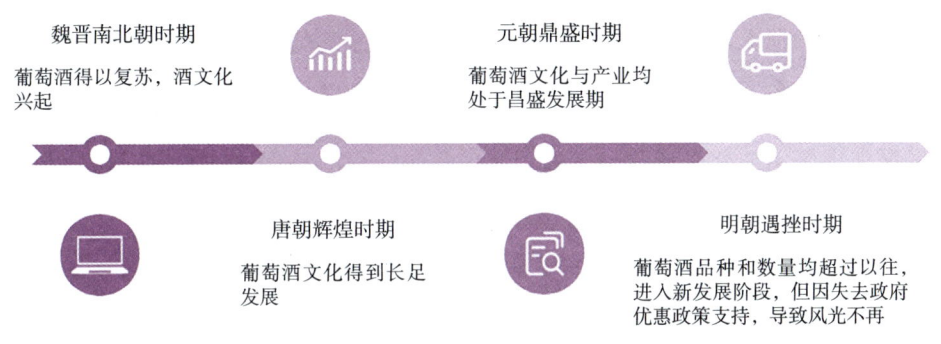

图 4-1　中国古代葡萄酒的发展史

1. 魏晋南北朝复苏时期

魏文帝曹丕酷爱美酒，崇尚消费和生产美酒，使葡萄酒在此期间得以复苏发展，美酒文化也随之兴起。著名文人名士陆机的《饮酒乐》写道："蒲萄四时芳醇，琉璃千钟旧宾。夜饮舞迟销烛，朝醒弦促催人。春风秋月恒好，欢醉日月言新。"此文把葡萄酒是当时上流社会的奢靡生活中必不可少之物刻画得非常形象。

2. 唐朝辉煌时期

唐朝是我国古代葡萄酒酿造史上的辉煌时期，这一时期葡萄酒文化有了长足的发展，同时，这一时期也拥有了辉煌的葡萄酒酿造历史。

一方面，唐高祖和唐太宗都喜爱葡萄酒，唐太宗更是亲自酿制葡萄酒，该时期的老百姓也喜欢饮用葡萄酒。

相传唐高祖李渊和唐太宗李世民对葡萄酒很是痴迷。唐朝建立之初，国力微弱，但唐高祖仍将葡萄榨汁酿成葡萄酒款待群臣。对外战争中，唐军攻下高昌国后，获得了马乳葡萄，唐太宗下令在高昌国内大量种植葡萄以充当贡品，并将大量马乳葡萄移植到皇宫精心照料，以款待大臣。唐太宗不仅是葡萄酒的嗜好者，还是酿酒大师。相传他亲自以马乳葡萄酿酒，酿出的葡萄酒味泽香醇艳丽，一时间被王公贵族争相追捧。

另一方面，葡萄栽培和酿酒技术也在高昌国引入马乳葡萄种和酿酒制酒的方法后得到推广。

贞观十四年（640年），高昌国被唐军平定后，唐太宗不仅在皇宫御苑大量栽种葡萄，还亲自酿酒。从那时起，从宫廷到民间，葡萄的种植与葡萄酒的酿造逐渐被老百姓所熟知。唐朝时葡萄已不囿于深宫禁苑，在民间扎根生长。葡萄上架于长安城市，初具蔓条之气，生机勃勃。唐代大臣沈佺期曾有过感慨："杨柳千条花欲绽，蒲萄百丈蔓初紫。"

唐朝的河东道是葡萄的大面积种植区，河东的乾和牌葡萄酒是当时的知名大品牌，甚至成为朝廷贡品。有学者认为，河东道的葡萄既有引进的西域葡萄，也有土生土长的本地葡萄。刘禹锡在《蒲桃歌》中提到"野田生蒲萄"，可见当时野外已有生长的野葡萄。唐朝中期，葡萄种植区域分布更加广阔，内地大部分区域都有葡萄的身影。

唐朝人不仅喜欢葡萄，还将葡萄作为纹饰运用在纺织物、铜镜、金银器及陶瓷上。葡萄纹寓意生生不息，多子多福。"葡萄酒"还出现在唐代多位诗人的作品中，如王翰在《葡萄酒》中详细描述了其形态，李白在《对酒》中以金叵罗烘托葡萄酒的贵气。

然而，唐朝也有对葡萄和葡萄酒不一样的声音。诗人李欣借汉皇开边在《古从军行》中讽刺唐玄宗好大喜功，他觉得用连年战死的尸骨葬身蛮荒换来西域葡萄供达官贵人享用，是非常不合适的。

3. 元朝鼎盛时期

元代是葡萄酒文化发展和产业昌盛的时期。元朝统治者酷爱酒，元世祖忽必烈对葡萄酒非常喜爱，曾规定祭祀宗祠必须用酒。可见，葡萄酒在当时的地位是毋庸置疑的。

元朝的《农桑辑要》中有指导地方官员和百姓发展葡萄生产的记载。同时，元朝政府在对民间葡萄种植酿酒产业进行强力刺激的同时，对其他酒品进行了征税，对葡萄酒不仅没有征税，还实行了税收扶持政策；而且民间酿酒一律免缴赋税。在这一政策的推动下，葡萄酒的知名度迅速提升，葡萄酒文化得到长足发展。元朝涌现出大量与酒有关的诗、画和散曲，如丁鹤年的《题画葡萄》、温日观（世称"温葡萄"）画的《葡萄图》、关汉卿在《朝天子·从嫁媵婢》中以葡萄架作比喻。这些生动的文学作品，充分体现了元代人们饮用葡萄酒的普遍性及对葡萄酒的浓郁情结。

元代酿造葡萄酒的办法与前代不同。以前，中原地区酿造葡萄酒采用谷物与葡萄混合酿造的方法，元代则采用天然酵母菌在葡萄皮上自然发酵的方法，将葡萄捣成碎渣放入瓮中，这种方法后来在中原地区和其他地方得到普遍应用。

元代有八大著名葡萄酒产区：①西域火州（新疆吐鲁番区域），该地盛产葡萄，酿酒极佳。②甘肃河西走廊，元政府设"西凉路酒务"管理酿酒，征收酒税。③并州（山西太原、汾阳），该地是自北魏以来的传统葡萄酒产区，元好问在《蒲桃酒赋》中称赞并州葡萄酒"甘而不饴，冷而不寒"。④燕云地区（河北宣化怀来），在此设"宣德酒务"，专供宫廷用酒。⑤登州（山东烟台、蓬莱），《元一统志》载登州"有葡萄园，出美酒"。⑥中兴府（宁夏银川平原），元在该区域屯田种植葡萄，酿造兼具中原与西域风味的葡萄酒。⑦河南府（河南洛阳），《农桑辑要》记载洛阳"种葡萄法"由官方推广，供宫廷御用。⑧云中、归化（内蒙古河套地区），元戍边军民广种植耐寒葡萄品种，葡萄酒风格粗犷。在内蒙古敖伦苏木古城遗址出土了用于盛装葡萄酒的陶罐。意大利人马可·波罗在元朝政府供职17年，他编著的《马可·波罗游记》中记载："山西太原府（今山西太原府）葡萄园林立，酿酒甚多，贩运各地，以贩售之。"可见当时葡萄酒行业的欣欣向荣。

4. 明朝遇挫时期

无论是从品种还是数量上，中国葡萄酒在明代都进入了一个大大超过以往的新发展阶段。只是失去了政府的优惠政策扶持，美酒风光不再。谢肇淛在《五杂俎》中记载北方的梨酒、葡萄酒、枣酒与马奶酒等，顾起元在《客座赘语》中品评了几十种名酒，但是没有品尝过葡萄酒，可见当时葡萄酒的地位与广识度已不再像以往那样普及，但是，葡萄酒的酿制方法仍被记载流传下来。

对葡萄酒的酿造和功效，明代李时珍所著《本草纲目》做了深入的研究和归纳。书中记载了三种不同的酿酒技术：一是纯葡萄汁发酵而成，没有加入酒曲；二是要加酒曲，取汁同曲，如常酿糯米饭法，没有汁水，可以用葡萄干沫代替；三是葡萄烧酒法，取葡萄数十斤，同大曲酿制，以制其滴露，取蒸制而成，红而可爱，与现代"白兰地"有异曲同工之妙。此外，《本草纲目》中也提到，葡萄品种皮薄味美、皮厚味苦，葡萄酒的品质与葡萄的品质有着千丝万缕的联系；由于对葡萄酒原产地属性的认识，不同产区之间的葡萄酒品质有所差异；葡萄酒通过冷冻处理，可以提高品质；葡萄酒在"暖腰益肾、止色寒、益气耐饥、壮志破癖"等方面表现出有一定的保

中国古代葡萄酒发展历史

健和医疗作用。

二、近现代中国葡萄酒的发展

（一）清朝葡萄种植品种增加，葡萄酒在社交场合频繁出现

清末民国初期对中国的葡萄酒来说是一个转折性的发展时期。清朝后期葡萄种植品种因西部地区的安定、海禁的开放而大幅增长。《清稗类钞》中记载，康熙年间，宫廷中引进了哈密等地的葡萄品种，品种有白、紫等色，也有长如马乳者，大小不一，但味道香甜。除了国产葡萄酒，进口酒也有很多种。葡萄酒在当时既是达官显贵、王公贵族的饮品，也会出现在酒馆等社交场合中。这在当时的文学作品中多有体现和记载。

（二）张弼士为中国葡萄酒产业化拉开序幕，创办了张裕葡萄酒公司

张裕葡萄酿酒公司是爱国华侨实业家张弼士于 1892 年在烟台市芝罘区创办的以酿造葡萄酒为主的企业。这是中国葡萄酒业在经历了 2000 多年的漫长发展后出现的第一家新型现代化葡萄酒酿造厂，储酒器也从瓮换成了橡木桶，中国葡萄酒工业化由此开始。孙中山先生在 1912 年亲临张裕葡萄酒公司，题赠"品重醴泉"，给予公司很高的评价。1914 年，在南洋劝业会上，公司正式出产的葡萄酒一举拿下最高质量的勋章奖。1915 年，张裕公司所生产的红葡萄酒、白兰地及味美思等在巴拿马万国博览会上荣获金质大奖章，从此烟台葡萄酒声名赫赫，逐渐被世界熟知。此后，我国葡萄酒的消费局面逐渐扩大，并形成了葡萄酒工业的雏形，先后在太原、青岛、北京等地建成了葡萄酒厂。

三、中国葡萄酒产业的发展特征

（一）产业处于成长期早期，有成绩也有不足

目前，中国葡萄酒产业仍处于成长期的早期阶段。经过多年的快速发展，葡萄酒品质得到了显著的提高，种植技艺、酿造工艺与世界逐渐同驱同步，葡萄酒产业组织越来越合理化，产业链越来越完善，目前我国葡萄酒行业的组织结构越来越趋于合理化。但还存在许多不足之处，葡萄酒产业的进一步

发展受到制约，如品种结构亟待优化，机械化程度低，葡萄酒品质参差不齐，高端国际化人才匮乏等。

（二）葡萄品种和葡萄酒种类均较单一，产区同质化现象较严重

中国近几年酿酒葡萄的栽培面积和产量增长很快，但是酿酒的葡萄品种单一，各个产区的同质化现象比较严重。我国比较有名的葡萄酒厂都是以干红为拳头产品，酒种单一，其大致占市场份额的80%；白葡萄酒却很少，半干、半甜的优质红（桃红）、纯汁发酵气泡酒等酒种稀缺，低度的葡萄酒品种如天然的甜酒、雪莉酒等，目前还待开发。这种单一化造成了葡萄酒风格的同质化，使中国各产区的葡萄酒竞争力降低，同时也使中国的特色优势难以发挥。例如，在河西走廊产区规模较大的葡萄酒企业中，紫轩、莫高的产品系列较多，而其他酒企的产品种类、口味、形象、产品结构等都较为单一。

（三）影响产业发展的葡萄酒文化较为薄弱

目前，影响中国葡萄酒业发展的一个核心因素是葡萄酒文化相对薄弱。中国人多饮用白酒，而对葡萄酒文化缺乏认识，对酒本身品质的分析与评价不足。与之形成鲜明对比的是，西方一些国家的葡萄酒文化，如法国、意大利等，已浸入国家文化与生活的方方面面。葡萄酒文化积淀是人力资源培养的基础，我国葡萄酒文化的薄弱使得葡萄酒产业在人力资源培养方面面临挑战，也影响了产业的整体发展。

◎ 人文园地

张裕传奇：百年逐梦，铸就酒业辉煌之路

作为中国葡萄酒业的龙头企业，张裕公司在中国葡萄酒业发展的现代道路上扮演着举足轻重的角色。1892年，爱国华侨张弼士为开创中国工业化葡萄酒生产先河，投资白银300万两，创办了张裕酿酒公司。1896年，张裕公司创建葡萄园，酿造出中国第一批葡萄酒。1915年，在巴拿马万国博览会上，张裕酒一举夺得四项金奖，名扬四海，声动海内外。此后，张裕公司不断发展壮大，成为全球葡萄酒企业中规模排名第四，品牌价值排名世界第二的企业。

现在张裕公司拥有14家酒庄、21个工厂，产品远销70多个国家。除葡萄酒外，张裕公司还拥有吸引众多游客的知名景点，如烟台张裕国际葡萄酒城等。

资料来源：武宗义.张裕：开创近代中国工业化生产葡萄酒先河.大众日

报网，2023-03-22。

张裕的成功有外部的机遇，更多的是来源于自身的努力。你认为张裕的成功主要得益于哪些因素？

第二节　中国代表性葡萄酒酒庄

一、东部片区酒庄

（一）瓏岱酒庄

1. 瓏岱酒庄简介

瓏岱酒庄属于拉菲罗斯柴尔德男爵酒业公司旗下，位于山东烟台蓬莱的丘山山谷产区。该地区距离黄海仅 20 千米，倚重农业，其土壤由花岗基岩构成，主要的土壤类型为沙土、沙质黏土和粉质黏土，极其适合栽种葡萄。冬春季干燥寒冷，但得益于海洋等因素的调节作用，这里的冬季比中国其他葡萄酒产区略为温暖，无须埋土；夏季温暖，经过七八月短暂的雨季之后，当葡萄生长至成熟的关键时期，干燥天气可持续两个月，让酒庄有充足的时间采收葡萄。

瓏岱酒庄的葡萄总种植面积达 36 公顷，酒庄种植的主要葡萄品种包括赤霞珠、马瑟兰、西拉等。"瓏岱"二字寄托着罗斯柴尔德家族的深切期许，借以表明这款葡萄酒是自然风土条件与人工精心雕琢深度融合的完美产物，同样也展现了罗斯柴尔德家族的酿酒理念。

2. 酒庄发展历史

瓏岱酒庄的发展历史可以追溯到 2008 年，当时拉菲罗斯柴尔德男爵酒业公司对中国多个产区进行考察，最终决定在山东烟台蓬莱的丘山山谷建设一座酒庄，选址在木兰沟村以南的山坡。

瓏岱酒庄从 2011 年开始种植葡萄，到 2019 年推出了正牌葡萄酒——瓏岱酒庄红葡萄酒（2017 年份），这是一款经自然孕育加人工雕琢而成的精品酒款。2020 年，酒庄又推出了副牌葡萄酒——瓏岱酒庄珑岳红葡萄酒（2018

年份),这款酒采用赤霞珠、西拉、马瑟兰、品丽珠和梅洛混酿而成。两个酒款问世不久便获得了一众葡萄酒爱好者和专业人士的青睐。2021年份的正牌酒和副牌酒均获得了专业葡萄酒品评团队帕克团队和葡萄酒评论家詹姆斯·萨克林的高分好评。

3. 酿造特点

珑岱酒庄的葡萄园分级遍布于547块梯田,这种方式一方面能够有效保护地貌与土壤结构,另一方面也存在一些弊端,如需要投入更多人力和配备更多改良机械。在葡萄园管理上,珑岱酒庄采用精准葡萄栽培法,即通过下茎部作垄让葡萄藤免受霜冻,且通过疏芽和绿色采收等措施适当控制产量,从而确保葡萄达到理想的成熟度。

由于葡萄园坐落于梯田上,葡萄成熟时间略有差别,因而酒庄会组织人员进行多次采摘,每次仅采摘达到上佳状态的果实。此外,酒庄管理团队与当地农民建立了良好的合作关系,在酒庄管理团队熟悉与研究当地风土的过程中,这些农民起到了至关重要的作用。

酒庄所有的酿酒葡萄均由人工采摘,在放入小筐后会被立即送至酿造车间,经去梗、严选、破皮后,进入发酵环节。酒庄管理团队精选了1500~9000升的温控不锈钢发酵罐,对不同品种和地块的葡萄果实进行分批发酵,以便更好地保留其风土特色。酒庄采用波尔多传统工艺进行酿制,浸皮持续18至21天,期间会使用淋皮的方式轻柔萃取单宁及风味物质。经过苹果酸-乳酸发酵后,酒液将进入混合调配阶段,随后会在进口的法国橡木桶中陈酿18个月,陈酿完成后再进行装瓶。

图4-2 珑岱酒庄酿造工序示意

(二)桑干酒庄

1. 桑干酒庄简介

桑干酒庄始建于1978年,由中粮集团创建。酒庄位于桑干河畔,地处燕山和太行山脉形成的怀涿盆地腹心,具有得天独厚的风土条件。作为新中国葡萄酒酿造史上的一座里程碑,这里诞生了国内第一瓶达到国际标准的干型葡萄酒，且酿造出了顶级葡萄酒，四十余年载誉无数，多次作为国宴用酒和国礼赠予国际政要等世界级贵宾，是与世界交流的"美酒外交名片"。桑干酒庄的白葡萄品种有雷司令、霞多丽、琼瑶浆、赛美蓉等，红葡萄品种有赤霞珠、西拉、梅洛、黑皮诺、宝石、品丽珠等。

2. 酒庄发展历史

1978年，经联合考察，中国葡萄酒产业发展的第一块试验田选定在怀涿盆地，也就是如今桑干酒庄葡萄园的所在地。同年，从国外引进的国内首批13个国际酿酒品种在这里扎根落户，共计54 000株酿酒葡萄苗木。于此，桑干酒庄的前身——长城葡萄园诞生了。

1994年，长城葡萄园正式更名为长城技术中心，在稳固葡萄种植基础的同时，开始自主开展葡萄酒酿造工艺的研发与细化工作，向着更深层次的产业发展迈进。

1997年，长城技术中心再次革新，改名为长城庄园。作为中国首家葡萄酒庄园，这一行为标志着中国进入了酒庄管理模式，引领中国葡萄酒行业进入了新的发展阶段。

2009年，怀来中粮长城桑干酒庄有限公司正式成立，标志着中粮高端酒庄酒进入独立运营时代。同年，公司被认定为河北省葡萄酒工程技术中心，为河北葡萄酒产业的技术发展提供了有力支撑。

2013年，公司正式更名为中粮长城桑干酒庄（怀来）有限公司。目前，长城桑干酒庄凭借建园历史悠久、葡萄树龄长、起点高的优势，成功发展成为世界级的葡萄酒名庄，在国内葡萄酒行业占据着重要地位，持续推动着中国葡萄酒产业的高质量发展，向世界展示中国葡萄酒的独特魅力。

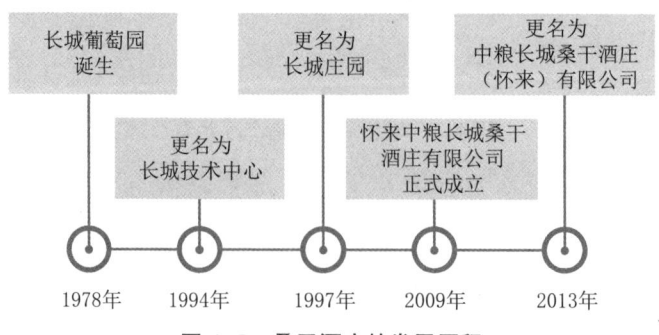

图4-3 桑干酒庄的发展历程

3. 酿造特点

桑干酒庄注重因地制宜，严格按照品种不同分地块进行葡萄园管理。第一，注重树势控制和营养平衡，其葡萄藤主要采用斜干水平架式，以便通风透光，不易感染病虫害。第二，严格控制产量，单株挂果≤10穗，单株产量≤1.2公斤。第三，酒庄始终坚持生态环保、绿色有机和可持续发展的理念，只施用经过充分腐熟的农家肥，并采取鹰鸣生态驱鸟等措施保持更好的生物多样性。第四，对于病虫害的防治，主要以防护为主，设立虫害防爆灯、栽种了指示性植物，并铺设了防鸟网等，以此来预防病虫害的发生，减少农药等化学用品的使用。第五，采用滴灌技术浇水施肥，减少杂草生长，避免对机械化操作造成影响，并且浇水、施肥会更加均匀。第六，桑干酒庄葡萄酒采用纯手工采摘、手工酿造，以确保葡萄酒口感细腻、酒体圆润、香气浓郁。第七，桑干酒庄葡萄酒更讲究窖藏时间，强调经过不同年份的窖藏，酒体口感也会发生不同的变化。

二、西部片区酒庄

（一）龙谕酒庄

1. 龙谕酒庄简介

龙谕酒庄由百年品牌张裕出资兴建，坐落于宁夏贺兰山东麓产区。该产区被认为是种植葡萄和生产葡萄酒的黄金地带。酒庄功能多元，集酿酒葡萄种植、高端葡萄酒酿造、葡萄酒文化传播、葡萄酒品鉴体验、会议接待服务以及旅游观光休闲等功能于一体，能够全方位满足人们对葡萄酒产业及相关文化体验的需求。

龙谕酒庄占地1300亩，其中葡萄园1000亩，一年能生产1000吨葡萄酒。目前，龙谕酒庄出品多款葡萄酒，畅销全球50多个国家，凭借其醇厚又独到的东方气质，广受海内外葡萄酒爱好者的好评。其中，龙谕酒庄赤霞珠白葡萄酒是采用红葡萄品种赤霞珠酿造出的干白葡萄酒，个性鲜明，独树一帜，被《理财周刊》盛赞为"真正具有开创性意义的中国葡萄酒"，在给人们带来全新味觉体验的同时，也让外国消费者对中国葡萄酒有了新的认知，开辟了属于中国葡萄酒的新时代。

2. 酒庄发展历史

龙谕酒庄的发展历史可以追溯至2005年，当时张裕来到宁夏进行实地考察，开启了探索龙谕的第一步。2006年3月，张裕与宁夏农垦签订合作协议，在贺兰山东麓安营扎寨，开始种植酿酒葡萄。2008年，张裕在宁夏成立了葡萄种植公司和葡萄酿酒公司。2012年，龙谕酒庄正式成立。十几年来，张裕累计开辟了8万多亩葡萄园，几乎试遍了整个产区，才挑选出25个A级葡萄种植区，并将其作为酒庄的专属种植基地。2022年7月，全面焕新的"龙谕"系列产品重磅推出，张裕公司对"龙谕"的定位是高端酒旗舰战略品牌，即"惊艳世界的中国高端葡萄酒"，并以此来补充中国市场的高端葡萄酒品牌。

近年来，龙谕广泛进驻全球米其林、黑珍珠等级别的餐厅，成为这些著名餐厅酒单中的必选项。在餐酒搭配方面，龙谕将独特的"中国味道"传递给世界各地的消费者，让中国葡萄酒的魅力在国际餐桌尽情绽放。

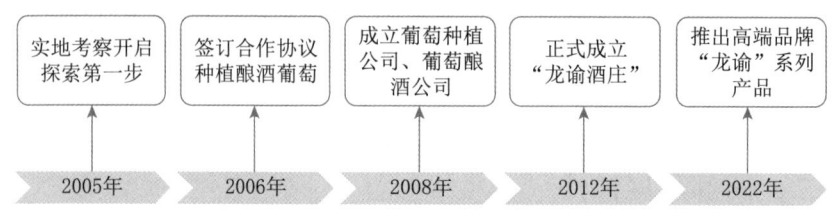

图4-4 龙谕酒庄的发展历程

3. 酿造特点

在葡萄种植方面，为确保其种植品质，酒庄大胆改革种植技术，对"倾斜水平龙干"种植架型进行全方位改良。酒庄将葡萄结果带严格限定在光热条件最优越区域的上下20厘米，以确保每颗葡萄都能得到良好的通风，并吸收充足的热量，以实现均匀成熟。此外，到了采收季，龙谕酒庄会对葡萄进行层层筛选。首先是在藤蔓上进行初步挑选；其次是细致的手工串选，通过逐串检查保证葡萄的品质；最后是借助光学粒选机，通过360°全方位抓拍，对每一粒葡萄进行精准甄别，以确保每一粒入罐葡萄的品质状态。

在葡萄酿造方面，针对不同地块与批次收获的葡萄，酒庄采用的酿造工艺也有所不同，通过在100多个发酵罐中进行精细发酵，最大限度保留每一批葡萄的独特风味。同时，为更好地激发葡萄香气，酒庄还优选国内外优良的酵母菌株，分三段温区阶梯式发酵。发酵完成后，不同风格的原酒还要再进入不同产区、纹理、烘烤程度的30多种橡木桶中，经2年陈酿熟成。在每年的不同时间段，酒庄会邀请多位资深酿酒大师按照自身偏好调配样品酒，并对其进行多轮盲品评选，将得分最高的命名为"龙谕"，随后进行灌装，并根据不同的级别再进行半年至一年的瓶内陈化，最终才能推向市场。

（二）源石酒庄

1. 源石酒庄简介

源石酒庄位于宁夏贺兰山东麓的核心地带，是以汉文化为根源打造的一座中式园林酒庄。酒庄尽显东方韵味与文化底蕴，占地面积达2100亩。其中，2000亩是葡萄种植园，50亩用于建设酒堡，园区的总建筑面积为2万平方米。

源石酒庄具有独特的生态环境和优良的风土条件，主栽酿酒葡萄品种为赤霞珠，此外还有小芒森、品丽珠、西拉、霞多丽等。酒庄种植基地土壤类型为砾石淡灰钙土，这种土壤中掺杂着大量的砾石，通透性极佳、导热性强、排水性能良好，可避免因积水对葡萄植株造成损害，为葡萄生长提供了适宜的环境。此外，淡灰钙土的深层富含氮、磷、钾等大量元素以及铜、铁、镁等多种微量元素。土壤为葡萄生长提供了丰富的养分，为酿造高品质、口感细腻的葡萄酒提供了有利条件。

2. 酒庄发展历史

源石酒庄由一个废弃矿区改建而成。自2007年起，源石酒庄开始在贺兰山下种植葡萄。经过多年的发展，酒庄已建立起完善的葡萄园管理体系，并具备了酿造高品质酒庄酒的实力。

自2014年面向社会正式开放后，源石酒庄积极探索"葡萄酒＋文旅"的融合发展模式，以传播中国酒庄酒的独特魅力。也正是在这一年，源石酒庄凭借其突出的表现，荣膺"国家产业示范基地"称号。

2015年，源石酒庄与中国农业大学建立合作关系。在中国农业大学教师团队科研力量的支持下，源石酒庄深入研究了贺兰山下的风土条件，并率先实现了葡萄园全龄段的绿色种植与精准化管理，为葡萄生长营造了更为理想的环境。与此同时，源石酒庄不断创新酿造工艺，引进了先进的橡木发酵罐、重力入料以及精准控温系统，以此保证葡萄能够酿造出独特风味。源石酒庄始终注重品质管理，坚持打造具有中国文化特色的品牌化酒庄，为中国葡萄酒产业的发展注入了新的活力与内涵。

3. 酿造特点

源石酒庄的酿造理念为自然酿酒，弱化人工操作和辅料的添加。酒庄的发酵罐和储酒罐选用国内顶尖的不锈钢材质打造，部分设备则从澳大利亚和意大利引进。维持自然环境下酒窖冬季最底部的温度在5℃，夏季最高不超过21℃，以确保葡萄酒的最佳发酵和储存环境。

每年9月和10月，待葡萄成熟后，酒庄工作人员于早上6点至10点进行手工采摘，以保持果实低温，留存浓郁的果香。酒庄对酿酒葡萄进行精心筛选，在葡萄采摘后两小时内进行低温浸渍，随后采用小型发酵罐发酵，以便精准控温，并充分萃取果实的风味物质。发酵结束后，葡萄酒会在细纹理橡木桶中陈酿一年到一年半，随后继续在地下酒窖内瓶陈3~5年，最后原瓶出窖上市。

目前，源石酒庄出品的葡萄酒有两个系列，即"山"系列和"石黛"系列，因为其优异的品质，深受消费者的喜爱。2013年份和2014年份的源石酒庄山之子赤霞珠干红葡萄酒分别获得了2015年和2016年《醇鉴》亚洲葡萄酒大赛银奖。

（三）敖云酒庄

1. 敖云酒庄简介

敖云酒庄始建于2013年，隶属酩悦·轩尼诗–路易·威登集团。敖云酒庄位于中国云南省迪庆州德钦县，该地区周边被厚重云层紧密环绕，隔绝了外界的喧嚣与纷扰，犹如尘世之外的净土。"敖云"之名，兼具两层寓意，一方面，它指代在山脉上空悠然飘荡的祥瑞之云，赋予酒庄一种神秘而美好的意象；另一方面，"遨游云际"的含义侧面体现出酒庄所处海拔之高，凸显其独特的地理环境。

敖云酒庄的葡萄品种主要包括赤霞珠、品丽珠、梅洛和小味多等。敖云酒庄红葡萄酒的第一个年份是2013年，酒色呈紫红，带有雪松、烟熏和香料的气息，口感圆润、留有余味，这些特点使得敖云酒庄的红葡萄酒能够与世界上最名贵的葡萄酒相媲美。

2. 酒庄发展历史

19世纪末，法国传教士在澜沧江沿岸村庄修建的教堂周围开辟了第一批葡萄园。2000年，本地农民在海拔2200~2600米的4个独特村落——阿东、朔日、斯农和西当种植了14公顷的赤霞珠和品丽珠。2008年，酩悦轩尼诗委托澳大利亚酿酒师兼科学家托尼·乔丹博士考察中国的风土条件，以确定能否在中国生产出世界知名葡萄酒。

为了找到适宜的种植条件，托尼·乔丹博士团队走遍了中国的各个省份，依次评估当地的地形条件、土壤条件和气候条件。乔丹博士团队在搜寻过程中发现几乎没有产区能够达到预期，都存在道路不通、电力缺乏、材料有限、葡萄园地形陡峭难以采用机器种植或维护等诸多不利条件。

偶然间，乔丹博士在一次交流中得知了云南山区具有温暖干燥的气候特征，经过深入研究后发现，由于滇北地区海拔较高，该地气候凉爽，且不受降雨干扰，这些得天独厚的优势加在一起，为种植赤霞珠等红葡萄品种提供了绝佳的风土条件。经过多方考察与慎重权衡，于2013年最终决定将敖云酒庄建立在德钦县，以此开启葡萄酒酿造的新篇章。

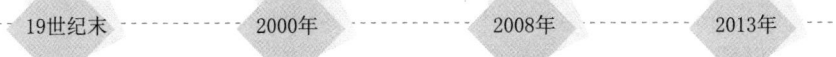

| 19世纪末 | 2000年 | 2008年 | 2013年 |

19世纪末：法国传教士在澜沧江沿岸村庄修建的教堂周围开辟了第一批葡萄园

2000年：当地农民在阿东、朔日、斯农和西当4个村落种植了14公顷的赤霞珠和品丽珠

2008年：酩悦轩尼诗委托乔丹博士研究中国的风土条件，以确定在中国生产葡萄酒的可行性

2013年：数年考察后，选定云南，建立敖云酒庄

图 4-5　敖云酒庄创建过程

3. 酿造特点

出于对当地传统的尊重，敖云酒庄在葡萄采摘和葡萄酒酿造时全程采用手工方式，而且会根据环境对酿造工艺进行适时调整。第一，在葡萄浸渍阶段，通过优化工艺，使酒液与氧气充分接触，以弥补氧气不足带来的影响。第二，根据不同气候特征和土壤条件，灵活调整浸渍时长，以充分提取葡萄风味。第三，采用苹果酸-乳酸发酵技术，以进一步优化葡萄酒的口感。第四，在陈酿环节，通过选择新橡木桶和透气性良好的酒罐，为葡萄酒提供适宜的微氧环境。第五，通过减少二氧化硫的使用，以保留葡萄酒的天然风味和纯净度。第六，针对不同风土和季节特点，采用不同的修剪方式，帮助葡萄藤更好地适应不同季节的气候情况。

敖云酒庄的酿造团队为了以更优雅、更纯粹的方式呈现香格里拉的独特风味，增加天然酵母的发酵比例，1/3的酒采用了天然酵母发酵，以提升新鲜度和单宁的质地，同时优化了酒的浓郁度与强劲感。与此同时，将葡萄的浸渍温度从28℃降至26℃，并适当减少陈酿环节中新橡木桶的使用与在木桶中的陈酿时间，让酒体自身的优雅香气得以保留。酒庄通过专业的种植管理和酿酒工艺，克服了高海拔环境带来的挑战，酿造出了珍稀佳酿。

◎ 人文园地

张弼士与张裕："实业兴邦"精神的百年回响

1892年，怀揣着"实业兴邦"伟大梦想的爱国华侨实业家张弼士先生，在烟台创办了张裕酿酒公司，就此拉开了近代中国葡萄酒工业的大幕。

在1871年一场法国领事馆的酒会上，一位曾踏足中国的法国领事无意间和张弼士聊起了烟台的野葡萄，还表示那里的葡萄具备酿造美酒的潜力。领事或许只是随口一说，可张弼士却将这话牢牢记在心里。1891年，盛宣怀邀请张弼士前往烟台商议兴办铁路、开发矿山等事宜，借此机会，张弼士对烟台当地的葡萄种植状况、土壤条件以及水文环境展开了细致考察。在认真评估过后，他认定烟台在种植和酿造葡萄酒方面有着得天独厚的自然优势。于是在次年，张弼士果断投资300万两白银，在烟台创建了张裕酿酒公司，成为了近代中国酿造葡萄酒工业的开拓者。

张裕始终将"爱国、敬业、优质、争雄"的企业精神视为立业根基。100多年来，几代张裕人秉持着这一精神，坚定不移，即便历经无数艰难困苦，也毫不退缩，始终奋勇向前。他们凭借辛勤的汗水与精湛的技艺，精心酿造出一系列享誉中外的名牌产品，让张裕逐步成长为中国乃至亚洲极具实力的葡萄酒企业集团。

资料来源：李海英，陈思，李晨光.葡萄酒文化与风土[M].北京：旅游教育出版社，2022.

谈谈你对"实业兴邦"企业家精神内涵的理解。

主要术语

张裕葡萄酿酒公司；瓏岱酒庄；桑干酒庄；龙谕酒庄；源石酒庄；敖云酒庄

思考与讨论

1. 中国葡萄酒产业的发展特征是什么？
2. 瓏岱酒庄种植的主要酿酒葡萄品种有哪些？
3. 请列举位于宁夏产区的酒庄。

任务实训

1. 请以小组为单位，查询中国某地政府对葡萄酒旅游的支持政策，分析政府在当地葡萄酒旅游发展中的作用。

2. 以小组为单位，选择某个中国酒庄进行市场调查，撰写一份调研报告，分析该酒庄的运营情况并预测其未来发展趋势。

第五章
葡萄酒旅游概述

思维导图

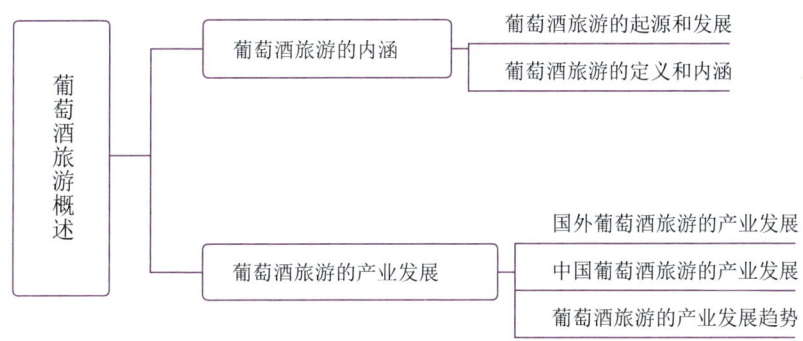

学习目标

1. 了解葡萄酒旅游的起源和发展、定义和内涵
2. 理解葡萄酒旅游的特点
3. 掌握葡萄酒旅游的内容

开篇案例

宁夏着力发展葡萄酒产业——贺兰山下酿芬芳

葡萄酒已成为宁夏的一张名片。截至2023年底，宁夏酿酒葡萄基地开发面积超过60万亩，占全国种植面积的近40%，是中国面积最大的酿酒葡萄集中连片产区，年产葡萄酒1.4亿瓶，占国产酒庄酒酿造总量的近50%。

一是文旅融合见证生态之变。近年来，宁夏将葡萄酒产业和黄河滩区治理及生态恢复结合起来，集中建设了195公里酿酒葡萄种植长廊。在"深沟浅种"种植方式和节水灌溉技术助力下，荒滩变成绿洲，曾经的废弃矿坑变成了旅游景点。据统计，依托发展葡萄酒产业，贺兰山东麓已有35万亩荒滩地披绿。宁夏将打造贺兰山东麓世界级葡萄酒旅游目的地纳入文旅产业"十四五"发展规划，葡萄酒庄在"酒旅融合"中迸发发展活力。目前，宁夏已建成葡萄酒庄130家，年接待游客超过300万人次，由旅游带动的葡萄酒销售额占总销售额的50%。

二是科技创新带动产业升级。手机上，葡萄园的土壤温湿度和灌溉数据一目了然；滴灌开关能一键实现自动化精准灌溉；虫情防治设备不仅能自动捕获害虫，还能收集虫害信息，供科研人员研究使用……宁夏葡萄酒产业精细化、自动化、机械化程度不断提升。近年来，宁夏与中国科学院、中国农业大学、西北农林科技大学等高校院所合作，针对葡萄酒产业发展的技术瓶颈开展科技攻关和成果推广，实施重大成果转化项目20余项。

三是富民增收助力乡村全面振兴。从种植、采摘、酿造、运输到销售，葡萄酒产业每年为当地农村居民提供工作岗位超过13万个。精准对接市场需求，宁夏还开发葡萄酒观光体验工厂、葡萄酒庄精品民宿酒店等附属产业，助力乡村全面振兴。比如银川市西夏区昊苑村分布着19座酒庄，有近1.8万亩酿酒葡萄种植基地。目前，宁夏葡萄酒产业综合产值突破300亿元，每年为当地农民带来约9亿元收入。

资料来源：节选自徐元锋，张文.宁夏着力发展葡萄酒产业——贺兰山下酿芬芳.人民日报（7版），2024-08-13.

谈谈你对中国葡萄酒企业助力乡村振兴的认识。

第一节　葡萄酒旅游的内涵

葡萄酒产业与旅游行业跨界融合，由此产生了新兴的葡萄酒旅游模式。对于旅游业来说，酒庄的自然景致、酿酒工艺体验、葡萄酒品鉴活动以及各类庆祝节日，成为吸引游客出行的主要因素。对葡萄酒业而言，葡萄酒旅游可以实现酒庄与客户的直接互动，从而建立忠诚的客户关系，促进葡萄酒的销售。新兴特色旅游项目葡萄酒旅游，充分满足了游客在知识探索和新奇体验方面的诉求，既契合了旅游市场的最新需求，又推动了葡萄酒文化的广泛传播，同时加速了葡萄酒产地经济的蓬勃发展，因此迎来了迅猛发展的阶段。

一、葡萄酒旅游的起源和发展

（一）葡萄酒旅游的起源

当我们探寻葡萄酒旅游的历史时会发现，它可回溯至大旅游时代之前，尤其是古希腊、古罗马时期，葡萄酒庄参观已然成为团队游行程的构成部分，其历史底蕴深厚。葡萄酒旅游这一特色旅游形式诞生于法国。1934 年，勃艮第产区、香槟产区相继打造出葡萄酒之路，成为葡萄酒旅游诞生的关键标志。20 世纪 50 年代，法国阿尔萨斯地区促使葡萄酒旅游蓬勃兴起，到了 70 年代，这一旅游热潮延伸至勃艮第地区。

我国的葡萄酒旅游发展起步较晚，直至 20 世纪 90 年代才开始在旅游领域崭露头角。1992 年，烟台张裕葡萄酒文化博物馆正式落成并对外开放，这一开创性举措，成为我国葡萄酒旅游发展的重要里程碑。1999 年，华夏长城葡萄酒工业园别出心裁地推出了"葡萄酒之旅"特色项目。该项目精心打造出一系列丰富多样的体验环节，游客们能够亲身参与到葡萄酒的酿造过程之中，从葡萄的采摘、筛选，到发酵、陈酿，再到最后的装瓶品鉴，每一个步骤都能让游客深度沉浸其中，全方位感受葡萄酒文化的独特魅力。这一创新之举极大地丰富了国内葡萄酒旅游的内涵，为葡萄酒旅游市场注入了新的活力，有力地推动了我国葡萄酒旅游产业迈向更为成熟的发展阶段。

（二）葡萄酒旅游的发展

自 20 世纪 90 年代伊始，葡萄酒旅游在欧美、南太平洋地区和非洲众多葡萄酒产区呈燎原之势，迅速风靡起来。它对当地葡萄酒产业的提振功效不容小觑，在其推动下，世界各地涌现出一批声名远扬的葡萄酒旅游打卡地。比如在浪漫的法国，卢瓦尔河谷凭借得天独厚的自然条件与深厚的葡萄酒酿造底蕴，吸引着全球游客前去探寻美酒与美景交织的魅力；南非的开普敦地区，以其独特的风土人情和高品质葡萄酒，成为葡萄酒爱好者们的必去之地；而在美国，纳帕谷凭借先进的酿造技术与别具一格的酒庄文化，成为葡萄酒旅游的热门之选；瑞士的拉沃梯田则因其壮观的葡萄园景观与悠久的葡萄酒酿造传统，在葡萄酒旅游领域独树一帜。这些地方，都因葡萄酒旅游的蓬勃发展，不仅让当地葡萄酒产业声名远播，更带动了整个地区的经济繁荣与文化传播。

相较于国外较为成熟的发展态势，我国葡萄酒旅游目前尚处在起步摸索的初创期。但不可忽视的是，其未来有着无可限量的发展潜能。1992年，张裕酒文化博物馆凭借丰富的馆藏与独特的展示形式，作为国内顶尖的葡萄酒专题博物馆正式面向大众开放，这一举措开启了全新的发展路径。1998年，首届葡萄酒旅游大会在澳大利亚盛大举行，这场盛会堪称葡萄酒旅游研究领域的一座里程碑，它不仅清晰界定了葡萄酒旅游的研究方向与涵盖范畴，还从多个维度深入探讨了葡萄酒产业与旅游行业如何实现深度融合、有机结合的关键问题，为后续的研究工作提供了清晰的思路与指引，标志着葡萄酒旅游研究正式步入一个全新的、充满活力的发展阶段。

二、葡萄酒旅游的定义和内涵

（一）葡萄酒旅游的定义

在学术界，葡萄酒旅游的定义始终是一个充满争议的话题，至今尚未形成统一的定论。不同学者从各自的研究视角出发，秉持着不同的学术理念，使得对葡萄酒旅游定义的界定众说纷纭。但是随着研究工作在深度和广度上的不断推进，一批具有显著影响力和代表性的观点逐渐浮出水面，为该领域的研究带来了新的思考方向与研究维度。

南澳旅游委员会对"葡萄酒旅游业"的界定侧重于游客的活动，将其定义为：游客参观葡萄酒厂及参与相关活动。这既包括游客在主要旅游地游览时对单一酒庄的短暂造访，也涵盖在葡萄酒产区停留数日，亲身体验葡萄酒酿造过程的深度游。而澳大利亚葡萄酒酿造商联合会则给出了更宽泛的定义，同样强调游客体验：葡萄酒旅游是指游客访问葡萄酒厂及产区，旨在体验与品酒相关的独特生活方式，包括美食、风景欣赏及文化活动等。以上的定义本质上都是将重点放在消费者即游客上。

葡萄酒旅游，作为一个刚刚兴起不久的全新概念与产品类型，当下正处在不断发展、持续变化的动态进程之中。无论是在内涵的丰富度，还是在实际运营模式的创新上，都呈现出日新月异的态势，不断突破过往的边界，以适应市场与游客需求的多元变化。葡萄酒旅游涵盖葡萄酒产业与旅游产业，两者均对区域经济、环境及生活方式影响深远。当下,怎样推动这两大产业深度融合,实现互利共赢,从而助力葡萄酒产地的经济腾飞与社会进步,已然成为旅游业发展亟须攻克的崭新课题。

(二)葡萄酒旅游的内涵

葡萄酒旅游是一种依托葡萄酒产区独特资源,紧紧围绕葡萄酒文化核心,巧妙融合当地别具一格的自然景观、特色人文风情等其他旅游亮点,精心打造出的具有独特魅力与深度体验感的专项旅游形式。它以葡萄酒为纽带,将产区的风土人情、酿造工艺与多样旅游体验有机串联,为游客带来独一无二的旅行感受。

部分人认为,葡萄酒旅游所涉及的范畴极为广泛。其中既包括了制酒、品酒这些与葡萄酒紧密相关的活动,还包含在葡萄园周边进行健身锻炼、享受当地特色美食、开展购物活动,以及游览葡萄园等项目。更进一步来讲,游客还能在这一过程中深入体验产酒区的独特文化与别具一格的生活方式。然而,另一些人则持有不同看法,主张葡萄酒旅游主要是葡萄酒爱好者专程前往葡萄酒产地,以获取各式各样与葡萄酒相关的独特体验。此类旅游的核心要点在于,为游客提供一种休闲放松的体验机会,以及与众不同的旅行经历,通过这些丰富多元的活动,葡萄酒旅游的概念内涵得到了极大的拓展与深化。

丰富多元的体验将游客包裹在浓郁的葡萄酒文化氛围之中,游客不仅能在葡萄园里体验观光与采摘的乐趣,参观橡木桶作坊、酒窖,还可参与试饮,学习葡萄酒课程,享受美酒美食搭配,甚至体验葡萄酒理疗。"文化是旅游的灵魂"在葡萄酒旅游中体现得淋漓尽致。游客在此领略产区独特风情,饱览葡萄园风光,认识各类葡萄品种,了解酒庄历史与酿造工艺,品味香醇美酒。同时,在休闲购物等活动中,不断充实酒文化知识,深刻感受葡萄酒文化的独特魅力,获得全方位的感官与精神享受。

(三)葡萄酒旅游的特点

1. 文化性

葡萄酒旅游堪称一场葡萄酒文化的深度之旅。在其发展进程中,巧妙融入地域与企业文化,能极大地提升文化底蕴,为游客打造更具内涵的旅行体验。

2. 体验性

葡萄酒旅游互动性与沉浸式体验突出。比如游客选择机械或手工采摘葡萄，还能参与摘葡萄竞赛，充分融入其中，感受别样乐趣；利用简易酿酒器具和传统酿酒技法，亲手酿制葡萄酒；法国等欧洲国家推出葡萄酒浴，既能美容养生，又能让游客沉浸其中，享受惬意体验。

3. 教育性

从国外针对葡萄酒旅游者人口统计学特征开展的研究不难发现，葡萄酒旅游者普遍呈现出学历层次高、收入水平高的显著特性。目前已有的葡萄酒旅游多是高端市场定位。随着居民生活水平提高和消费观念不断升级，现在越来越多的葡萄酒旅游推出大众线路，开拓大众消费蓝海。从葡萄园出发，走进博物馆与工厂，游客能目睹机械化葡萄采摘设备、不同时代的酿酒工具，了解加工技术，参观酒窖，拓宽自身视野。

4. 多重效益性

葡萄酒旅游整合了三大产业，有着突出优势。就农业而言，它能推动产业结构调整，加速农业产业化进程，还能提升农民素养，增加农民收入；对企业来说，既收获产品利润，又能树立良好形象；从游客角度来说，能满足其观光与求知欲；从旅游业的角度来说，葡萄酒旅游为旅游产品增添了丰富多样的选择，有效缓和了旅游市场中供给与需求之间的矛盾。此外，葡萄酒旅游还对城市商业、休闲、交通和地域空间产生影响，为城市发展注入强劲动力，推动城市全方位进步。

（四）葡萄酒旅游的内容

1. 葡萄酒之路

葡萄酒之路是一类特色旅游路线，主要围绕葡萄酒产区展开参观和品酒活动，它巧妙地将遗产景点融入其中，像城堡搭配美酒路线、修道院串联葡萄园路线等。通常分为全线式游览和明星酒庄站点式游览。比如借鉴国外知名酒庄的葡萄酒旅游线路，贺兰山东麓酒庄制定了独具当地特色的葡萄酒旅游线路，可以参观葡萄文化长廊、万亩葡萄种植基地，游览田园风光的葡萄庄园，探访酒庄的建筑、酒窖，欣赏酒庄内的摆设、盆景、装饰设计以及庄园内艺术小品，如喷泉雕塑等；深入酒庄、酒厂内部，沿着葡萄酒生产线一路游览，沉浸式了解葡萄酒酿造流程，体验采摘、自酿的过程，最后在葡萄酒庄体验一翻红酒配美食的绝佳享受。

2. 酒庄参观

游客可以游览葡萄园，了解葡萄的种植品种、种植模式，比如株距、行距等，观察葡萄生长状况和不同季节的葡萄园管理。在酒庄内部，步入葡萄酒酿造车间，仿若开启一场奇妙探索之旅。在这里，游客能清晰了解葡萄从采摘后，历经精细筛选、巧妙除梗、精准破碎、严谨发酵、耐心陈酿，直至最终装瓶的一整套繁杂且精妙的工艺。

3. 品美食，享美酒，红酒养生

厨师用红酒精心烹饪出美食，推出中西结合的菜肴。在酒庄和酒店设立SPA中心，推出红酒浴、红酒美容等养生项目，客人可以体味悠闲、高雅的生活享受，这尤其是女性游客十分热衷的项目。不少酒庄在葡萄酒旅游方面别出心裁，比如梅多克波亚克产区靓茨伯庄园庄主创立"波尔多风味"旅行社，融合酒庄游览、葡萄酒文化、艺术以及地方的休闲活动。其米其林星级餐厅为游客提供定制大餐，还举办"葡萄酒主题晚会"。不少酒庄为丰富游客体验，邀请名厨开设美酒搭配佳肴的培训课程，专门传授葡萄酒烹饪的窍门与餐酒搭配的技巧。比如在朗格多克地区，欧泊河谷上游的7家高端餐厅携手组建"山间美食"协会，与当地酒庄深度合作，按照固定周期推出极具地方特色的美食与美酒搭配套餐，让食客尽享舌尖上的奇妙之旅。

4. 葡萄酒博物馆

葡萄酒博物馆作为集参观、学习、娱乐于一身的休闲中心，设计多采用主题公园模式。为了让参观者收获独特体验，馆内精心筹备了各类展览，呈现酒庄的迷人风光、深厚历史以及传统酿造工艺。同时，博物馆策划了丰富多样的活动，极大地提升了整个参观过程的趣味性，游客还可以通过展品、资料等了解葡萄酒产业的发展历程、酿造技术演变和历史故事。

5. 文化与历史融合

葡萄酒旅游中饱含着源远流长的文化传承与丰富的历史积淀。葡萄酒酿造在许多地区有着悠久的历史传承，相关的传统酿造工艺、古老酒窖以及承载着葡萄酒文化的博物馆、古迹等都是文化展示的重要部分。世界各地的葡萄酒文化异彩纷呈，各有千秋，以法国为例，其葡萄酒文化中森严的等级制度、繁复的品酒礼仪，都是独属于法兰西酒文化的鲜明印记。旅游时游客能够深入了解葡萄酒产地的历史文化，比如一些古老酒窖所承载的故事，葡萄酒在当地宗教、民俗中的角色等。

6. 核心产品体验

以葡萄酒为核心，游客可以参观葡萄园，了解葡萄种植的品种、土壤条件、气候影响等知识，实地观察葡萄从生长到采摘的环境。还能游览葡萄酒酿造厂，见证葡萄酒酿造的复杂过程，包括发酵、陈酿等环节。当然，品尝不同类型、年份的葡萄酒是重要体验内容。专业品酒师会引导游客品尝不同类型、不同年份的葡萄酒，让游客感受其独特风味和口感；通过观察色泽、闻香气、品味口感来鉴别葡萄酒的品质，同时学习品酒的基本礼仪和方法。有的地方还会有葡萄酒与美食搭配的体验，感受不同食物与葡萄酒搭配产生的独特风味。

7. 深度体验游项目

在葡萄酒旅游中，游客能提着篮子采摘葡萄，筛选并品尝不同品种；还能尝试传统手工酿酒法，亲手制作一桶专属自己名字的葡萄酒，自行DIY标签后装瓶。在葡萄酒旅游中，踏入现代化生产与灌装车间是独特体验。在这里，游客能看到严谨有序的生产工艺，在观摩中收获知识，获得新奇非凡的旅行感受。葡萄酒旅游地通常有优美的田园风光，游客可以在此享受宁静氛围，进行野餐、徒步、骑行等休闲活动。部分地区还会举办葡萄酒节等特色活动，有音乐表演、民俗展示、葡萄采摘比赛等项目。在罗马奈什·多兰市的"葡萄酒村"，观光小火车带着游客穿梭于葡萄果园和酿造中心。站在酿造中心大楼的观景平台，游客能将知名的博若莱产区的壮丽景色一览无余。此外，由6个分园组成的"香氛花园"，种植着各类花木和草本植物，为游客开辟了一条从"嗅觉"出发，独具一格的葡萄酒探秘游线。

8. 葡萄酒节庆系列项目

结合国际红酒交易中心，旅游地设大型葡萄酒产品销售商店，消费者可自行采购各种等级和各种包装的国产与进口葡萄酒产品。旅游地会定期举办区内、国内相关葡萄酒节庆活动，展销葡萄与葡萄酒产品及葡萄酒延伸产品，以拉动葡萄产业的发展。游客也可以在节庆活动期间前来参与葡萄酒旅游活动，享受精彩的体验项目和优质的葡萄酒产品，真正实现在葡萄文化之旅中学有所获。

人文园地

尝尝咱"中国味"葡萄酒

在中国，葡萄酒产业化已有100多年历史，诞生了不少消费者耳熟能详的品牌。如今，中国葡萄酒企业在提高原材料质量、改进生产工艺等方面取得长足进步，发力高端产品、拓展海外市场有了更多底气，产品在国际上屡屡获奖。

张裕通过研发改进生产工艺，精进产品口味。孙健介绍，在旗下高端白兰地品牌可雅的酿造中，张裕将数字化控制与人工技艺结合，在中国首次实现壶式蒸馏数字化。通过精准控制1万多个数据，酿酒师对蒸馏、速度、温度、湿度、时间等进行数字化精密控制和精细调整,从而将特征物质成分以最优比例保留在酒中。如今,中国葡萄酒逐步走向海外,甚至在欧洲、南美洲等葡萄酒主要产区也能屡屡看见"中国酒"的身影。贺兰神葡萄酒刚酿出,就在各大国际评选中崭露头角:在素有葡萄酒界"奥斯卡"之称的布鲁塞尔国际葡萄酒大赛中,3次斩获金奖。张裕已在全球布局14座专业酒庄,产品销往全球77个国家,在高端市场也有不俗表现,旗下高端品牌龙谕在国际葡萄酒大赛上累计斩获百余项大奖。目前,龙谕葡萄酒已出口至英国、德国、意大利、瑞士、丹麦、俄罗斯、加拿大等45个国家。

资料来源:郑智文,赵昊.尝尝咱"中国味"葡萄酒[N].人民日报海外版,2023-03-03.

谈谈你对中国葡萄酒企业走向国际的看法。

 第二节 葡萄酒旅游的产业发展

一、国外葡萄酒旅游的产业发展

20世纪80年代以来,传统葡萄酒产区在政府的引导和支持下走上了与旅游业融合的道路。以法国为例,在法国著名的勃艮第葡萄酒产区,为实现经济来源多元化,很多葡萄园直接向公众开放,以旅游业为媒介,打造了采摘、酿酒工艺学习与观赏、葡萄酒文化展示、品酒、葡萄酒营销与采购等庄园参观项目,实现了庄园与消费者的直接联系,创造了可观的经济收入。

新兴葡萄酒产区随后也加入了葡萄酒与旅游相结合的发展道路。随着葡萄酒旅游的兴起,澳大利亚猎人谷、巴罗萨地区和维多利亚东北部都成为热门旅游目的地。美国加州的纳帕谷葡萄酒旅游年营业额高达3亿美元,新西兰国家旅游形象宣传文件也将葡萄酒旅游列为重要宣传项目。

二、中国葡萄酒旅游的产业发展

中国的葡萄酒旅游出现较晚。随着葡萄酒业和全球旅游业的蓬勃发展,葡萄酒旅游作为一种特殊兴趣的新兴专项旅游，日益得到人们的普遍关注，葡萄酒逐渐成为一个新的旅游发展亮点。2019年中国葡萄酒旅游行业营收同比增长率约为5.96%，在旅游行业中，处于上游水平，行业发展能力较良好。2019年中国葡萄酒旅游行业净利率约为9.32%，对于大多数行业而言，行业盈利能力较强。

随着乡村振兴等政策的推进，葡萄酒产业与旅游产业的融合效益逐渐凸显，形成了"工业+农业+旅游"的发展模式。这种模式不仅促进了葡萄酒旅游产业的发展，也满足了人们消费方式的升级换代需求。

案例

宁夏贺兰山东麓葡萄田园综合体

近年来，随着全域旅游理念的不断深化，旅游新业态的探索不断深入，宁夏加快推进"葡萄酒+文化旅游"融合发展，完善公共服务设施，开发酒庄休闲旅游产品，打造贺兰山东麓世界级葡萄酒旅游目的地，奋力谱写高质量发展新篇章。

宁夏贺兰山东麓葡萄田园综合体以贺兰山东麓葡萄产业为基础，以生态休闲旅游、度假为主导，以文化体验为特色，是集休闲、度假、文化体验、休闲娱乐、观光为一体的大型旅游度假区，是"葡萄产业+旅游"的典型代表。

贺兰山东麓葡萄酒小镇在葡萄产业基础上，融合旅游功能，形成特色小镇，即GTT模式——"葡萄产业+旅游景区+文旅小镇"。发展集葡萄观赏、采摘、自酿、品尝、餐饮、住宿、娱乐为一体的葡萄文化旅游业，同时配套与葡萄酒相关的金融、培训、文化创意、市场营销和集散中心等服务业，提高葡萄产业附加值，实现葡萄酒产业与文化旅游等产业融合发展。在改善旅游地服务配套设施上，形成生态环境良好、产业形式多样、旅游氛围浓厚的葡萄产业特色小镇，既是旅游吸引物，又是旅游服务接待平台。

随着贺兰山东麓葡萄酒产业的快速发展，以葡萄酒庄、葡萄酒特色小镇等为代表的现代休闲旅游与农业相融合的产业形态逐渐升级为宁夏贺兰山东麓旅游产业新的经济增长点。

资料来源：一诺农旅规划.案例解读：贺兰山东麓葡萄特色田园综合体.知乎网 https://zhuanlan.zhihu.com/p/97565699，2019-12-16.

三、葡萄酒旅游的产业发展趋势

经过多年的发展，国内外葡萄酒旅游积累了不少发展经验。葡萄酒旅游是葡萄酒产业和旅游产业集群发展的结晶。在经济全球化背景下，葡萄酒生产企业依靠旅游业进行国内外营销，直接向消费者进行宣传和销售活动，取得了良好的经济效益和社会效益。在许多葡萄酒产区，葡萄酒、旅游、餐饮、文化艺术、体育休闲等产业得到有效集聚，通过各种形式的横向或纵向联盟，形成了良好的集群效应，促进了各行各业的科学合作和良性循环，最终造就了一批成功的葡萄酒旅游基地。

随着社会需求的发展，传统的葡萄酒主题旅游和新型旅游共存，共同特点是强调越来越多的参与、体验、娱乐、文化推广活动，多功能主题化已经成为新趋势。

人文园地

贺兰山的绿色答卷：葡萄酒产业绘就"两山"新图景

近年来，宁夏坚持"生态优先，绿色发展"的理念，把发展葡萄酒产业同加强黄河滩区治理、加强生态恢复相结合，积极探索可复制、可推广的创新实践模式，成功走出了一条资源利用与生态治理统筹协调、经济发展与环境保护共同促进、绿水青山与金山银山相互转化的葡萄酒产业高质量发展之路。

贺兰山因矿产资源丰富，自20世纪50年代开始的大规模无序开采使贺兰山生态系统遭到破坏，大大小小的砂石厂和采矿场犹如一道道伤疤横亘山间。2008年，袁辉在戈壁滩开辟了酒庄的第一块葡萄种植园，进行植树造绿、生态修复，在废弃砂石坑中建起"花园式"酒庄。2022年以来，酒庄持续推动志辉源石矿坑生态修复项目，着手打造中国首个以葡萄酒酒庄为主题的AAAAA级旅游景区。

位于宁夏贺兰山东麓青铜峡鸽子山产区，被开发之前一片荒凉，缺少植被且风沙较大，为了改善当地生态环境，宁夏充分利用当地气候条件和土地资源，通过引入葡萄种苗，并开始大规模的葡萄种植与葡萄酒庄建设，在实践中探索了一条以产业发展带动生态保护之路，做到生态效益、社会效益和经济效益"三效"并举。

宁夏酒庄坚持人与自然和谐相处。葡萄园管理过程中坚持取自自然归还自然，夏季修剪与冬季修剪的枝条及发酵产生的皮渣经粉碎发酵处理归还大田，避免焚烧处理，保护环境。如今，放眼贺兰山东麓，58万亩全国最大集中连片酿酒葡萄基地纵贯南北，四百里绿色长廊硕果飘香，昔日"戈壁滩"变成今日"金沙滩"，一条绿色产业发展之路生机蓬勃。

资料来源：王婧雅.废砂坑变身"聚宝盆".宁夏日报，2023-07-17.

谈谈你对"绿水青山就是金山银山"的理解。

主要术语

葡萄酒旅游产业发展；葡萄田园综合体

思考与讨论

1. 葡萄酒旅游的特点有哪些？

2. 葡萄酒旅游的主要内容有哪些？

3. 对比国外（如法国、澳大利亚、美国等）与中国葡萄酒旅游产业发展情况，分析中国在发展葡萄酒旅游产业时，可从国外借鉴哪些经验？又该如何结合自身特色实现差异化发展？

4. 思考如何才能实现葡萄酒旅游产业的可持续创新发展？

任务实训

1. 对比研究烟台和宁夏葡萄酒旅游的发展现状。

2. 以宁夏贺兰山东麓葡萄田园综合体采用的"葡萄产业＋旅游景区＋文旅小镇"（GTT模式）取得了良好的发展成果为参考，请以小组为单位，探讨这种模式在其他地区推广的可行性，并撰写可行性报告。

葡萄酒旅游概述

第六章

葡萄酒旅游资源

思维导图

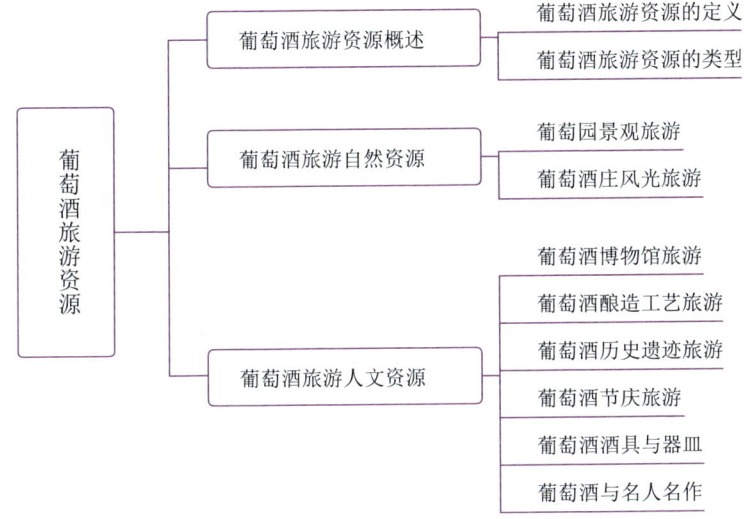

学习目标

1. 了解葡萄酒旅游资源的基本特征
2. 了解葡萄酒旅游自然资源概况
3. 了解葡萄酒旅游人文资源概况

开篇案例

波尔多葡萄酒之路

波尔多是世界知名的葡萄酒产区，这里孕育了众多品质优异的葡萄酒。产区内拥有超过10万公顷的葡萄园，是法国面积最大的葡萄酒产区。波尔多三条葡萄酒旅游线路，探访者在了解波尔多卓越风土的同时，探寻经典隽永的香气和风味、光彩熠熠的名庄葡萄酒以及丰富多彩的品鉴体验。

1. 梅多克葡萄酒之路

沿着省D2公路延伸80千米，穿越8个知名的法定产区：梅多克、上梅多克及精品产区里斯特哈克、玛歌、穆利斯、波雅克、圣朱利安和圣埃斯泰夫。这些知名产区中又坐落着拉菲古堡、木桐酒庄、玛歌酒庄和拉图酒庄等众多名庄，想要一睹名庄风采，这条旅游线路不可错过。

2. 格拉夫和苏玳葡萄酒之路

这条葡萄酒旅游线路始于波尔多西南部的格拉夫，穿过格拉夫、超级格拉夫和佩萨克-雷奥良产区的葡萄园，途中还可前往格拉夫列级庄克莱蒙教皇堡、波尔多1855五大一级庄之一的侯伯王庄园等名庄参观。沿着这条路继续向南前进，就来到了苏玳。这里坐落着三个法定产区：苏玳、巴萨克和塞龙，出产着世界知名的贵腐甜酒，其中1855苏玳巴萨克分级中唯一的超一级庄滴金酒庄就坐落于此。

通过格拉夫和苏玳葡萄酒之路，游客可以探索当地干型红、白葡萄酒和甜型白葡萄酒，感受格拉夫和苏玳产区风土的多样性和葡萄酒的别样风采。

3. 圣埃美隆葡萄酒之路

该路又被称为"圣埃美隆、波美侯和弗龙萨克葡萄酒之路"，游客们除了可以参观圣埃美隆产区，还可以参观圣埃美隆附近的几个产区，如波美侯、拉朗德-波美侯、弗龙萨克等。圣埃美隆葡萄酒之路附近大多为家庭经营式的酒庄，酒庄建筑相对更为小巧。

圣埃美隆不仅出产极负盛名的葡萄酒，还拥有丰富的历史和文化遗迹。1999年，圣埃美隆被联合国教科文组织收录进世界文化遗产名录，成为第一个被列入"文化景观类"世界文化遗产的葡萄酒产区。圣埃美隆的葡萄园面积超5000公顷，这里坐落着欧颂酒庄、白马酒庄、金钟酒庄、柏菲酒庄以及宝雅酒庄等名庄，出品的优质葡萄酒享誉世界。

资料来源：Estelle. 波尔多葡萄酒之路 Wine Routes in Bordeaux. 红酒世界网 www.wine-world.com.

第一节　葡萄酒旅游资源概述

一、葡萄酒旅游资源的定义

葡萄酒旅游资源是指与葡萄酒生产、品鉴、文化相关的各种旅游资源和设施，包括葡萄种植园、葡萄酒酿造厂、酒庄、葡萄酒博物馆、品酒活动、葡萄酒节庆等，可以为游客提供体验葡萄酒文化、学习葡萄酒知识、享受葡萄酒旅游的场所和服务。

葡萄酒旅游资源的定义不仅涵盖了葡萄种植、酿酒工艺、品酒体验等物质层面的要素，更包括了与葡萄酒相关的文化、历史、艺术和生态等非物质层面的丰富内涵。葡萄酒旅游资源的开发正是将葡萄酒转化为可触摸、可体验的现实，让游客在品鉴美酒的同时，也能感受到葡萄酒文化的深厚底蕴。

葡萄酒旅游资源包括提供给旅游者参观游览的自然景观、人文景观、相关服务项目、节庆活动及购物等，是开发葡萄酒旅游业的基础条件，具体包括以下几个方面：

自然景观：葡萄园、酒庄建筑、周边自然风光等。

人文景观：葡萄酒文化博物馆、葡萄酒城、展览馆、历史遗迹等。

服务项目：品酒体验、葡萄酒知识讲座、酒庄导览、特色餐饮、住宿服务等。

节庆活动：葡萄酒节、丰收庆典、采摘节、品酒大赛等。

购物体验：购买葡萄酒和相关纪念品。

二、葡萄酒旅游资源的类型

（一）品酒之旅

品酒之旅是葡萄酒旅游中游客体验的重心，游客既可以从感官上领略葡萄酒的各种风味和魅力，还可以对葡萄酒文化及工艺进行全方位的了解。如北京张裕爱斐堡酒庄有贵宾室在内的 7 个品酒室，葡萄酒品酒师用精练、生动的语言为游客传达葡萄酒饮用的基础知识。

品酒之旅还可以通过品鉴不同类型葡萄酒来丰富游客的体验。通过展示不同年份葡萄酒的品质对比,让游客理解气候对葡萄酒品质的影响;通过展示不同类型葡萄酒,让游客体验葡萄酒的不同口感。如张裕爱斐堡酒庄的霞多丽与赤霞珠,霞多丽有着更为丰满而清澈的颜色,果香浓郁,酒体干净而丰满,结构层次感强;赤霞珠酒液深宝石红色,晶莹有光泽,滋味醇厚,酒体丰满,回味悠长。

精心设计的互动体验可以使品酒之旅具备更高的深度和广度。以葡萄酒旅游项目为例,以"葡萄酒地图"为主线,即通过品酒、地图标记,而实现对不同葡萄园位置、不同土壤、不同气候对葡萄酒风味带来的影响的认识,使旅游者真正参与到品酒之旅中,建立起对葡萄酒多样性的认识。作为品酒者的每个人都是探险者,通过品出各色葡萄酒,阅读出葡萄园的故事和酿酒师的心意。

另外,品酒师通过介绍葡萄酒化学成分和酿造过程,使游客了解如何通过品酒的方式,获得判断葡萄酒成熟度、储存条件的数据。游客通过这些科学性和数据性的品酒之旅,可以获得理论性的知识和经验,这个活动尤其适合葡萄酒专业学生研学体验。

(二)葡萄园参观

葡萄园参观使游客亲眼看到葡萄藤的生长环境,从而更能够理解葡萄酒酿造的整个过程。以法国波尔多地区为例,波尔多地区有得天独厚的气候条件和土壤结构,是葡萄的生长基地,葡萄园的坡度、阳光照射对葡萄的成熟度、最终所酿成的葡萄酒的风格有着决定性的决定。波尔多梅多克地区大部分葡萄园都是山地地形,这样既利于排水,还可以保证所种植的葡萄得到充足的阳光,进而生产出结构复杂、风味浓郁的红葡萄酒。

游客游览葡萄园并了解葡萄从种植到收获,再到葡萄酒发酵、陈年和装瓶的全过程,是葡萄酒旅游的一种体验式学习,可以帮助游客加深对葡萄酒文化的了解,进而为葡萄酒旅游的可持续发展作出贡献。如意大利托斯卡纳的葡萄园,既给游客提供品酒和参观酿酒设施的机会,又教育游客注意有机种植和生物动力学酿酒方法,进而强化环境保护意识。

葡萄园参观可以直接从中获得种植葡萄以及酿造葡萄酒的体验,还可以为游客提供了解当地的民风民俗、风土人情的窗口。在西班牙里奥哈的葡萄园中,游客通过参观历史意义非同寻常的酒窖,从而了解当地酒庄将传统的酿酒技艺与现代科学技术相结合的方法。葡萄园参观的亲身体验，让游客更为珍惜和尊重自然与人文的结晶。

（三）葡萄酒节庆活动

葡萄酒节庆活动是葡萄酒旅游中重要的组成部分之一，它可以让游客在品味葡萄美酒的同时，更深层次地接触葡萄酒文化，感受其独特魅力。

在法国波尔多葡萄酒节举行期间，有超过50万游客前来参加该盛会，这一节庆也成为当地经济发展的重要力量。节庆期间游客可以参加品酒会、葡萄园参观以及葡萄酒拍卖会等活动，亲自体验葡萄的种植与酿酒全过程，了解葡萄酒的制作工艺等。

除了与节庆相配套的娱乐活动、音乐会、艺术展览等活动外，葡萄酒节还可以将文化艺术表演活动融入其中，普及与传播地方特色文化。葡萄酒节庆活动正是在节庆活动的进行过程中，将文化活动与葡萄酒产业相融合，将当地宝贵的传统文化融入其中，让文化得到普及、推广与传承。

（四）葡萄酒产区旅游

葡萄酒产区旅游不单是一种休闲活动，更是一种深度的文化游。被誉为"葡萄酒圣地"的法国波尔多产区，每年有成千上万的游客前去旅游，他们不仅是为了享受波尔多的葡萄酒，更是为了体验波尔多独具特色的文化及历史悠久的传承。波尔多葡萄园中有上万个酒庄，还有一些历史悠久的葡萄酒家族酒庄，这些酒庄生产的葡萄酒受到全世界酒类消费者的推崇。参观酒庄是体验波尔多文化的重要方式，在那里，游客可以进入古老的酒窖，了解葡萄酒的酿造技术及工艺，甚至还可以亲自采摘葡萄、压榨葡萄。因此，葡萄酒文化以及葡萄酒的体验让人印象深刻。

葡萄酒产区旅游不仅可以了解葡萄酒文化，还可以了解当地其他特色文化。意大利托斯卡纳的葡萄酒节，不但提供了品尝葡萄、了解葡萄酒产出和精酿技艺的途径，同时还开展了音乐、艺术和美食的展演活动，游客还可以体验节目中的葡萄酒婚礼庆典，每个前来这里的游客都会留下深刻而美好的回忆。节日吸引了国内外的游客前来旅游，感受葡萄的种植酿造，感受和了解这种葡萄酒节中折射出的生活态度。

葡萄酒产区旅游的另一个方面，即与之相关的生态旅游和可持续旅游。澳大利亚的巴罗萨谷在葡萄酒旅游中开展的生态旅游项目，如葡萄园生态旅游、野生动物观察游等，是把葡萄酒旅游和生态保护项目紧密结合起来，从而很好地彰显出葡萄酒旅游的生态价值。例如，为吸引和保护本地野生动物，巴罗萨谷酒庄在葡萄园中种植多种本地植物，为野生鸟类和小型动物寻找食物创造条件，从而形成了巴罗萨谷更具特色的生态游，这也为游客带来了更好的体验。

（五）葡萄酒博物馆旅游

葡萄酒博物馆旅游是葡萄酒旅游的重要构成部分。葡萄酒博物馆旅游，可以给游客提供葡萄酒历史与文化的参观经历，并能够串联传统与现代、教育与娱乐。像法国的波尔多葡萄酒博物馆，每年都能吸引10万余名游客，是当地文化旅游的一张名牌。波尔多葡萄酒博物馆不仅展示从古至今的酿酒工具、历史文献，还采用互动的智慧化形式使游客亲身体验葡萄的种植、收获以及酿造，参与者可以领略葡萄生长、酿造的过程，这种体验型的参观学习使游客能够更加深入认识及掌握葡萄酒的文化，同时也能帮助游客更好地品鉴葡萄酒的质量。葡萄酒博物馆旅游利用传承文化的传播方式，使游客在品尝美酒的同时也了解历史与文化。

我国作为葡萄酒重要的新兴产区，具备发展葡萄酒旅游的优势资源。首先，从自然旅游资源来说，我国位于种植酿酒葡萄的黄金地带，拥有一批能够出产优质酿酒葡萄的颇具规模的葡萄种植园，如山东、河北、宁夏、新疆等省区。在人文旅游资源方面，我国的葡萄种植和葡萄酒酿造历史已有2000多年，葡萄酒品评和鉴赏、葡萄酒文化博物馆等葡萄酒文化的发展日渐成熟，同时在葡萄酒文化的发展中，如酒标设计、酒庄建筑、葡萄酒风味、节庆活动等方面融入了更多的民族元素、中国元素，形成了具有我国特色的葡萄酒文化旅游资源。

人文园地

烟台打造葡萄酒特色文旅

山东烟台是中国葡萄酒产业的发祥地。在葡萄酒的全球版图上，烟台这座海滨城市以其独特的魅力书写着东方佳酿的新篇章。

烟台围绕得天独厚的地理环境和葡萄酒文化，打造葡萄酒主题特色旅游。烟台葡萄酒在全国的地位可以用"五个最"来说明，即历史最长、规模最大、效益最好、产业链最完备、资源最得天独厚。

在文旅融合发展的大背景之下，烟台市近几年打造了各具特色的葡萄酒旅游新地标。一座座各具风情的酒庄中，既有从"丝绸之路"而来的海外游客，也有足不出户的烟台当地人，他们在品尝地道烟台葡萄酒的同时，也能体验现场酿造葡萄酒环节，实地感受葡萄酒文化。

近年来，烟台市高度重视葡萄酒产业发展，将葡萄酒列为全市16条重点产业链之一，并设立了产业专项扶持资金。烟台不仅成为中国葡萄酒产业链配套最完善的龙头产区，还是亚洲唯一的"国际葡萄·葡萄酒城"，不断向世界展现着东方葡萄酒的魅力。

资料来源：节选自梁犇.让烟台葡萄酒香溢世界，政协委员建言打造特色文旅.中新网山东 www.sd.chinanews.com.cn，2025-01-10.

谈谈你对烟台发展葡萄酒旅游的看法。

第二节 葡萄酒旅游自然资源

葡萄酒旅游自然资源是指与葡萄酒生产、品鉴、历史和文化相关的自然景观、生态环境、地质条件等自然资源，包括葡萄园、葡萄酒庄园、自然风光、地貌、微气候等，这些资源为葡萄酒旅游提供了独特的吸引力。

一、葡萄园景观旅游

（一）地貌特征影响葡萄园规划

葡萄园景观旅游

葡萄园的选址与布局，通常都会考虑地形地貌的坡度、方位、海拔高度等因素，这关系到葡萄的生长条件，进而影响葡萄酒的品质。葡萄园的坡度和阳光照射是影响葡萄酒品质的重要自然因素之一。坡度在15°至30°的葡萄园阳光照射最充分，有利于葡萄均匀成熟，产出的葡萄酒品质也较好。葡萄酒旅游过程中让游客看到地形地貌特征及对葡萄酒产生的影响，增强葡萄酒旅游的教育意义。

葡萄园地形的起伏变化丰富了葡萄酒旅游体验。游览葡萄园时，游客可以穿行在蜿蜒的葡萄园小道上，在不同的坡度变化中体验不同地形的微气候，从而有更深刻的葡萄园体验。此外，一些地形变化还会成为葡萄酒节庆活动的场所。葡萄酒节庆活动往往能够给游人带来特殊的、难忘的记忆。各种地形变化给葡萄酒节庆活动提供了丰富的场景。酒庄依地形而建，地形变化下产生的景观与静谧能唤醒人们内心深处的平静与安宁。

在规划葡萄酒旅游过程中，葡萄园周边景观和旅游路线尤为重要，可以通过设计"人"字形步道或螺旋形步道的形式，在不破坏葡萄园生态系统的情况下，让游客近距离观赏葡萄的生长状况，同时设置观景台点，让游客站在不同的角度观赏葡萄园。此外，还可以充分借鉴当地丰富的历史遗存和人文景物，包括一些葡萄采摘节和葡萄酒品鉴会等，丰富葡萄酒旅游路线。

（二）土壤多样性影响葡萄品种选择

土壤多样性决定了葡萄的品种选择，也决定着葡萄酒的味道和品质。著名的法国勃艮第地区因石灰质土壤，霞多丽葡萄酒便有了不同的矿物质风味；意大利托斯卡纳的黏土和沙混合土壤为桑娇维塞葡萄酒提供了浓郁的果香。游客在葡萄园中可以通过触摸及观察土壤的颗粒大小、颜色、有机质含量等特点，很容易了解土壤与葡萄酒风味的关系，这是一堂生动的自然教育课，尤其适合研学旅行活动。

葡萄园土壤的保护管理也是可持续旅游的重要环节。葡萄园土壤保护和有机土平衡的理念会让游客意识到生态维护的必要性，使其了解生态环境和葡萄园的关系，让游客在学习葡萄园土壤结构的同时领悟葡萄酒科学文化。

（三）微气候影响葡萄品质

在同一个纬度的葡萄酒产区，同一葡萄品种生产出的葡萄酒风格却大相径庭，其原因就在于葡萄园的微气候。葡萄园微气候是指葡萄园及其周围地区的小范围内独特的气候条件，其影响因素主要有地形、朝向、坡度、风速、湿度等。

在葡萄园中，微气候的细微变化能够影响葡萄的成熟度、风味和产量。适当的微气候条件可以延长葡萄的生长期，从而增加其风味化合物的积累，进而影响葡萄酒的品质。例如，法国波尔多地区的拉菲古堡酒庄，凭借其独特的海洋性气候和沙质土壤共同作用，形成了适合赤霞珠等葡萄品种生长的理想微气候。

在葡萄酒旅游资源的自然条件发掘中，通过了解微气候对葡萄生长周期的影响，可以让旅游者了解葡萄酒的酝酿过程。在丘陵地带的意大利托斯卡纳美景酒庄的微气候影响下，桑娇维塞葡萄成熟条件不同，产生了风格迥异的巴仑兹和波特洛，游客通过游览可以在实地参观、品尝中来了解葡萄种植中的气候差异，了解葡萄的生长环境。微气候的差异就是造就葡萄酒丰富度和复杂性的原因之一。

葡萄园的景观特色与四季变化是葡萄酒旅游中重要的自然资源。10℃时，春季葡萄藤抽出嫩芽，嫩绿的葡萄藤满是勃勃生机；夏季的绿枝成了一幅巨画，果柄上的小果粒密密麻麻地分布在枝上，预示着丰收的希望；秋季葡萄园最忙碌，成熟饱满的葡萄镶嵌在绿叶中，马上就要成熟的葡萄等待人们来采摘，这也是葡萄园最吸引游客的季节；冬季葡萄的休眠期，沉静下来的葡萄园给人们带来宁静和思考。

（四）生物多样性影响葡萄园景观

葡萄园生态保护是葡萄酒旅游可持续发展策略的核心要素之一。葡萄园生态保护既是一种可持续发展途径，也是葡萄酒质量的保障。在葡萄园内除种植葡萄外，还种植各种本地植物，以帮助葡萄授粉，同时为野生动物提供栖息地。葡萄园中的动植物资源既是自然景观的组成部分，也是游客游览或解说内容的重要组成部分。

葡萄园生态系统复杂且独特，葡萄园是一个了解生物多样性及可持续农业的场所。葡萄园的生物多样性应是游览讲解的要点。在葡萄园旅游的解说中，可以植入案例，如葡萄园使用的生物动力农业方法，将葡萄酒生产的生态营销理念融入其中。

另外，也可以在葡萄园区内组织解说参观互动活动，例如组织游客对于园区内种植本土植物或者观察园区中某些动物进行游戏式互动。一方面可以让游客在参观的过程中亲自体验葡萄园区的自然景观之美，另一方面也可以使游客意识到在日常生活中也应当去保护生态环境。鼓励游客参与到种植果树、土壤保护等生态保护活动中，一方面能够提升游客自身的环保意识，另一方面，游客在生态保护中也能够感受到生态环境的重要性，要维护生态健康，这样才能够维持园区的长期生态。还可以组织游客学习园内葡萄园区生态教育课程，通过观察葡萄园区内部的生态环境，以体验式教学的方式，让游客学习葡萄酒知识，体验葡萄酒文化，培育生态保护的意识。虽然游客只是在有限的葡萄园中、在特定的时间段之内进行体验，但是这种方式可以让他们参与到葡萄园区的生态保护中，今后还可以参与到其他生态保护中。

（五）葡萄园水资源的利用与管理在旅游中的体现

葡萄园区节水技术的应用，不仅提高了水资源的利用效率，还为游客提供了一个展示现代农业技术的窗口，增加了旅游的教育意义。

水是葡萄酒的命脉。水资源的合理规划和管理可以给葡萄园在干旱季节给予保障性支持。意大利托斯卡纳地区很好地利用当地葡萄园建立的雨水收集系统和循环利用机制，在游客中树立了其追求环保的可持续旅游标签。

在葡萄酒旅游探索过程中，葡萄园节水技术展示及游客体验是可持续发展的重要组成部分。在葡萄园中开展节水技术的展示，并通过互动式解说及现场演示，可以让游客亲眼看到节水技术在保证葡萄品质的同时节约水资源。通过案例分析，让游客认识到节水技术对解决全球气候变化和水资源短缺问题的重要性。如在法国波尔多地区，他们的葡萄园通过实施滴灌技术来节约水资源，同时保证葡萄的品质。在旅游策略方面，葡萄园可开展水资源教育之旅，通过互动展览和现场演示的形式，向游客介绍水源管理的先进技术及先进理念，提升游客的环保意识。

葡萄园水资源的管理是葡萄酒旅游可持续的基础，水资源管理需要从葡萄园内生态系统的维护视角提升游客体验。葡萄园内小溪、池塘等水体为游客提供休闲游玩的公共空间，同时也为园内野生动植物提供生存场所。葡萄园区通过对资源的管理与维护将培育出不同生态系统的葡萄园，为游客提供生态系统良性循环的旅游环境。

二、葡萄酒庄风光旅游

葡萄酒酒庄是酿造、贮存和灌装葡萄酒的地方，最开始只是单纯地生产葡萄酒，但现在酒庄变成了旅游胜地。葡萄酒酒庄与葡萄园相邻，酒庄建筑一般与经营理念或者当地的文化相契合。酒庄迷人的风景和精美的建筑，配合着当地自然风光、特色美食和酒庄葡萄酒品鉴，成为了一种高质量的旅游体验。

葡萄酒酒庄一般坐落在优美的自然环境中，如山脚下、湖畔或田园风光中，拥有迷人的景观和宁静的氛围。游客在这里既可以欣赏葡萄园的壮丽景色，品尝美味的葡萄酒，又可以探索人文和自然景观。如智利的利马里谷不仅出产不少优质葡萄酒，还有 3 小时的观鸟徒步、原始森林观光、参观和解读岩石雕刻、探寻美洲狮的踪迹等一系列惊险刺激的旅游项目。巴罗萨谷是澳大利亚葡萄酒当之无愧的龙头,坐拥包括奔富等知名酒庄在内的近200座酒庄,加之这里旖旎的乡村风光、乘坐热气球等缤纷多彩的娱乐项目,使其成为了舒适惬意的旅游胜地。

国内的葡萄酒庄也在不断发展壮大,并各具特色。圣鑫葡萄酒酒庄位于吉林省吉林市,以闯关东人种植的5棵百年古梨树为核心,辅以由1000多棵果树和2000多株葡萄藤组成的天然巨石山坡果园,加上当地特色的草屋式古院落,形成了一个大型的旅游休闲度假区,成为国家AAAA级景区。驼铃酒庄位于新疆维吾尔自治区吐鲁番市,是标准化的葡萄园。酒庄与国家AAAAA级景区葡萄沟相距100米,周边还有坎儿井、火焰山游览景点。酒庄主体建筑造型运用吐鲁番本土文化、葡萄凉房等多种元素,极富地域特色。

烟台地处山东半岛中部,海岸线长达900多公里,加之特殊的地理环境和气候条件,使烟台成为世界第七大葡萄海岸。烟蓬观光大道的18公里葡萄观光长廊是集葡萄基地、葡萄庄园、葡萄酒加工及旅游观光于一体的葡萄产业带,形成了一条独具特色的葡萄长廊景观,张裕、长城等知名企业都在此落户。君顶酒庄,位于人间仙境——烟台蓬莱的南王山谷,酒庄三面环湖,四面被葡萄园环绕。在这里,游客可以在万亩葡萄园中畅游,欣赏凤凰湖优美的自然风光,在生态苗木观光园里可以零距离了解葡萄生长的趣味,了解从葡萄的苗木培育到葡萄酒的酿制全过程。

随着旅游业的不断发展,酒庄旅游项目也在逐渐增多,由原来单一的参观体验,逐步增加品酒、酒庄导览、酒庄活动、酒庄讲解、酒庄美食搭配等多项活动,甚至还可以在酒庄举行团建、酒庄主题婚礼等活动。酒庄的礼品店更成为购买特色葡萄酒和纪念品的理想场所,礼品店有当地特色酒款和限量版酒品,还出售各种与葡萄酒相关的周边产品,如酒杯、开瓶器、葡萄酒书籍等。这些旅行新方式,不但让游客深入了解葡萄酒制作过程,品尝各式美味葡萄酒,了解葡萄酒酿造历程,更让游客了解葡萄酒的各种知识和文化,从而促进葡萄酒产业和葡萄酒旅游产业的发展。

人文园地

浅析宁夏张裕摩塞尔十五世酒庄

宁夏张裕摩塞尔十五世酒庄位于中国最具潜力的优质葡萄酒产区——宁夏贺兰山东麓,此处属中温带半干旱气候区,年平均气温8.9℃,日照时数3029.6小时,年活动积温(≥10℃)达3289℃,昼夜温差达10℃以上,无霜期160天,年降水量200毫米,年蒸发量可达2000毫米。高积温、强光照、温差大、降雨少、可控水、病虫害少和无污染的产区特点，非常有利于葡萄糖分、果皮色素物质的形成和风味物质的积累。土壤成土母质以冲积物为主，以沙质土壤为主，伴有不同程度的黄土成分，透气性强，可使葡萄根系向下扎根10米左右深度，这可赋予葡萄优雅的香气和较高的品质。

酒庄占地面积约87公顷，其中葡萄公园占地67公顷，葡萄酒年生产能力为1000吨。葡萄园主要种植的葡萄品种包括赤霞珠、梅洛、西拉和贵人香等。为了提高酿酒葡萄的品质，酒庄采用多样化的葡萄园管理方式。在葡萄生长过程中，酒庄采用有机肥料种植葡萄，改良土壤肥力，提高葡萄根系土壤的微生物菌群多样性；引黄河水，在园内铺设滴管控制灌溉；采用疏花疏果的方式，控制葡萄的产量。

资料来源：宁夏张裕摩塞尔十五世酒庄．中新网山东 whhlyt.nx.gov.cn，2023–03–02．

你认为宁夏发展葡萄酒旅游得天独厚的条件有哪些？

第三节 葡萄酒旅游人文资源

葡萄酒人文旅游资源

葡萄酒旅游人文资源是指以葡萄酒产业为基础，结合当地文化、历史、艺术和自然环境等元素，为游客提供的一种旅游体验活动。它涵盖了葡萄酒种植、酿造、品鉴、历史传承、艺术表现等方面，旨在通过旅游活动促进葡萄酒产业的繁荣和地方文化的传播。

一、葡萄酒博物馆旅游

想要系统而轻松地了解一个区域葡萄酒发展的历史，沉浸式地体验当地的葡萄酒文化，最简单的办法当然就是参观葡萄酒博物馆。博物馆是葡萄酒知识的集中地，除了收藏年代久远的酿酒工具和历史文献外，参观体验的过程能增加观者对葡萄酒文化有更加深刻的理解。

（一）博物馆内的历史与文化展示

在葡萄酒人文旅游的探索中，葡萄酒博物馆作为历史与文化的宝库，承载着葡萄种植与酿造的悠久历史。位于法国波尔多美丽的加龙河畔的波尔多葡萄酒博物馆，博物馆外形采用大量的曲线设计，呈现出了不规则的形状，远看像一个夸张变形的醒酒器，不同的角度有着截然不同的视觉效果，独特的外观造型结合了红酒元素。馆内不仅展示了从古罗马时期到现代的酿酒技术演变，还通过互动式展览让游客亲身体验葡萄的种植与收获过程。博物馆内展示的 18 世纪的酿酒工具和古老的酒桶，让游客感受到时间的沉淀。葡萄酒的起源、不同品种的葡萄及其特性，以及葡萄酒与艺术、文学的交融等具有教育意义的展示，加深了游客对葡萄酒文化的理解，让游客在欣赏艺术作品和历史文献的同时，更加深入地理解葡萄酒与人类文明的紧密联系。

（二）葡萄酒收藏品鉴与教育意义

葡萄酒博物馆旅游中，葡萄酒收藏品鉴与教育意义是不可或缺的一环。葡萄酒博物馆不仅收藏着历史悠久的酒瓶、标签和酿酒工具，更承载着葡萄酒文化的传承与教育使命。国内第一家世界级葡萄酒专业博物馆——张裕酒文化博物馆，以张裕 110 多年的历史为主线，通过文物、实物、老照片、名家墨宝等，运用高科技的表现手法向人们讲述以张裕为代表的中国民族工业发展史，讲述张裕酒文化知识。博物馆整体展示按照时间线分为四个阶段：实业兴邦、鎏金岁月、海纳百川、优质争雄。博物馆借助六大"4.0 黑科技"板块，讲述张裕以及中国葡萄酒产业的发展史。

（三）博物馆旅游在葡萄酒旅游中的作用

葡萄酒博物馆是葡萄酒人文旅游的重要资源，不仅保存、展示了葡萄酒历史和文化，而且对推广葡萄酒文化起着重要的教育作用。例如，法国的波尔多葡萄酒博物馆每年都会接待 10 万多名访客，在这里，葡萄酒爱好者和游客了解波尔多葡萄酒历史、葡萄种植技术、酿造工艺；博物馆互动式的展览和品酒体验课，使游客有机会零距离亲近与学习葡萄酒文化知识；博物馆旅游在环境保护和可持续旅游方面也发挥着积极作用，教育项目如葡萄酒历史讲座、品酒工作坊等活动加深了人们对葡萄酒文化的认知与理解；而收藏品鉴活动，不仅增强了对葡萄酒文物的保护，还使人们能够实地参观博物馆，了解葡萄酒历史的变迁。葡萄酒与人类文明有着密不可分的联系，博物馆不仅能教育和保存葡萄酒文化，博物馆旅游还为葡萄酒与人文交流提供了机会，从而实现推广的目的。例如，葡萄酒博物馆可以帮助酒庄推广其产品、葡萄酒文化和葡萄酒品牌，将参观的游客转化为消费者，增加销售额，或为酒庄带来更多的合作机会和有价值的意见反馈。

二、葡萄酒酿造工艺旅游

（一）酿造工艺在葡萄酒旅游中的作用

在葡萄酒旅游中探索酿酒工艺。在葡萄酒旅游中，酿造工艺是葡萄酒灵魂所在，也是葡萄酒旅游的亮点。法国葡萄酒旅游中，如法国波尔多地区，其精湛的酿酒技艺吸引了众多游客的驻足参观与学习。波尔多地区的酿酒匠人遵循严格的葡萄种植酿造流程，既有对传统工艺流程的尊重，又有对科技的用心融合。游客在参观过程中对葡萄采摘、压榨、发酵等工序进行体验式操作，通过参与获得参观体验，如身临其境。而且，通过酿造工艺的展示，使游客获得的是情感上的共通和互动，赋予了葡萄酒旅游以体验性和参与性。

（二）传统与现代酿酒技术的融合

葡萄酿酒的传统工艺可以追溯到几千年前，那时人们使用简单的方法将葡萄压榨成汁液，并通过自然发酵产生美味的果实之酒。传统酿酒技术是历史的沉淀，它承载着地域文化的精髓和世代酿酒师的智慧。法国勃艮第与葡萄的渊源已经有2000多年，勃艮第地区的酿酒工艺中对葡萄品种、土壤和气候的精细把控以及对橡木桶陈年时间的严格要求，都体现了传统工艺的深厚底蕴。随着科技的进步，葡萄酒酿酒技术发生了革命性的变化。现代科技设备使得葡萄酒生产更加规模化和标准化，能更有效地保持果汁原有的新鲜度，并确保发酵效果和口感稳定性。

传统工艺强调时间与自然，现代创新强调科技与精确控制。两者融合，既能保留传统风味又提高生产效率、稳定品质。在葡萄酒酿酒工艺旅游中，将传统工艺与现代工艺关联展示，是一种很好的工艺融合模式，不仅葡萄酒的品质得到融合，同时提高了游客的体验感，丰富了游客体验。

三、葡萄酒历史遗迹旅游

1992 年，联合国教科文组织在人类遗产的分类中增添了"文化景观"项目，从此，与葡萄园相关的风景纳入其中。许多葡萄酒产区因拥有古老的酿酒历史、丰富的酒文化或者秀丽的自然景观，被联合国教科文组织列入世界文化遗产的名录。

（一）葡萄酒历史遗迹的分布

葡萄酒的历史遗迹遍布世界各地。从地中海沿岸的古老葡萄园，到新世界的葡萄酒产区，从北到南、从西到东，世界各地的葡萄酒产区均留下过葡萄酒的身影，它们的历史遗迹见证了相关的历史。每一处葡萄酒历史遗迹都是历史的见证，是传承的载体。

（二）葡萄酒历史遗迹的保护与传承

葡萄酒历史遗迹是一个地方葡萄酒文化的重要构成。在葡萄酒历史遗迹旅游过程中，需要对历史遗迹进行保护和传承。以法国波尔多地区葡萄酒酒庄为例，它的历史可追溯至罗马时代，现存有很多古老的酿酒设施和工艺。保护葡萄酒历史遗迹，一方面是对历史建筑进行保护和传承，另一方面则是对酿酒技术的传承，古老的工艺技术便能够在现代继续传承和发展。葡萄酒遗产是葡萄酒旅游业可持续发展的必要条件，结合教育和旅游活动，可以进一步增强人们对于葡萄酒历史遗迹的保护意识，从而对文化遗产活化利用。

（三）葡萄酒历史遗迹与当地民俗文化的融合

葡萄酒历史遗迹不仅要保护，还要传承和发展，尤其是与当地民俗文化的融合。法国波尔多地区葡萄酒、葡萄园既是数世纪的葡萄酒历史见证，又与当地民俗文化深度融合。每年的葡萄收获时节，当地居民都会举行"葡萄收获节"这样的庆祝活动，通过这种庆祝活动一方面可以庆贺葡萄的丰收，另一方面又展示了波尔多葡萄酒的精髓和葡萄酒民俗传统，游客可以亲自体验葡萄采摘、葡萄酒发酵，观看各种民俗活动和民间音乐以及舞蹈表演，这样就真正理解了葡萄酒与当地文化的深度融合。

（四）葡萄酒历史遗迹的旅游开发与可持续发展

在不破坏这些遗迹的前提下，如何实现遗迹的可持续发展，如何合理规划旅游活动，让遗迹为百姓创造经济效益，提高人们保护遗迹的意识，这是一个需要解决的难题。让当地居民参与到葡萄酒历史遗迹的保护与旅游服务中来，可以形成一种良性循环并提高当地社区居民对遗迹保护的意识。

葡萄酒历史遗迹可持续旅游的开发建设中，还应当注意对教育和文化的传播，建立葡萄酒博物馆，开展葡萄酒节庆旅游活动，提供葡萄酒文化专业介绍服务，加强旅游者对葡萄酒历史与文化的认识，提高旅游者旅游体验的质量。合理规划、科学管理葡萄酒历史遗迹的旅游，根据实际情况和需求，实现葡萄酒历史遗迹文化遗产的保护开发和文化旅游经济的共同发展，让葡萄酒历史遗迹成为连接现代和远古之间的桥梁，为葡萄酒人文旅游带来无限的魅力。

四、葡萄酒节庆旅游

人们经常会设立许多节日来纪念各种有意义的事情，在葡萄酒界也不例外，热爱葡萄佳酿的人士为此设立了专属的纪念日。在葡萄酒节上，游客可以看到、喝到以及买到很多美味的酒款，还可以品尝到很多具有地方特色的美食佳肴。

在德国的葡萄酒产区，每年都会有上千个大大小小的葡萄酒节。为了庆祝长相思的丰收，新西兰人将每年5月的第一个星期五定为"国际长相思葡萄酒节"。届时，新西兰的知名酒庄将举办晚宴、垂直品鉴会和餐酒搭配交流会等活动，庆祝节日的同时推广酒庄的葡萄酒。2023年鸭绿江河谷冰葡萄酒节在通化举行，也是当地专属的"北冰红日"，"品冰酒、尝美食、玩冰雪、赏美景"，这既是通化酒文化的传承，也是冰雪文化融合发展的新篇章。

在葡萄酒节庆游中，文化体验与互动是游客和葡萄酒文化之间的桥梁。在葡萄酒节庆期间，游客在品尝当地葡萄美酒的同时，还能更加深入地体验和感受葡萄酒文化。参观葡萄园、了解酿酒工艺过程使游客在互动过程中体会到葡萄种植与酿酒历史，而葡萄酒品鉴课程、酿酒师现场讲解、与当地酒农互动等形式，都可以使游客有更多的文化体验。不仅让游客在味觉和嗅觉上亲自感受葡萄酒带来的魅力，还让其亲身感受葡萄酒带来的文化体验。文化的体验才是葡萄酒旅游与其他旅游的区别。

五、葡萄酒酒具与器皿

使用和欣赏葡萄酒酒具与器皿是一种结合了文化和休闲的旅游方式,青岛葡萄酒博物馆设有专门的器皿展馆;澳门葡萄酒博物馆收藏了各式古老酿酒器皿和用具,如旧式的榨葡萄机等;法国波尔多葡萄酒博物馆的外观就像醒酒器。这些不仅能让游客了解到葡萄酒的历史和文化,还能体验到与葡萄酒相关的各种器皿和酒具。

(一)酒器在葡萄酒旅游中的地位

在葡萄酒旅游中,酒器不仅是盛放佳酿的容器,更是承载历史与文化的艺术品,它为游客提供了深入了解葡萄酒文化的一个独特视角。红葡萄酒酒杯,杯身较大,杯口略收窄,容量较大,放置在酒杯内的葡萄酒不易因晃动而溅出,由于增加了葡萄酒与氧气接触面积,香气有足够空间展开,柔化了葡萄酒的口感。白葡萄酒饮酒温度比红葡萄酒低,一般选择中小型号,饮用时需要冰镇。小型号可以有效控制倒酒量,让品鉴者有更理想的饮用效果。酒器在葡萄酒旅游中的地位已经上升到了一个可以影响游客整体体验的层面。酒器的多样性也反映了葡萄酒文化的丰富性,从古罗马时期的双耳细颈酒瓶到现代的波尔多杯,每一种酒器都讲述着一个关于葡萄酒历史和酿造工艺的故事。在葡萄酒旅游中,酒器的展示和体验,无疑为游客提供了一个深入了解葡萄酒文化灵魂的窗口。

(二)不同酒器的设计与使用

在葡萄酒文化中,酒器的设计与使用不仅是品鉴艺术的体现,更是文化传承的重要载体。从古至今,葡萄酒的酒器与器皿的形状、大小、外观、质地都发生了很大变化,木质、石陶器、锡类、银器等材质均出现过。现代常见的玻璃、水晶杯更是体现了人们对葡萄酒饮用专业化的追求。

除了酒杯之外,葡萄酒瓶、开瓶器、醒酒器等都是葡萄酒文化得以呈现的重要角色。旅游体验过程中,游客亲身使用这些精心设计的酒器也能更为立体地捕捉葡萄酒风味之"味"以及某一个地区葡萄酒文化的内核。恰当的酒器更能帮助游客更好、更清楚地"读"懂葡萄酒的故事。

六、葡萄酒与名人名作

（一）葡萄酒在文学作品中的描绘与象征

在文学中，葡萄酒不仅是饮品，更是情感与文化的载体。它在文学作品中的描绘与象征，往往承载着作者对生命、爱情、时间流逝的深刻思考。中国古代诗词中流传着很多关于葡萄酒的作品，有葡萄酒做嫁妆的，"蒲萄酒，金叵罗，胡姬十五细马驮（唐）"；有葡萄酒养生可与金丹媲美的，"蒲桃一杯千日醉，无事九转学神仙（北周）"；有葡萄酒可以鼓舞人心的，"蒲萄美酒夜光杯，欲饮琵琶马上催（唐）"；有朋友相见喝葡萄酒的，"共酌葡萄美酒，相抱聚蹈轮台（宋）"；有诗人炫富喝葡萄酒的，"七宝杯酌葡萄酒，金花纸写清平词（宋）"；有葡萄酒的酒餐搭配的，"葡萄酒熟浇驼髓，萝卜羹甜煮鹿胎（宋）"等等。可以说我国的葡萄酒与诗词相得益彰，葡萄酒因诗词而得以流传，被人们所传颂，而诗词也因为葡萄酒而添加了丰富的内容，变得更加灿烂。葡萄酒在文学中的象征意义，往往与它的历史、文化紧密相连，它不仅是一种物质享受，更是人类情感与精神追求的象征。

（二）名人的葡萄酒故事与传奇

酒逢知己千杯少，名人的葡萄酒故事与传奇为游客文化体验增添了浓厚的色彩。相传拿破仑独爱香贝丹红葡萄酒，每次出征都随军携带一车香贝丹红葡萄酒，酒桶上刻上 N 标记。拿破仑自己饮用，也御赐下属。法国知名时装大师皮尔·卡丹酷爱波尔多葡萄酒，他在1981年收购著名的马克西姆餐馆，随之就拥有了堪称世界一流的酒窖，藏酒6万余瓶。康熙是一位热衷饮用葡萄酒的皇帝。在一次他得了重病疟疾之后，几位西洋传教士向皇帝建议，为了恢复健康，最好每天喝一杯红葡萄酒，康熙保持这个喝红葡萄酒的习惯一直到去世。

（三）葡萄酒与艺术创作

葡萄酒能传承至今，本身就是一种艺术。葡萄酒，作为艺术创作的灵感源泉，自古以来便在无数画作、文学作品和音乐中留下了深刻的印记。海明威在其著作《流动的盛宴》中，通过细腻的笔触描绘了巴黎的葡萄酒文化，展现了葡萄酒与生活、情感的紧密联系。音乐大师们也讴歌葡萄酒，如莫扎特的《香槟气息》，法里雅的《葡萄酒的香味》，维瓦尔第《四季》中的片段

《葡萄收获与女人们的快乐》等。在音乐中葡萄酒承载着创作者的梦想，也带给他们灵感，让他们在音乐与葡萄酒相结合的创作中迸发激情。葡萄酒的色泽、香气和味道，激发了艺术家们对色彩、旋律和情感的探索，成为他们创作中不可或缺的元素。通过艺术作品，葡萄酒的文化和历史得以传承，同时也为葡萄酒旅游增添了丰富的文化内涵。

（四）名人轶事在葡萄酒推广中的作用

关于葡萄酒的故事，在中国从古到今也广为流传。公元前138年，外交家张骞出使西域，汉武帝对他从大宛带回的葡萄品种及酿酒工艺极为看重，命宫人在离宫别苑内大量种植葡萄，对葡萄酒百般珍藏。魏文帝曹丕，不仅自己喜欢葡萄酒，还把自己对葡萄和葡萄酒的喜爱和见解写进诗文，使得葡萄酒业在魏晋和南北朝时得到迅速发展。李白在《襄阳歌》中写道："……鸬鹚杓，鹦鹉杯，百年三万六千日，一日须倾三百杯。遥看汉水鸭头绿，恰似蒲萄初酦醅……"在诗中李白幻想着将一江汉水都化为葡萄美酒，每天都喝它三百杯，一连喝上一百年。有文字记载的葡萄酒故事，多为皇亲贵族或文人雅客，也正是因为他们对葡萄酒的喜爱，葡萄酒才能在我国兴盛发展。

葡萄酒旅游成为时下休闲旅游的重要选择。为了迎合旅游业的需求，现代的酒庄也不再是单纯的酿酒厂，而是融合了旅游、休闲、娱乐功能于一身的旅游胜地。不少葡萄酒产区不仅酿造美酒佳酿，更拥有独特的葡萄园风光，风格各异的酒庄建筑本身也是旅游吸引物。我们应推广葡萄酒文化，提升葡萄酒品牌知名度，打造特色旅游线路，开发更多元化的旅游产品，从而激发中国葡萄酒旅游市场的潜力。

人文园地

中国葡萄酒产区走向世界的开篇之旅

加龙河畔，波尔多码头人头攒动。6月27日至30日，2024波尔多葡萄酒节在法国波尔多市举行。宁夏贺兰山东麓葡萄酒产区受邀代表中国葡萄酒产区首次亮相这一国际葡萄酒盛会，向参观者展示中国葡萄酒业发展成果。

此次产区共组织15家酒庄携60款佳酿参展，其间还举办"宁夏-波尔多友谊之夜"推广活动、波尔多产区酒庄文化交流活动等。作为中国首个受邀产区参加此次活动，这是对贺兰山东麓葡萄酒品质的肯定。

波尔多葡萄酒节自1998年创办以来，经多年发展，不仅成为当地人引以为豪的文化遗产，也吸引了众多来自世界各地的葡萄酒爱好者，现已成为世界最大的葡萄酒盛会之一。

宁夏贺兰山东麓产区与法国波尔多产区在纬度上相近,是业界公认的世界上最适合种植酿酒葡萄和生产高端葡萄酒的黄金地带之一,于2013年被编入《世界葡萄酒地图》,成为世界葡萄酒产区新板块。截至2023年年底,宁夏酿酒葡萄种植和开发面积60.2万亩,是中国最大的酿酒葡萄集中连片产区;年产葡萄酒1.4亿瓶,居全国酒庄酒产量第一位,综合产值超400亿元人民币。多年来,宁夏与波尔多产区在葡萄种植、酿酒技术、文化交流等方面保持紧密合作关系,共同推动葡萄酒产业繁荣与发展。

资料来源:孙鑫晶,刘海.中国葡萄酒产区首次亮相波尔多葡萄酒节.新华网,2024-06-30.

你认为宁夏贺兰山东麓产区与法国波尔多产区相比,有哪些优势和不足?

主要术语

葡萄酒旅游资源;葡萄酒旅游自然资源;葡萄酒旅游人文资源

思考与讨论

1. 以某个葡萄酒产区为例,分析其可开发利用的旅游资源条件。

2. 以你家乡或者你熟悉的葡萄酒产区为例,设计一条关于葡萄酒旅游的线路。

任务实训

分析山东半岛葡萄酒旅游产业发展情况,你认为山东半岛打造国内领先、国际一流葡萄酒旅游区应采取哪些措施?

第七章

葡萄酒旅游开发和设计

思维导图

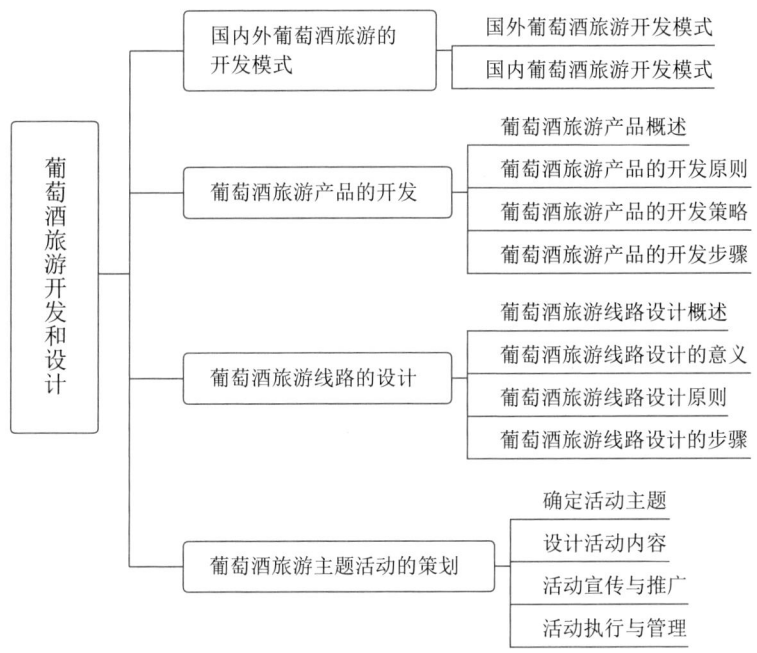

学习目标

1. 了解国内外葡萄酒旅游的开发模式
2. 了解葡萄酒旅游产品的开发
3. 熟悉葡萄酒旅游线路的设计
4. 熟悉葡萄酒旅游主题活动的策划

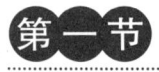

开篇案例

葡萄酒产业与文化和旅游产业融合发展的宁夏实践

宁夏银川依托贺兰山东麓酿酒葡萄基地、葡萄酒庄集群和沿线历史文化资源，以市场需求为导向，深度开发了葡萄酒观光体验工厂、葡萄酒庄精品民宿、葡萄酒庄婚庆基地、葡萄酒文创体验基地等葡萄酒旅游产品，进一步提升了葡萄酒旅游吸引力。立足漫葡小镇，成功组织举办中国·银川2020ADJ新次元电竞动漫全国联赛和"雄浑贺兰·魅力银川"文化旅游节，进一步拓展葡萄酒产业融合发展空间，带动廊道旅游蓬勃发展。采取"文旅+葡萄酒+传媒"融合传播的形式，在志辉源石葡萄酒庄组织开展了星空朗读走进宁夏第二季活动，荣获第八届中国旅游产业影响力风云榜"2020年度中国旅游影响力节庆活动"奖。

依托贺兰山文化和旅游资源，对宁夏特色资源进行整体策划营销，着力提升"塞上江南·神奇宁夏"旅游品牌形象的影响力和吸引力。以贺兰山东麓贺兰砚、泥哇呜、葫芦刻画、剪纸、刺绣、麻编、八宝茶等具有代表性的传统工艺为重点，与北京依文集团等国内知名文创企业合作，将葡萄酒元素融入非遗旅游品牌打造，融入"我把宁夏送给你"伴手礼盲盒设计，进一步讲好宁夏非遗故事，擦亮葡萄酒旅游品牌，助推非遗旅游产品提质增效。扎实推动"葡萄酒+体育+旅游"，依托廊道沿线优势资源，深度开发虎克汽车攀岩、徒手攀岩、沙漠越野、贺兰山徒步露营、汽车越野拉力赛等动感体验产品和项目，着力构建多业态融合的产品体系，为葡萄酒品牌增添现代气息和动感元素，丰富了品牌内涵。

资料来源：李增辉，张文．宁夏以文旅产业赋能高质量发展"塞上江南"释放全域旅游新动能［N］．人民日报海外版，2022-12-15（10）．

第一节　国内外葡萄酒旅游的开发模式

葡萄酒旅游作为一种特色鲜明且极具魅力的旅游类型，在当今旅游市场中占据着独特地位。葡萄酒作为一种古老而迷人的饮品，其背后蕴含着深厚的文化、历史、地理等多方面的内涵。葡萄酒旅游将这种内涵具象化，使游客能够亲身参与和体验。在国内，随着葡萄酒产业的蓬勃发展和旅游需求的多样化，葡萄酒旅游逐渐兴起。而在国际上，葡萄酒旅游早已成为成熟且具有代表性的旅游模式，像法国、意大利等国家有着丰富的经验。对国内外葡萄酒旅游开发模式的研究，能为该产业发展提供宝贵指导。

一、国外葡萄酒旅游开发模式

（一）法国葡萄酒旅游模式

1. 酒庄高端体验模式

法国波尔多、勃艮第等著名产区的酒庄是葡萄酒旅游的核心。游客可以预约参观世界顶级酒庄，深入了解从葡萄种植到葡萄酒酿造、陈酿的每一个环节。在参观过程中，有专业的向导讲解酒庄的历史、葡萄园的管理方法以及独特的酿造工艺。同时，游客还有机会品尝到稀有的年份葡萄酒，这种高端体验吸引了全球的葡萄酒鉴赏家和高端游客。

2. 产区线路游览模式

卢瓦尔河谷、勃艮第等产区形成了完善的葡萄酒旅游线路。游客可以步行、骑自行车、驾车甚至乘坐热气球来探索当地的风土人情。当地为自行车游客精心准备了 5 条绿色线路，沿途不仅可以欣赏到美丽的葡萄园风光，还能在各个酒庄品尝到具有当地特色的葡萄酒，感受不同酒庄之间的风格差异，这种线路游览模式为游客提供了便捷且丰富的旅游体验。

（二）意大利葡萄酒旅游模式

1. 文化融合旅游模式

意大利的托斯卡纳、皮埃蒙特等产区将葡萄酒与当地丰富的文化资源深度融合。游客在参观酒庄品尝葡萄酒的同时，可以欣赏到古老的城堡、文艺复兴时期的建筑等文化遗迹，品尝到正宗的意大利美食，这种将葡萄酒品鉴与古老城堡探秘、文艺复兴建筑欣赏以及正宗意大利美食享用相结合的全方位文化体验，让游客真正沉浸于意大利的生活方式之中，使葡萄酒旅游成为深入领略意大利魅力的一扇重要窗口。

2. 传统工艺传承展示模式

意大利的许多酒庄注重传统酿造工艺的传承和展示。古老的酿造方法在这里得到保留和延续，生产出具有独特风味的葡萄酒。酒庄通过向游客展示这些传统工艺，如手工采摘葡萄、传统的压榨方式、在古老酒窖中陈酿等，让游客感受到意大利葡萄酒深厚的历史底蕴和文化内涵。

（三）美国葡萄酒旅游模式

1. 可持续发展理念实践模式

美国纳帕谷的酒庄在葡萄酒旅游开发中积极践行可持续发展理念。在葡萄种植过程中采用有机或生物动力法，减少对环境的影响。酒庄在建筑设计和运营中也注重环保，如利用太阳能发电、水资源循环利用等。这种可持续发展模式不仅保护了当地的生态环境，也吸引了越来越多关注环保的游客。

2. 多元体验模式

纳帕谷的酒庄为游客提供丰富多样的体验活动，除了品酒课程和葡萄园游览外，还有葡萄酒调配体验，游客可以在专业酿酒师的指导下尝试调配自己喜欢的葡萄酒。此外，酒庄还会举办葡萄园野餐、与艺术展览或音乐会相结合的活动，为游客打造了充满趣味和文化氛围的旅游体验。

二、国内葡萄酒旅游开发模式

近十余年来，中国的葡萄酒旅游迎来了快速发展的黄金时期。各葡萄酒产区酒庄或酒厂相继亮出各具特色的葡萄酒旅游王牌，从而在近几年，涌现葡萄酒旅游风潮，各地酒庄在旅游设施建设上加大投入，除了传统的参观和品鉴项目外，还打造了特色住宿、餐饮、休闲娱乐等多元化的旅游产品，吸引了越来越多的游客参与葡萄酒旅游。

（一）文化体验型开发模式

1. 葡萄酒文化博物馆模式

葡萄酒文化博物馆是传播葡萄酒文化和知识的重要场所。通过丰富的展品、文字介绍、多媒体展示等方式，游客可深入了解葡萄酒的历史渊源、酿造工艺、品鉴方法以及不同地区的葡萄酒文化特色。

同时，葡萄酒文化博物馆内还会提供多种形式的旅游体验项目，如参观酒窖、品鉴葡萄酒、参与葡萄酒酿造过程、观看葡萄酒文化主题的演出或影片等，馆内还设有葡萄酒主题餐厅、商店等，满足游客的购物和餐饮需求，为游客带来全方位、多层次的旅游体验。葡萄酒文化博物馆作为独特的文化旅游景点，丰富了旅游目的地的文化内涵，作为一个地区的文化名片，可带动当地旅游业的整体发展。

目前，国内较为著名的葡萄酒文化博物馆有烟台张裕酒文化博物馆、青岛葡萄酒博物馆、宁夏银川贺兰山东麓国际葡萄酒博物馆等。

2. 节庆文化活动模式

节庆文化活动模式包括举办葡萄酒文化节、葡萄酒品鉴会等大型活动。在这些活动中，会有品鉴葡萄酒、文艺演出、葡萄酒文化讲座、美食展示等内容。如蓬莱国际葡萄酒节，整个活动贯穿葡萄生长和葡萄酒酿造的关键时期，吸引了大量游客和葡萄酒爱好者，极大地提升了当地葡萄酒旅游的知名度。

（二）休闲度假型开发模式

1. 葡萄酒酒庄开发模式

近几年，中国各地的葡萄酒旅游受到人们青睐，在这其中，酒庄旅游成为一股新势力。中国葡萄酒酒庄主要分布在山东、河北昌黎、宁夏贺兰山、东北、新疆、甘肃省威武、山西清徐和西南地区等地。酒庄旅游的出现既迎合了中国葡萄酒业及葡萄酒旅游业飞速发展的需要，在一定程度上丰富了旅游资源。

酒庄旅游充分依托葡萄旅游资源，打造集葡萄种植、葡萄酒酿造、葡萄酒展示品鉴、新农业体验旅游、商务会议、酒店接待、休闲娱乐、主题文化旅游、绿色工业旅游于一体的旅游模式，推动葡萄酒产业迈入全产业发展路径。

2. 葡萄园生态休闲体验模式

葡萄酒酒庄利用自身的生态资源，开发生态步道漫步、户外瑜伽、自然写生等特色休闲项目，让游客亲近自然、放松身心，感受田园生活的惬意。

国内外葡萄酒旅游的开发模式

🌿 人文园地

酒香里的文明对话：中法酒庄的文化坚守与交融

在葡萄酒旅游产品开发领域，文化自信与交流至关重要，法国波尔多的木桐酒庄和中国宁夏贺兰山东麓的张裕摩塞尔十五世酒庄就是很好的例证。

木桐酒庄作为波尔多的知名酒庄，有着数百年葡萄酒酿造传承和深厚文化底蕴。酒庄将中世纪风格城堡等历史建筑、传统酿造流程及独特品鉴文化融入旅游产品。游客能参观城堡，了解葡萄从种植、采摘，到酿造、陈酿的每道工序，品尝不同年份和品种的经典葡萄酒，沉浸式感受法式葡萄酒文化的优雅精致，这是对法国葡萄酒文化的深度传承。

再看位于宁夏贺兰山东麓产区的张裕摩塞尔十五世酒庄。它巧妙融合了黄河文化、西夏文化与现代葡萄酒产业。建筑风格融入西夏元素，极具东方特色；酿造时借鉴中国传统农耕智慧，探索适合当地风土的种植酿造法。酒庄还积极开展国际交流，邀请国外酿酒师分享经验，参加国际葡萄酒赛事与展会，让中国葡萄酒文化走向世界。酒庄既坚守本土文化根基，又以开放之姿拥抱世界，重视文化交流与创新。

资料来源：宁夏张裕摩塞尔十五世酒庄介绍.红酒世界网 www.wine-world.com.

在葡萄酒旅游产品开发中，应如何深挖本土文化资源，在保持自身特色的基础上，实现文化的融合与创新？

第二节 葡萄酒旅游产品的开发

一、葡萄酒旅游产品概述

（一）葡萄酒旅游产品的概念

葡萄酒旅游产品是以葡萄酒产业为核心载体，整合葡萄种植、酿造工艺、酒庄文化、地域特色等资源，为游客提供集观光体验、知识学习、休闲消费于一体的综合性旅游服务组合。其本质是通过场景化设计，将葡萄酒的生产、文化、消费环节转化为可感知、可参与的旅游体验。

（二）葡萄酒旅游产品的特点

1. 综合性：多产业联动与功能复合

葡萄酒旅游产品打破了传统旅游的单一属性，通过"农业＋工业＋服务业"的三产深度融合，形成多维度的体验场景。在农业层面，游客可参与葡萄种植、采摘等农事活动，感受"从土地到餐桌"的完整链条；在工业层面，酿酒车间参观、橡木桶陈酿工艺展示等环节，将生产流程转化为科普教育资源；在服务业层面，酒庄民宿、主题餐饮、文创购物等配套服务，构建了完整的消费闭环。例如，意大利托斯卡纳产区的"田园综合体"模式，将葡萄园观光、橄榄油工坊体验、庄园民宿与艺术展览相结合，不仅提升了游客停留时间，更带动了当地农产品销售与手工艺复兴。这种跨产业联动，使葡萄酒旅游成为区域经济的重要增长极。

2. 体验性：多感官沉浸与深度参与

葡萄酒旅游的核心竞争力在于通过"五感体验"创造情感记忆。视觉上，壮观的葡萄园景观（如阿根廷门多萨的安第斯雪山葡萄园）与历史建筑（如德国约翰山堡的千年酒窖）构成独特吸引力；嗅觉与味觉上，品鉴活动让游客辨识不同品种的香气特征（如赤霞珠的黑醋栗香、雷司令的矿物感）；触觉上，亲手参与酿酒（如踩葡萄传统）、触摸橡木桶纹理，增强了互动真实感。更深层次的体验设计则聚焦于情感共鸣：美国纳帕谷的"热气球品酒之旅"，让游客在云端俯瞰葡萄园的同时品味佳酿；西班牙里奥哈的"酒窖音乐会"，利用百年地下酒窖的天然声场，将古典乐与葡萄酒文化交融，打造"视、听、味"三位一体的沉浸式盛宴。

3. 文化性：历史传承与地域标识

葡萄酒旅游是风土文化的活态呈现，其文化性体现在两方面：一是历史技艺的非遗传承。例如，葡萄牙杜罗河谷的波特酒酿造仍沿用百年橡木桶陈酿工艺，游客可目睹"酒液添桶"这一古老技艺；法国香槟区保留手工转瓶传统，匠人每天精准旋转瓶身15°，使酒泥缓慢沉淀——这些"活化石"级的技术成为文化教育的核心内容。二是地域符号的深度绑定。阿根廷门多萨产区将高海拔葡萄园（如海拔1500米的阿德里安娜园）与安第斯雪山文化结合，推出"极限风土"旅游概念；中国宁夏贺兰山东麓则依托西夏文明与黄河文化，设计"塞上葡萄史诗"主题线路，凸显"东方波尔多"的独特身份。

4. 可持续性：生态友好与社区共赢

葡萄酒旅游的可持续发展包含生态保护与社区利益两大维度。生态层面，领先产区通过有机种植（如禁止化学杀虫剂）、生物动力法（按月球运行周期耕作）、碳足迹追溯（如区块链溯源）等措施，实现"绿色旅游"。南非斯泰伦博斯产区的"零碳酒庄"计划，要求游客乘坐电动车游览，并通过植树抵消旅行碳排放。社区层面，酒庄旅游为当地创造就业机会（如导游、酿酒师、民宿管家），并助力文化保护。法国勃艮第的"风土守护者"项目，培训农民成为文化讲解员；宁夏西鸽酒庄雇用周边村民参与葡萄园管理，同时复兴传统剪纸、泥塑等手工艺，开发葡萄酒主题文创产品。据统计，2022 年宁夏葡萄酒旅游直接带动就业 1.2 万人，间接促进餐饮、物流等产业增收超 5 亿元，成为乡村振兴的典范。

（三）葡萄酒旅游产品的类型

1. 按体验内容分类

葡萄酒旅游是注重体验感的专项旅游，按体验内容可划分为酒庄观光型、文化教育型、休闲娱乐型、节庆活动型及科技赋能型等产品类型（见表 7-1）。

表 7-1　按体验内容划分的葡萄酒旅游产品类型

类型	核心内容	典型案例
酒庄观光型	葡萄园导览、酿造工艺展示、酒窖探秘	法国波尔多木桐酒庄的艺术酒标之旅
文化教育型	葡萄酒历史展览、品鉴课程、酿酒大师讲座	意大利安东尼世家酒庄的"千年酿酒史"文献展
休闲娱乐型	酒庄民宿、葡萄酒 SPA、主题婚庆	美国纳帕谷的"热气球品酒之旅"
节庆活动型	丰收庆典、盲品比赛、葡萄酒节	西班牙里奥哈的"葡萄酒大战"
科技赋能型	AR/VR 酒庄漫游、区块链溯源体验	张裕酒文化博物馆的"AR 历史重现"项目

2. 按客群需求分类

高端定制型：面向高净值人群，提供私密化、专属化服务。如法国勃艮第罗曼尼·康帝酒庄的"酿酒师陪同品鉴"葡萄酒旅游产品，每日限 20 人，人均消费超 5000 欧元。

大众体验型：以性价比吸引家庭、学生群体，侧重趣味性与普及性。如宁夏贺兰山东麓的"葡萄小课堂"，儿童可通过游戏学习品种知识。

专业研学型：针对行业从业者或爱好者，提供深度技术交流。如澳大利亚巴罗萨谷的"酿酒师研修营"，学员可参与从采摘到装瓶的全流程实践。

3. 按依托资源分类

遗产驱动型：依托历史建筑、非遗技艺等文化遗产开发葡萄酒旅游产品。如德国莱茵高地区的约翰山堡，以 12 世纪修道院遗址为核心，主打旅游产品是为游客现场讲述雷司令葡萄酒的起源。

自然景观型：以独特地貌、气候条件为卖点进行葡萄酒旅游产品的设计。如智利卡萨布兰卡谷的"海岸葡萄园之旅"，游客可对比海滨与山谷的风土差异。

都市近郊型：注意适用于位于城市周边的酒庄旅游产品，主打短途休闲。如北京房山波龙堡酒庄，推出"周末微醺计划"，吸引大批都市白领客群游览观光。

二、葡萄酒旅游产品的开发原则

（一）市场导向原则

1. 深入市场调研

了解目标客户需求是开发葡萄酒旅游产品的基础。年轻消费者追求时尚、个性化，偏好葡萄酒酿造课程、主题派对等互动活动；中高端商务人士更注重品质与私密，倾向于私密品鉴、与酿酒师交流等项目。可通过线上线下问卷、访谈行业专家和资深爱好者、大数据分析社交媒体话题与搜索趋势等方式收集信息，为产品开发提供依据。

2. 紧跟市场趋势

关注旅游与葡萄酒行业动态，及时调整产品方向。随着健康旅游兴起，低糖、有机葡萄酒品鉴之旅受青睐。如法国勃艮第的罗曼尼·康帝酒庄推出有机葡萄采摘体验，采用有机种植，不使用化学农药，游客在采摘时能学习有机种植知识，吸引众多注重健康的游客。

（二）体验性原则

1. 打造多元体验

为游客提供从葡萄种植、采摘、酿造到品鉴的全流程体验，让其感受到葡萄酒文化魅力。在法国波尔多木桐酒庄，游客可在葡萄成熟季参与采摘，了解品种特点与采摘技巧，在酿造车间操作压榨机，在品酒室学习品酒技巧，品尝不同年份、品种的葡萄酒。

2. 融入文化元素

将葡萄酒文化与当地民俗文化融合，能丰富旅游体验。在澳大利亚奔富玛吉尔庄园，游客不仅能品尝葡萄酒，还能通过原住民文化表演，了解原住民与葡萄酒产区的渊源，感受文化碰撞。

（三）可持续性原则

1. 生态保护

葡萄酒旅游产品开发中，保护葡萄园生态很重要。新西兰云雾之湾酒庄采用生物防治病虫害，引入七星瓢虫等天敌，减少农药使用，同时利用滴灌、喷灌等节水技术，为游客提供自然环境，传播生态保护知识。

2. 资源合理利用

合理规划旅游活动，避免过度开发。美国加州纳帕谷奥克维尔产区的啸鹰酒庄，每日控制游客接待量在100人以内，精心设计旅游项目，保障游客体验，保护酒庄资源与品牌形象。

（四）特色性原则

1. 突出地域特色

各葡萄酒产区地理环境和葡萄品种不同，挖掘地域特色可打造差异化产品。我国宁夏贺兰山东麓产区，砾石土壤和充足日照利于葡萄生长。张裕摩塞尔十五世酒庄坐落于此，主打优质赤霞珠葡萄酒旅游产品，游客可参观特色建筑，了解葡萄种植技术，品尝具有地域风味的葡萄酒。

2. 挖掘品牌特色

酒庄应结合品牌定位开发特色产品。西班牙桃乐丝酒庄以家族传承、手工酿造为特色，推出"家族酿酒师亲授课程"，游客在家族酿酒师指导下参与酿造，最后带走自酿葡萄酒，加深对品牌的认知。

三、葡萄酒旅游产品的开发策略

（一）产品创新策略

1. 主题化产品设计

根据不同的主题打造特色葡萄酒旅游产品。比如历史文化主题，以法国波尔多的奥比昂酒庄为例，它是波尔多最古老的酒庄之一。酒庄在旅游产品中融入历史元素，游客不仅能参观酒庄古朴的建筑，了解其从16世纪建立至今的发展历程，还能在品酒环节品尝到具有历史意义的珍藏年份葡萄酒，深入感受葡萄酒文化在岁月中的沉淀。

2. 跨界融合产品打造

将葡萄酒旅游与其他产业融合。与美食融合，如澳大利亚的奔富酒庄，在旅游产品中推出葡萄酒与美食搭配的品鉴活动。游客可以品尝到由专业厨师根据不同葡萄酒特点精心搭配的当地特色美食，如鲜嫩的牛排搭配浓郁醇厚的赤霞珠葡萄酒，清新的海鲜搭配清爽的霞多丽葡萄酒，通过味觉的碰撞，让游客更深刻地理解葡萄酒的风味特点。与艺术融合，西班牙的桃乐丝酒庄经常举办葡萄酒与艺术展览活动，在酒庄内展示各种绘画、雕塑作品，游客在欣赏艺术作品的同时，品尝酒庄的葡萄酒，感受艺术与葡萄酒文化的交融。

（二）营销推广策略

1. 线上营销

利用社交媒体平台进行宣传。如新西兰的云雾之湾酒庄在 Instagram 上开设官方账号，定期发布精美的葡萄园风景照片、葡萄酒酿造过程的短视频以及游客在酒庄旅游的精彩瞬间。酒庄通过这些生动的内容吸引粉丝关注，还会根据粉丝的反馈优化旅游产品。同时，利用搜索引擎优化技术，让酒庄的官方网站在搜索结果中排名更靠前。

2. 线下营销

参加各类旅游展会和葡萄酒节。法国的木桐酒庄每年都会参加国际知名的葡萄酒展会，如德国杜塞尔多夫的 ProWein 葡萄酒展。在展会上，酒庄设置精美的展位，展示其经典和新款葡萄酒，安排专业的品酒师为参观者讲解葡萄酒知识，提供品酒服务，吸引来自世界各地的旅游从业者和葡萄酒爱好者。酒庄还会与当地旅行社合作，推出针对旅行社客户的专属旅游套餐，给予一定的价格优惠，借助旅行社的渠道和客源，扩大葡萄酒旅游产品的销售范围。

（三）人才培养策略

1. 专业服务人员培训

培养具备葡萄酒专业知识和优质服务能力的工作人员。酒庄定期组织员工参加葡萄酒品鉴课程，学习不同品种葡萄酒的风味特点、品鉴技巧以及葡萄酒的储存和搭配知识。以美国纳帕谷的啸鹰酒庄为例，酒庄的品酒师都经过严格的培训，他们不仅能够准确地向游客介绍每一款葡萄酒的特色，还能根据游客的口味偏好推荐合适的葡萄酒。同时，对员工进行服务礼仪培训，从接待游客的热情态度、语言表达，到引导游客参观的专业讲解，都有严格的规范，确保为游客提供优质、贴心的服务。

2. 导游人才培养

针对葡萄酒旅游线路，培养专业导游。导游不仅要熟悉旅游线路和景点，更要深入了解葡萄酒文化。在我国宁夏贺兰山东麓产区，当地旅游部门和酒庄联合开展导游培训项目。培训内容包括产区的葡萄种植历史、独特的地理环境对葡萄生长的影响、各大酒庄的特色产品和文化等。经过培训的导游在带领游客游览酒庄时，能够生动地讲解葡萄酒文化知识，为游客提供专业的旅游服务，提升游客对葡萄酒旅游的整体体验。

（四）合作共赢策略

1. 酒庄间合作

不同酒庄之间合作开发旅游线路。例如，我国山东烟台的张裕卡斯特酒庄、君顶酒庄和中粮长城酒庄共同合作，打造了一条涵盖多个酒庄特色的葡萄酒旅游线路。游客可以在一天或几天的行程中，依次参观不同酒庄，体验张裕卡斯特酒庄的欧式风情和传统酿造工艺、君顶酒庄的个性化葡萄酒定制服务、中粮长城酒庄的现代化生产流程。这种合作不仅丰富了游客的旅游体验，还整合了资源，实现了优势互补，共同吸引更多游客。

2. 与当地社区合作

酒庄与当地社区合作，共同发展葡萄酒旅游。在意大利的托斯卡纳地区，酒庄与周边的小镇、村庄合作，游客在参观酒庄品尝葡萄酒之余，还能深入当地社区，体验意大利传统的乡村生活。社区为游客提供民宿住宿，游客可以品尝到当地家庭自制的美食，参与传统的节日庆典活动。酒庄则为当地社区提供就业机会，帮助推广当地特色农产品，形成了互利共赢的发展模式。

四、葡萄酒旅游产品的开发步骤

（一）前期调研分析

1. 市场调研

目标客户定位：通过问卷、访谈等方式，了解不同人群对葡萄酒旅游的兴趣和需求。年轻群体喜欢趣味性、社交性强的活动，如葡萄酒派对、DIY酿酒；中老年群体更看重文化内涵与品质，偏好酒庄历史讲解和高端品鉴。法国波尔多地区调研发现，亚洲游客对葡萄酒与美食搭配体验需求高，为产品开发指明方向。

市场规模与趋势研究：分析葡萄酒旅游市场规模、增长趋势及潜力。全球葡萄酒旅游市场近年稳步增长，新兴市场国家游客增多。关注行业报告，如国际葡萄酒旅游组织（IWINETC）发布的报告，可获取市场动态。

2. 资源调研

酒庄自身资源评估：对酒庄的葡萄种植品种、酿造工艺、建筑风格和周边景观等资源进行详细梳理。澳大利亚奔富玛吉尔庄园凭借悠久葡萄园、独特酿造工艺和特色建筑，为开发旅游产品奠定基础。

周边配套资源考察：考察酒庄周边交通、食宿和其他景点。我国宁夏贺兰山东麓产区部分酒庄周边交通便利，有民宿和农家乐，与酒庄旅游形成互补。

（二）产品规划设计

1. 确定主题

文化主题：以葡萄酒文化结合当地历史确定主题。如西班牙桃乐丝酒庄推出"家族百年葡萄酒传承之旅"，游客参观酒庄博物馆，品尝珍藏葡萄酒，感受家族百年酿酒文化。

体验主题：根据游客体验需求定主题，如"葡萄采摘狂欢节"，在葡萄成熟季举办，游客参与采摘、榨汁，品尝自酿成果，增强参与感。

2. 项目策划

参观游览项目：设计合理参观路线，涵盖葡萄园、酿造车间和酒窖。法国木桐酒庄的参观路线从葡萄园起步，游客从中了解葡萄种植，再到车间看酿造工艺，最后在酒窖欣赏藏品，全程有专业讲解。

体验活动项目：策划多样体验活动，像品酒课程，由专业品酒师传授品酒技巧和搭配知识；如葡萄酒手工制作，让游客参与瓶标设计和礼盒制作。

（三）产品实施运营

1. 基础设施建设

酒庄内部设施：完善酒庄接待设施，建舒适品酒室、整洁休息区和功能齐全的服务中心。美国纳帕谷啸鹰酒庄的品酒室优雅，配备专业器具，服务中心提供一站式服务。

外部配套设施：优化酒庄周边交通标识，加强与周边食宿商家合作。新西兰马尔堡产区酒庄与民宿合作推出住宿＋酒庄旅游套餐，方便游客。

2. 人员培训

服务人员培训：对酒庄服务人员开展葡萄酒知识、服务礼仪和沟通技巧培训。意大利部分酒庄定期请专家培训服务人员，提升其介绍葡萄酒和服务游客的能力。

导游培训：针对葡萄酒旅游线路培训专业导游，要求熟悉酒庄和线路，掌握葡萄酒文化知识。我国山东烟台葡萄酒产区旅游部门组织导游培训，内容包括当地葡萄酒发展历史和品鉴知识。

（四）后期评估优化

1. 游客反馈收集

问卷调查：游客游览结束后发放问卷，了解其对产品满意度、项目评价和改进建议。

在线评价分析：关注在线旅游平台和社交媒体上游客的评价，及时回复问题。

2. 数据统计分析

游客流量分析：统计不同时段游客流量，分析来访规律，合理安排服务资源。部分酒庄发现周末和节假日游客多，提前增配服务人员。

消费数据分析：分析游客消费数据，了解消费偏好和水平，为产品定价和增值服务开发提供参考。若发现游客对高端葡萄酒礼盒购买意愿高，酒庄可开发更多特色礼盒。

3. 产品优化调整

依据游客反馈和数据统计结果优化产品。如延长葡萄酒酿造课程实操时间，增加互动环节；根据游客流量调整项目开放时间；依据消费数据开发符合游客偏好的产品和服务，提升产品品质和吸引力。

人文园地

陈酿新韵：桃乐丝酒庄的文化传承与时代破局之道

在葡萄酒旅游产品开发的过程中，文化传承与创新是极为重要的一环，这其中西班牙的桃乐丝酒庄堪称典范。桃乐丝酒庄有着深厚的家族酿酒底蕴，历史可追溯至数百年前。为了传承这份珍贵的葡萄酒文化，酒庄精心打造了"家族百年葡萄酒传承之旅"。在这条旅游线路中，游客首先会踏入酒庄博物馆，馆内陈列着历代酿酒工具、古老的酒标以及详尽的家族酿酒文献，仿佛翻开了一部生动的葡萄酒史书，让游客得以窥探桃乐丝家族数百年间在葡萄酒酿造领域的坚守与创新。

接着，游客会参与到珍藏葡萄酒品尝环节。这些珍藏酒款不仅是岁月沉淀的佳酿，更是家族酿酒技艺传承的结晶。每一口酒都承载着先辈们的智慧与心血，诉说着家族与葡萄酒的不解之缘。这一过程，不仅让游客领略到葡萄酒文化的魅力，更是对传统文化的一次深度致敬与传承。

随着时代的发展，桃乐丝酒庄并没有故步自封，而是积极创新。为了满足现代游客对互动体验的需求，酒庄引入了数字技术，开发了线上线下结合的葡萄酒文化体验项目。例如，游客可以通过手机APP，以AR的形式观看酒庄历史的重现，了解不同年代葡萄酒酿造工艺的演变。同时，酒庄还推出了"定制葡萄酒"活动，游客可以在专业酿酒师的指导下，亲自参与调配属于自己的葡萄酒，将现代个性化需求与传统酿酒工艺完美融合。

资料来源：桃乐丝酒庄Torres. 中国葡萄酒资讯网 www.winesinfo.com.

在开发葡萄酒旅游产品时，如何在传承文化的基础上，有机融入现代元素，满足市场需求？

 葡萄酒旅游线路的设计

一、葡萄酒旅游线路设计概述

（一）葡萄酒旅游线路的概念

从旅行社产品设计的维度出发：旅行社及旅游经营部门围绕葡萄酒酒庄与葡萄酒旅游城市，依托文化旅游元素，以交通线路为指引，精心规划并整合相关景区，为游客构建一条连贯的旅游路径。

从区域旅游规划的维度出发：在特定的葡萄酒产区中，为优化游客体验，通过交通网络将多个旅游景点或城市有效连接，形成一条既高效又富含文化内涵的游览线路。

从景观设计的维度出发：为便利游客观赏而在葡萄酒庄园或特定地域规划的游览路径。

（二）葡萄酒旅游线路产品的特点

综合性：涵盖旅游六要素，即食、住、行、游、购、娱，因此具有综合性的特点。

不可分割性：线路类型多样，然而，其市场表现通常体现为销售、生产与消费的同步动态。

可替代性：鉴于资源不易被垄断、需求面广泛，存在较高替代性。

脆弱性：需考虑交通承载能力、景区容纳规模及其对不可预见事件的易受影响性，这体现了其脆弱性属性。

周期性：受旅游淡旺季的显著影响，其产品生命周期相较于其他产品更为短暂。

不可储藏性：葡萄酒旅游线路产品本质上是一种使用权的临时分配，其显著特征在于其不可储藏性。

差异性：即便是在同一产品系列下，鉴于旅游者个体特征与需求的多样性，导致了即便同一线路也存在标准不一、特性各异的现象。

无形性：葡萄酒旅游线路产品的核心价值在于提供独特且丰富的体验性经历，因此具有无形性的特点。

（三）葡萄酒文化旅游线路的类型

按空间尺度分类：有短程葡萄酒旅游线路、中程葡萄酒旅游线路和远程葡萄酒旅游线路，划分依据为线路里程、往返所需时间及地域。

按旅游动机分类：有观光休闲游、生态乡村游、工业研学游、运动休闲游、康体养生游、美酒美食游、教育科考游、商务休闲游。

按旅游线路的空间布局形态分类：有两点往返式、单通道式、环通道式、单枢纽式、多枢纽式、网络分布式。

按旅游线路的组织形式分类：有包价葡萄酒旅游线路、拼合式葡萄酒旅游线路、跳跃式半自助葡萄酒旅游线路、自助式葡萄酒旅游线路。

二、葡萄酒旅游线路设计意义

（一）游客维度

1. 丰富旅游体验

葡萄酒旅游是为了给游客创造一个全新的旅游体验，游客可以尽情地欣赏自然景观，深度探寻葡萄园的葡萄酒文化。葡萄园的自然景观、酒庄历史悠久的建筑以及葡萄酒品鉴，均能够给游客带来多感官的体验。

2. 满足个性化需求

根据游客爱好设计葡萄酒旅游线路，以满足其个性化需求，如美食爱好者选择葡萄酒美食相融合的葡萄酒旅游线路；艺术爱好者选择葡萄酒艺术相融合的葡萄酒旅游线路。

3. 学习与教育价值

旅游期间，游客不仅能学到葡萄酒的历史、酿造工艺和品鉴技巧，提高游客对葡萄酒知识和文化的理解，增进对不同风俗习惯以及文化特色的认识以外，而且能促进异质文化间的交流和融合。

（二）葡萄酒产区和酒庄维度

1. 推广品牌与产品

葡萄酒旅游将游客吸引至酒庄，为酒庄提供直接展示产品及品牌的平台。游客通过亲身体验，更易形成对酒庄及葡萄酒的积极评价，这有助于增强游客对品牌的认知，并进一步促进产品的销售。

2. 促进产业发展

葡萄酒旅游活动明显推动了餐饮、住宿、交通和零售等相关产业的增长。在推动地方产业整合与升级的过程中，旅游消费活动加强了产业间的协同作用，为目的地经济发展带来了新增长点。

（三）当地居民和经济维度

1. 增加就业机会

葡萄酒旅游的发展要求大量人力资源，涵盖导游、服务与厨师等角色，这为本地社区创造了丰富的就业机会。

2. 保护文化遗产和自然环境

葡萄酒旅游推动了地方对葡萄酒文化遗产及自然环境保护的重视。古老的酒庄建筑、传统酿造技艺与美丽的葡萄园景观得以保留与延续，为后世留下宝贵的财富。

三、葡萄酒旅游线路设计原则

（一）葡萄酒文化主题突出原则

设计葡萄酒旅游线路时，应突出葡萄酒文化主题，充分挖掘葡萄酒庄园、酒窖、品酒室、博物馆、文化馆内的历史文化资源，营造与当地地理环境相协调的葡萄酒文化旅游吸引物，通过葡萄酒品鉴、探访酒庄等活动，让游客不仅能够领略葡萄酒的风味，还能深刻体会其背后的文化意义与价值，从而实现一次融合感官愉悦与知识获取的文化性旅行。

（二）以旅游者需求为中心原则

设计一条精妙的葡萄酒旅游线路，就是本着以旅游者需求为中心来精准对接市场的要求，围绕市场趋势和旅游者的消费倾向，全方面考虑，精心策划一系列活动，保证旅游线路内容丰富、体验度高、时间利用最大、路径最短、耗费预算最低。

（三）生态效益原则

在制定葡萄酒文化旅游线路规划中，要坚持可持续发展原则，将生态效益原则定义为涵盖经济发展、社会发展和价值形成等多领域关系的综合关系，将生态文明价值作为国民经济和社会发展的综合措施指标，将维护良好的生态环境作为最基本的出发点，在旅游规划过程中积极探索如何利用旅游促进环境保护的生态价值，坚持旅游资源的可持续利用。

（四）空间移动原则

完整的葡萄酒文化旅游行程涉及三个主要阶段：一是从常住地出发至旅游目的地的行程；二是旅游地内各葡萄酒景区景点的游览活动；三是从旅游地返回至常住地的归程。

（五）推陈出新原则

随着社会的不断发展，旅游者需求呈现多样化趋势。设计葡萄酒旅游线路时，应密切关注市场变化，着重于创新线路的开发与研究，持续推出新颖的葡萄酒旅游线路。

（六）旅行安排的节奏感原则

在葡萄酒旅游线路设计过程中应充分考虑旅游者的心理需求、时间分配和重点景观的合理布局与分布，精心规划行程的节奏与顺序，确保行程既紧凑又不失韵律感。

葡萄酒旅游线路设计原则

四、葡萄酒旅游线路设计步骤

（一）明确目标和主题

1. 确定目标客户群体

在规划葡萄酒旅游路线时，要确定目标客户群体，了解其年龄、性别、职业、收入、教育程度、兴趣爱好，精准把握游客需求，从而制定出有针对性的营销策略，形成自身独特的竞争优势。

2. 设定旅游主题

针对目标客户及当地葡萄酒特色，对旅游线路主题进行精心设计。针对"专业爱好型"游客，要强化葡萄酒知识元素；针对"积极参与型"游客，可设计葡萄酒节庆活动，将葡萄酒与美食、娱乐和社交相结合；针对"休闲观光型"游客，经营者需满足其休闲娱乐需求。

（二）研究和选择旅游景点

1. 葡萄酒产区和酒庄的选择

葡萄酒产区与酒庄作为旅游景点，其自然景观、地域特征、旅游配套与服务等综合因素共同构成了吸引旅游者参与体验的关键驱动力。这些元素不仅能够为游客提供多样化的感官享受，还能深入探索葡萄酒文化，使游客在品鉴佳酿的同时，领略到独特的地域特色与人文底蕴，从而深化旅游的内涵，扩大其覆盖范围，显著提升旅游体验的满意度与记忆深刻度。因此，选择具有代表性的产酒区和酒庄，对于提升旅游体验的满意度至关重要。

2. 周边景点搭配

设计葡萄酒旅游线路的同时，还要进行周边景点的搭配，对旅游线路进行扩充，为游客提供更多的选择。周边景点可包含自然景观、历史遗址、民俗村落等景点，景点与葡萄酒产区和酒庄相得益彰，共同构成一个完整的旅游体验链。周边景点的合理搭配，不仅延长了旅行时间，也提升了旅游线路的品质。

（三）规划行程和时间安排

1. 确定行程顺序

在规划旅游行程时，应着重考虑景点的地理分布与交通可达性，以优化路线顺序。目标在于最小化不必要的旅行时间与疲劳，同时最大化游览效率，确保旅游资源的有效利用，从而提升旅游体验的整体质量。

2. 估算每个景点的停留时间

在行程设计时，需要结合各个景点的特色活动项目，结合游客喜好，精准核算游客在一个景点的停留时间，使旅游行程丰富合理。为深入体验葡萄酒酿造工艺、品鉴多样葡萄酒品种，以实现对葡萄酒文化的全面理解，建议游客在酒庄至少停留一个小时。

（四）设计体验活动和互动环节

1. 葡萄酒品鉴活动

设计并组织专业葡萄酒品鉴课程或活动，让游客学习葡萄酒品鉴方式，识别其香气、口感与风味特质，进而提升其葡萄酒鉴赏水平。

2. 参观葡萄园和酒庄

引导游客参观葡萄园，解析葡萄栽培过程与生态条件；巡览酒庄酿造与储藏区域，揭示葡萄酒制作工艺及储藏技术。

3. 美食体验

整合地方美食文化，组织葡萄酒与美食的搭配体验活动，旨在让游客品鉴本地特色菜肴，同时学习葡萄酒与食物相搭配的艺术，以提升游客的味觉体验。

4. 文化体验

组织游客参与本地葡萄酒文化体验活动，例如葡萄酒节、专题讲座等，旨在深化其对当地葡萄酒文化及历史的认知。

（五）制定预算和费用

1. 计算景点门票和活动费用

了解各景点的门票价格、品酒费用、参观费用及参与体验活动的费用后，计算总费用时涉及对各项成本的汇总。

2. 估算交通和住宿费用

估算交通与住宿费用时，需依据所选交通工具类型及住宿标准进行。对于包车旅游，需核算包车成本、燃油支出以及通行费；若涉及住宿，应评估酒店费用与早餐成本。

3. 估算餐饮费用

基于旅游线路中的餐饮计划，估算餐饮费用。考虑安排当地特色餐厅供游客体验正宗地方美食，同时应关注餐饮的价格与品质。

（六）评估和优化线路

1. 自我评估

在设计完旅游线路之后，进行模拟旅行，并对行程的安排、时间的把控以及旅游活动设计的合理性进行检验，进而对不完美的相关环节进行完善和改进，对行进过程中的逻辑性、时间的合理性、活动的覆盖面等进行模拟，并对不合理环节加以调整，以有效提高旅游行程的合理性。

2. 征求意见

收集葡萄酒专家、旅游从业者及过往的葡萄酒旅游参与者的见解与建议，对旅游线路进行进一步的改进和完善。

3. 实地考察

若条件允许，可亲赴葡萄酒产区及酒庄进行实地调研，以直观掌握区域实际情况，通过与酒庄管理者及当地旅游部门的互动与交流，搜集翔实信息与资源，从而对旅游行程进行最终的调整与确认。

人文园地

紫色引擎：宁夏产业试验区的融合发展启示录

2021年7月10日，宁夏国家葡萄及葡萄酒产业开放发展综合试验区在宁夏闽宁镇挂牌成立，这是全国首个特色产业开放发展综合试验区。

据介绍，建设综合试验区是宁夏担负的重要使命，也是引领葡萄酒产业高质量发展的宝贵机遇。宁夏将全力推进综合试验区建设，推动融合发展，丰富产业功能，延伸产业链条，增加文化内涵，努力打造文旅融合发展体验区。宁夏将以综合试验区挂牌成立为契机，充分利用这张"紫色名片"，加快"葡萄酒+旅游"深度融合，举办贺兰山红酒嘉年华、"贺兰之旅美酒之约"百团千人酒庄行等活动，推出一批"葡萄酒庄+旅游观光+休闲度假"旅游线路产品，实现葡萄酒产业、文化和旅游产业共赢发展。

宁夏将着力推动绿色发展，把葡萄酒产业与生态修复治理结合起来，探索生态保护和产业发展共赢模式，努力打造黄河生态涵养示范区；着力推动创新发展，优化葡萄栽培模式，增强多元产品供给，完善市场营销体系，提高综合经济效益，努力打造特色产业开放发展引领区；着力推动开放发展，加强交流合作，让宁夏葡萄酒更好融入世界，努力打造"一带一路"合作对接先行区。

宁夏通过建设葡萄及葡萄酒产业综合试验区，实现多领域融合与发展，从这里面我们能学到哪些因地制宜、创新发展区域经济的思路？这对我们未来参与地方经济建设有什么启示？

第四节 葡萄酒旅游主题活动的策划

作为一种新颖的旅游模式，葡萄酒旅游融合了葡萄酒文化与旅游体验，为游客提供了独特的体验。酒庄通过精心策划葡萄酒旅游主题活动，使游客的行程得到进一步丰富，旅游的品质和吸引力得到提升。

一、确定活动主题

（一）分析目标受众

酒庄在规划活动时，需明确目标受众，包括葡萄酒鉴赏者、家庭游客、商务游客或其他特定人群等。活动主题的设定应针对目标受众的兴趣与需求进行个性化定制。

（二）结合当地特色

酒庄在规划活动时，应着重考虑葡萄酒产区或酒庄的特色，包括其独特的葡萄品种、酿造技术、历史背景、文化传承以及丰富的活动内容，提升体验价值；通过将特色元素融入活动主题，凸显活动的地域特质与独特性。

(三)选择热门主题

酒庄选取与当前旅游趋势和热门话题相关的主题。例如,健康与养生主题可与葡萄酒的保健益处相融合;美食与葡萄酒配搭主题旨在迎合游客对美食的兴趣;生态与环保视角则着重展现葡萄酒产地的可持续性发展。

二、设计活动内容

(一)葡萄酒品鉴

酒庄游客大多缺乏专业的品鉴知识,将品鉴课程与品酒活动相结合,让游客感到品酒消费物有所值。由专业的侍酒师指导葡萄酒品鉴的方法和要点,由酿酒师介绍当地的土壤、气候等条件如何影响葡萄的口感和风味,使游客能够通过看、闻、尝等品鉴步骤,充分感受葡萄酒的魅力。

营造多感官品酒氛围:品酒的环境包括光线、温度、音乐等因素,这对品酒体验有着重要影响。因此,酒庄应注重品酒环境多感官氛围体验的营造。除了设立品鉴中心,酒庄还可以在酒窖吧台设置酒窖品酒区,在葡萄种植园设置露天品酒观景台,为游客提供独特的品酒体验。

(二)酒庄游览

1. 酿造工艺展示

葡萄酒旅游线路设计中,酒庄可以充分应用数字技术来充分展现葡萄酒酿造工艺,增强游客的体验感,让游客亲自动手体验葡萄酒的部分酿造环节,如转瓶、勾兑调制等,提升参与感,让游客深入了解葡萄酒酿造的多样性和复杂性。

2. 历史文化讲解

在游览酒庄时,酒庄可充分利用老照片及珍贵文物为游客提供沉浸式文化体验,讲解员深入浅出地讲解酒庄的历史与独特的酿酒工艺,让游客深刻领悟浓厚的酒庄历史和独特的文化氛围。

(三)餐酒搭配

1. 美酒佳肴晚宴

科学合理的餐酒搭配可以使葡萄酒的口感构成要素与食物中的酸甜苦辣

咸鲜以及油脂相协调。比如牛肉里的蛋白质会柔化酒中的单宁涩的口感，而单宁又能支撑牛肉质地，葡萄酒里的酒酸又会被脂肪、油性食物中和。酒庄可以突出菜品优势，推出品特色地方美食的旅游产品，搭配以品特色美酒，通过葡萄酒＋地方特色美食套餐吸引更多游客参与品鉴。

2. 开设烹饪课程

通过开设葡萄酒与美食烹饪课程，烹饪大师现场展示用葡萄酒增加菜肴风味的技巧和方法，让游客掌握技能，以便日后返乡可以自行制作葡萄酒美食。

（四）文化活动

1. 葡萄酒文化讲座

定期邀约权威的专家、学者在酒庄给游客做葡萄酒文化主题讲座，例如葡萄种植、葡萄酒酿造以及品鉴和相应礼仪习俗，提供浸润式葡萄酒知识大餐。

2. 艺术展览

选择酒庄或活动地点，围绕葡萄酒，开展绘画、摄影、雕塑等艺术品的展览，共同营造独特艺术空间，让游客欣赏作品时，感受艺术家们的创意和情感，为葡萄酒爱好者、艺术爱好者提供全新视角，展现独特魅力。

三、活动宣传与推广

（一）制定宣传计划

1. 选择宣传渠道

策划活动时，应根据目标受众和预算，选用合适的宣传渠道，包括社交媒体、旅游平台、旅行社、酒店和酒庄。

2. 制作宣传材料

设计海报、传单以及手册等，内容丰富突出，把活动的主题、内容、时间、地点、费用等核心元素突出表现出来。

3. 新闻发布

为提升公众意识，活动应邀请记者亲临现场报道，并定期向媒体分发新闻稿，着重展现活动的亮点。

(二)利用社交媒体

1. 创建官方社交账号

为了提升公众参与度与关注度,酒庄应在微博、微信等社交平台注册官方账号,对活动进行实时发布,形式上包含图文、视频等,以实现信息的即时传达与互动。

2. 投放社交广告

酒庄在社交媒体平台实施精准广告投放策略,旨在增加广告的可见度与点击率。

(三)与合作伙伴合作

1. 与旅行社的合作

酒庄与旅行社合作进行旅游线路的整合,并通过优惠与奖励政策进行促销。

2. 与酒店的合作

本地酒店在公共区域展示宣传材料,旨在推广特定活动。

3. 与酒庄的合作

周边酒庄间可合作开展联合推广活动,通过互相推荐客户或共同组织活动,以增强吸引力。

四、活动执行与管理

(一)活动筹备

1. 确定活动场地

在选择活动场地时,酒庄应综合考虑活动的规模与特性,确保场地具备良好的交通条件、完善设施,并且环境宜人。

2. 准备活动物资

为确保活动顺利进行,酒庄需提前准备充足的物资,包括葡萄酒、地方特色美食、宣传材料及精选礼品,且需保证这些物资的质量。

3. 培训工作人员

为提高服务水平,酒庄应对导游、品鉴师、厨师和服务员实行集中培训,培训内容主要围绕活动流程、操作规程、服务规范、安全须知展开。

（二）活动执行

1. 现场管理

为保障活动顺畅开展，酒庄要安排专人负责管理，及时应对设备故障、人员伤害及恶劣天气等突发事件。

2. 服务质量把关

要给游客提供最优质的服务，就要做好服务质量的把关工作，结合畅通的投诉渠道和游客满意度评价机制来进行相关反馈信息的收集，进而提升服务质量。

3. 安全保障

酒庄要将活动安全放在首位，应布置警示牌、防护栏等安全设施，并要求所有参与者接受安全培训，增强安全意识以及对突发事件的处理能力。

（三）活动总结

1. 游客意见收集

活动结束后，酒庄应迅速采用问卷、现场访谈及社交媒体途径征集游客的建议与反馈。

2. 活动效果评估

酒庄应即时评估活动的核心指标，包括参与规模、游客体验度与经济效益，以此提炼经验，为后续活动规划提供依据。

3. 资料整理归档

酒庄应收集活动文档，包括宣传资料、影像及参与者反馈，以备后续规划与推广之需。

主要术语

葡萄酒旅游线路；线路产品特点；线路类型

思考与讨论

1. 假设你要为退休的老年群体设计一条葡萄酒旅游线路，结合线路设计原则与步骤，你会如何确定目标和主题？

2. 在葡萄酒旅游线路设计中，如何平衡生态效益原则与满足游客丰富体验需求之间的关系？

3. 以生态乡村游为例，说明按旅游动机分类的葡萄酒旅游线路如何满足游客的个性化需求？

任务实训

假设你是一家旅行社的线路策划师，目标客户群体为 25~35 岁的年轻上班族，他们工作繁忙，渴望在周末或小长假放松身心，对新鲜事物充满好奇，且有一定消费能力。请依据葡萄酒旅游线路设计原则与步骤，设计一条为期两天一夜的葡萄酒旅游线路。

第八章

葡萄酒旅游目的地营销

思维导图

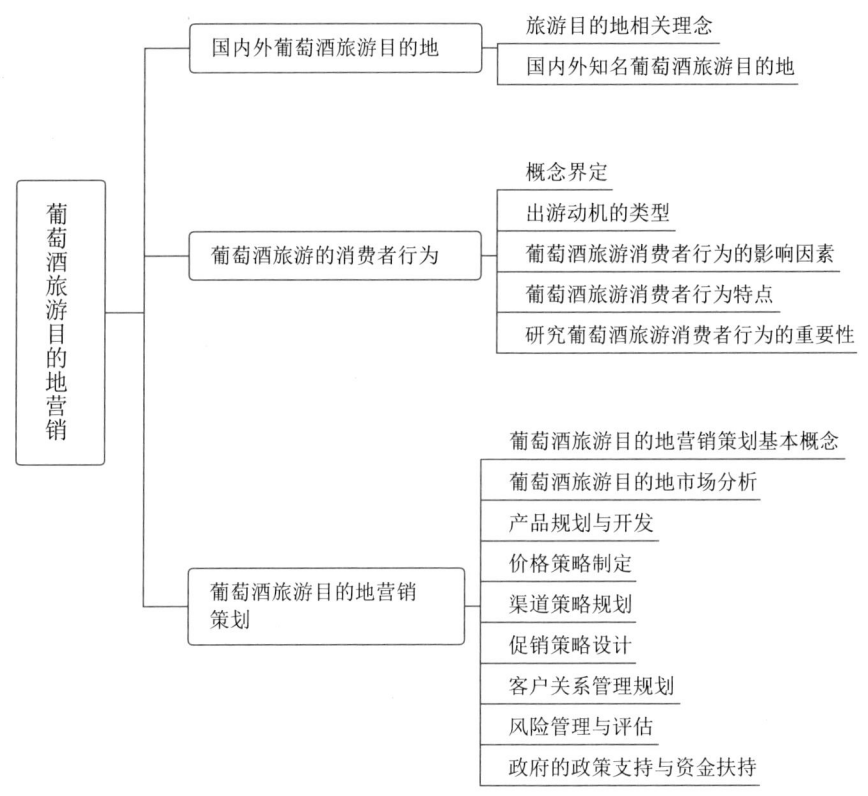

葡萄酒酒庄与旅游

学习目标

1. 了解旅游目的地相关概念
2. 了解国内外著名葡萄酒旅游目的地
3. 了解葡萄酒旅游消费者行为的概念和特点
4. 熟悉葡萄酒旅游消费者出游动机的类型
5. 掌握葡萄酒旅游消费者行为的影响因素和重要性
6. 熟悉葡萄酒旅游目的地营销的概念
7. 掌握葡萄酒旅游目的地营销策划的内容
8. 了解政府在葡萄酒旅游目的地发展中的作用

开篇案例

澳洲的猎人谷没有猎人，只有直击心头的美酒

在新南威尔士州乃至全澳大利亚，猎人谷以其显著的葡萄酒产业地位而著称。此地不仅是詹姆士·布斯比，被誉为"澳洲葡萄酒之父"的昔日居所，亦是风景迷人的旅游胜地，具有独特魅力。猎人谷这一名称虽具诗意，描绘出一片绿意盎然、幽深静谧的景象，实际上，猎人谷并非传统意义上的山谷结构。遥视大地，展现一片平坦景象，仅零星分布着微小的山丘与湖泊。猎人谷作为澳大利亚的著名旅游目的地，吸引了众多游客前去体验品酒与观光活动。在猎人谷，游客骑马游览，沿途至酒庄，可直接入内品鉴佳酿。除了骑马，亦可选择骑骆驼沿海岸线漫步，或驾船深入海域进行垂钓，体验渔获的乐趣。在猎人谷，无需忧虑后续行程，因沿途皆是美景，每一步都堪称目的地。猎人谷虽无猎物，仍堪比小型动物栖息地。随处可见的袋鼠活泼跳跃，考拉则显得慵懒可爱，这些景象能有效缓解心绪，令访者沉浸于这片洋溢生机与浪漫的地域之中。

资料来源：张红梅，曹晶晶．葡萄酒文化旅游［M］．南京：南京大学出版社，2021．

第一节 国内外葡萄酒旅游目的地

一、旅游目的地相关理念[①]

旅游目的地是指具有一定的旅游吸引功能，对住宿、餐饮、交通、娱乐等旅游要素进行整合优化，满足一定数量的旅游者消费需要的综合性地域。旅游目的地既可体现国家或整个区域的地域划分，也可体现局部某城市、景区、社区等。具有独特性旅游资源的葡萄酒特色旅游目的地，除了具有旅游资源的基本属性之外，还能与一般的旅游目的地区别开来，它不仅可以提供具有自然吸引力的旅游产品，同时包含具有文化吸引力的旅游资源，属于葡萄酒特色旅游资源，具有双重吸引力的景区综合体。独特葡萄酒文化、葡萄酒旅游项目、服务，成为特色旅游目的地的核心吸引力。

伴随中国旅游国际化水平和国际影响力的极大提升，很多省份已明确提出了建设世界旅游目的地的战略目标。世界级旅游目的地要具备八大要素。

一是品牌建设全球化。在品牌构建上，打造全球性世界旅游目的地品牌应该具有国际性，体现国际性特征。在四方面要打造突出优势：其一，品牌辨识度高，在全球范围内实施"有为而为"的品牌建设策略，树立卓越的品牌识别，鲜明地展现资源优势、地域特征和文化特色；其二，品牌知名度高，成为世界知名的旅游目的地，是同类旅游市场中"全球必去"的旅游地，备受全世界旅游者特别是目标旅游者的青睐；其三，品牌美誉度高，在全世界主要目标市场拥有较高的品牌形象，获得国际游客的信任、肯定和赞赏；其四，品牌忠诚度高，具有高忠诚度的消费者和合作伙伴，拥有稳定的品牌客户群和品牌联盟。

二是市场结构多元化。世界旅游目的地的客源市场应具有多元化的特征。世界旅游目的地的吸引力主要体现在三个核心维度：首先需要"广"，即覆盖广泛的全球客源，包括本地、本国以及周边地区的游客，但首要反映的能力是能够吸引全球游客，尤其是目前所属区域性的客源市场是主流情况下，洲

[①] 资料来源：张红梅，曹晶晶. 葡萄酒文化旅游[M]. 南京：南京大学出版社，2021.

际旅游的游客数量应该有持续增长的趋势；其次需要"活"，即能满足团队旅游、散客旅游各类产品或服务供给的灵活性和包容性，能够适应多样化的旅游产品供给和旅游偏好的需求；最后需要"多"，即满足不同客源游客多样的旅游目的，其中不仅包括传统的观光旅游者，还包括休闲度假旅游者、医疗养生旅游者、会议商务旅游者以及特种旅游者等多种旅游目的。

　　三是业态发展多极化。世界旅游目的地业态多极化，在一定程度上反映了资源目的地市场的多元化、竞争形态的立体化和旅游需求的多样性，体现了世界旅游目的地的多变性与复杂性。世界旅游目的地可以分为两类：一类以自然禀赋为主，另一类以城市资源为主。依托城市进行的旅游目的地则往往是业态丰富的。以资源吸引型旅游目的地的提升路径来看，从滨海海岛和山地自然、历史文化、自然生态、民族融合多元复合型资源区域，向世界级旅游目的地的转变，总是由观光旅游作为开始，并以景区门票为经济主导，接下来休闲度假、深度生态、深度文化、民俗演艺、娱乐表演、商务会展、疗养保健等业态才逐渐融入并丰富该区域，形成包括观光休闲、生态健身、商务会议、特色猎奇、民俗节庆等多层次、相互交叉、立体联合的复合型产业生态系统，并以此来全面提升旅游目的地整体水平，增强其在世界市场中的吸引力和竞争力。

　　四是旅游服务精品化。世界旅游目的地旅游服务精品化有四项支撑保障指标：其一，精益管理。精益管理即"精益思维"的运用，通过各环节、各方面资源消耗最小的输入以实现最大价值的产出，满足市场获取新产品与高效服务的需要。其二，孜孜以求，力争一流，提供精益求精的旅游产品和优质周到的服务，竭尽全力为旅游者创造精品出行之旅。其三，精准的营销策略。精准营销策略是在准确的市场定位基础上，借助现代信息技术，从而构建个性化的客户交互模式，运用多元化的崭新新媒体渠道推陈出新，使营销信息精准地传播到目标消费者，力求资源利用最优化，营销效能最大化。精准、巧妙地定位产品销往市场的目标群体，从而强化消费者认知上的精确定位，新媒体具有举足轻重的作用。其四，精准化。无论是精益管理、精准产品和精准服务、精准营销策略，均基于标准化的产品与服务、规范化的管理，全面整合各类型新技术。

　　五是综合效益最大化。世界旅游目的地发展应追求综合效益的最大化，也就是该旅游发展不仅取得了经济增长的最大效益，还取得了促进社会进步的最大效益、促进社区繁荣的最大效益、生态效益的最大效益，实现了经济、社会与生态效益的综合优化；旅游发展中经济效益、社会效益与生态效益之间也形成了良性互动，相互作用，保证了该旅游目的地的可持续发展。

六是社区发展包容性。世界旅游目的地在制定社区发展策略时，应着重体现包容性，以确保各社会群体均能平等地参与并从旅游业带来的经济、社会及文化机会中获益。世界旅游目的地通常在充分考虑和满足本地居民需求的基础上，而制定和实施了持续性、长期性的任务。全世界旅游热点地区大多采用包容性增长的策略，目标在于保证经济发展的收益能够惠及大多数国家和人民，使旅游发展收益能够传到每个人的生活中，显著提高人们的幸福水平、生活质量和生活满意度，帮助本地群体减少或彻底消除边缘化或不平等的现象，从而确保并实现一个社区的最大领域群体分享收益。这种策略与旅游目的地的管理者采取合作方式，联合制定和实施发展蓝图，以保持一致的发展步伐，一起维持经济发展，支持旅游目的地旅游业发展和全面社会经济发展。

七是区域带动辐射性。世界旅游目的地应具有区域示范及扩散效应。旅游业的流动性、带动性、辐射性特征使得一个旅游目的地不论大小都会对所处区域社会经济发展产生很大推动作用。就全球旅游目的地而言，不仅能够让本地区域社会经济全面得到促进，同时又会产生广泛的外溢效应，既带动了本地域旅游产业的发展，激发了经济活力，又可以调整并促进产业结构的优化、基础设施的改善和升级。

八是综合管理一体化。打造世界旅游目的地的一体化管理呈现统筹开发、统一服务、持续发展、协调合作等特点，其综合管理应做到：统一社会发展管理，在公私领域建立紧密合作网络，实现对政府、企业、社区等多方合作与对话机制的有效组建，促进各方协同；在各级政府和部门间形成职能合理分工、沟通良好、运作高效的协作体系。

二、国内外知名葡萄酒旅游目的地

（一）法国波尔多（Bordeaux）

1. 推荐理由

（1）葡萄酒品质卓越

波尔多在全球葡萄酒产业中占据核心地位，是顶级葡萄酒的主要来源地，被誉为"全球葡萄酒的法国，法国葡萄酒的波尔多"。该地区所产葡萄酒有着极好的风味和令人赞叹不已的口感，得到了全世界葡萄酒鉴赏者的认同，不管是红葡萄酒、白葡萄酒，还是甜酒都能得到葡萄酒鉴赏者的高度赞誉。

（2）历史文化底蕴深厚

波尔多是拥有悠久历史文化的城市，其文物保护点之多仅次于法国首都巴黎。其历史中心已列为世界遗产，其中耸立着各种历史悠久的建筑、博物馆以及艺术画廊，城市弥漫着浓厚的历史和艺术气息。

（3）美食丰富

波尔多地区是法国饮食文化中重要的组成部分，其美食丰富多样，新鲜海鲜、香滑的鹅肝酱、种类丰富的奶酪备受青睐，美食与葡萄酒的搭配增强了游客的味觉享受。

（4）旅游体验多样

波尔多举办数个以葡萄酒为主题的节日，旨在吸引游客亲身体验并深入了解葡萄酒文化的精髓。该市的广场、桥梁及教堂等建筑景点均吸引游客参观与欣赏。

2. 波尔多概况

波尔多，法国西南部一地，位于加龙河与多尔多涅河交汇处，气候属温带海洋性，特征为冬季温和、夏季凉爽，年降水量适中，此气候条件适宜葡萄栽培。土壤类型多样性，涵盖从沙质至砾石土壤，对葡萄品种的风味产生显著影响。此地汇聚了数家著名酒庄，其中包括享誉全球的拉菲酒庄。

（二）意大利托斯卡纳（Tuscany）

1. 推荐理由

（1）风景如画

托斯卡纳地区是意大利著名的葡萄酒产区及旅游目的地，连绵的山脉、带有浪漫情调的乡村风光和迷人的乡村景致，吸引着更多游客去葡萄园中漫步，融入充满诗情画意的自然山水美景中，感受到大自然的宁静之美。

（2）葡萄酒风格独特

托斯卡纳葡萄酒以其独特的风味和卓越的品质而备受赞誉。例如，基安蒂葡萄酒中等酒体，单宁坚挺，酸度高，带有花香、樱桃以及些许的坚果风味；蒙塔尔奇诺布鲁奈罗葡萄酒，全由桑娇维塞葡萄酿造，是一款具有高收藏价值的葡萄酒，陈年后香气浓郁。

（3）文化氛围浓厚

以欧洲文艺复兴发源地托斯卡纳地区的城市为代表，古城、历史遗址、教堂和小镇都是富含历史文化内涵的品位地标,与酒文化一起为游人提供富有魅力的文化体验。

2. 托斯卡纳概况

托斯卡纳地区土地总面积约为 2.3 万平方公里,其中有约 6 万公顷土地用于葡萄种植,以丘陵地形为主,主要葡萄酒产区有基安蒂、蒙塔尔奇诺、蒙泰普尔恰诺、圣吉米尼亚诺等。

(三)澳大利亚巴罗萨山谷(Barossa Valley)

1. 推荐理由

(1)葡萄酒历史悠久

巴罗萨山谷作为澳大利亚的葡萄酒产区,历史悠久,深蕴葡萄酒文化。该地区葡萄酒产业发展成熟,并出现了一些较为知名、规模较大的酒庄,适合游客品酒、观光。

(2)葡萄品种独特

众所周知,巴罗萨山谷是栽培西拉葡萄的著名产区,巴罗萨产区的葡萄树龄从数十年到百年不一。该产区酿制的葡萄酒圆润、醇厚,色泽深重,有黑醋栗和甘草味,也有薄荷的清凉感和浓郁的巧克力味,风味独特。

(3)旅游配套设施完善

巴罗萨山谷作为著名旅游目的地,旅游设施齐全,游客能于酒庄品酒之余享受高品质住宿与餐饮服务,并参与丰富的娱乐项目。

2. 巴罗萨山谷概况

巴罗萨山谷位于阿德莱德市东北部,与之相距约 56 千米。产区气候炎热,具大陆性特点,产出的葡萄成熟度显著。该产区有塔伦达、安格斯顿、努尔奥巴及数个主要城镇。

(四)美国纳帕谷(Napa Valley)

1. 推荐理由

(1)顶级酒庄云集

纳帕谷聚集了 400 多家顶级酒庄,如罗伯特·蒙达维、作品一号等品牌,同时汇集了大型企业和家族式小型酒庄等多种类型,并产出赤霞珠、霞多丽等葡萄酒,品质优良,在各种国际葡萄酒竞赛中屡获佳绩。

(2)美食与美景并存

纳帕谷集纳了全球顶级酒庄,并融合了米其林星级餐厅及豪华住宿。游客在观赏迷人的葡萄园景观时，亦可品尝美食，体验高雅的生活方式。

（3）旅游活动丰富

纳帕谷另有历史感浓郁的体验红酒的火车之旅；此外，游客可乘坐热气球俯瞰纳帕谷全景，欣赏其壮丽风光。

2. 纳帕谷概况

位于加利福尼亚州旧金山湾区以北，地处美国西部，自然条件非常宜人，日照强度高，土质适宜葡萄种植。山谷内气候多样，卡内罗斯地区气候凉爽，斯塔格斯·利帕区则温暖宜人，这些气候差异催生了各具特色的葡萄酒风味。

（五）新西兰马尔堡（Marlborough）

1. 推荐理由

（1）著名葡萄酒产区

马尔堡是新西兰最大、世界知名的葡萄酒产区。这里的气候凉爽适宜、光线充足、土壤排水性好，很好地满足了葡萄的生长条件，特别是对于长相思的葡萄来说完全适合其生长。新西兰的长相思葡萄酒酸度高，果香浓郁，含有独特的草本味，是世界葡萄酒产区中盛名在外的新西兰葡萄酒。

（2）自然风光优美

马尔堡四周群山环绕，连绵起伏，地貌景观十分独特。徒步登山和乘坐直升机巡游，都可获得壮丽的山地景观。丰富多样的山地植被、优质的环境空气质量，是吸引野外和山地爱好者户外运动的原动力。

（3）生态环境丰富

大量湿地是马尔堡地区各种稀有动植物自然栖息的环境，游客可以在湿地保护区近距离观察到稀有鸟类，感受大自然的神奇魅力。

（4）旅游活动丰富

马尔堡每年都有独具特色的葡萄酒节和美食节，吸引着世界各地游客前去参加。在庆祝活动中，游客能品鉴各式葡萄酒与地方特色菜肴，同时观赏精彩音乐表演与多元文化庆典，尽享浓厚的节日气氛。平时马尔堡的水域和河流不仅构成滨海景观，也会提供各种水上活动如皮划艇、划船和漂流活动等，游客可以自由畅游其间，欣赏水域景色。

2. 马尔堡概况

位于新西兰南岛东北部的马尔堡产区，是新西兰最大的葡萄酒生产区，其葡萄酒产量约占新西兰总产量的79%，并以拥有新西兰最长日照时数而著称。该产区阳光充足，日照时间长，气候凉爽干燥，且葡萄生长期长，为葡萄成熟提供了理想环境，促进了风味物质的积累，使得马尔堡产区能产出高品质、风味独特的葡萄酒。该葡萄产区夏季白天温度平均约为24℃，夜间则降温凉爽，利于葡萄果实酸度的保持。昼夜温差极大的这种气候十分适宜优质黑皮诺种植，所产的黑皮诺拥有深浓的色泽，这些色泽和葡萄生长期间温差较大有很大关系，夜间降温和较大的温差增加了葡萄的糖度，从而加深了色素沉着。马尔堡产区生产的葡萄酒也是以其独特的果香、清新的香气以及强劲的酸味在葡萄酒界中十分出名。高浓度的果皮给黑皮诺带来了特殊的香气，且颗粒小巧，具有青水果香，从而成就了新世界的马尔堡葡萄酒。

（六）山东·张裕葡萄酒城

1. 推荐理由

（1）葡萄酒品质卓越

张裕公司百年的造酒技艺和经验得以传承，现今采用国际标准酿制葡萄酒。从选料、发酵、陈酿、窖藏到装瓶，各环节均致力于追求卓越，精益求精，以确保达到精品酒的品质。其葡萄酒在2021年国际权威Mundus Vini世界葡萄酒大赛上获得"年度中国最佳葡萄酒"、可雅白兰地获得2019年全球XO级白兰地盲品赛胜利等殊荣，产品极具市场竞争力。

（2）建筑特色鲜明

酒庄建筑采用欧式园林风格，旨在营造兼具浪漫与优雅的美学氛围。通过精心设计的景观布局、细腻的建筑元素与和谐的色彩搭配，古典美学与自然环境实现完美融合，旨在为访客营造沉浸式体验，以深入感受丰富文化与艺术内涵。丁洛特酒庄的哥特式建筑与可雅白兰地酒庄的欧洲中世纪罗马式建筑，以其深沉内敛与大气稳重的美学特质，为两处酒庄增添了显著的艺术观赏价值。

（3）旅游体验丰富多样

在葡萄酒之旅中，访客可以走进酿酒工厂，参观和体会如何制作一杯酒，从葡萄采摘到压榨、发酵和调配的全过程，领会这个过程背后的科学和艺术价值；探访酒窖可为访客提供独特的体验，酒窖内储存着各种陈年老酒，允许访客亲身感受放在橡木桶内红酒的口感，感知岁月的变迁。在酒窖内，导游讲解葡萄酒储藏条件与葡萄酒陈化过程，通过品尝不同年份、不同产区的葡萄酒，使人们通过视觉和嗅觉以及味觉体验葡萄酒文化的博大精深。

2. 张裕葡萄酒城概况

山东张裕葡萄酒城位于烟台和蓬莱的黄金旅游区段，是集葡萄和葡萄酒研究院、葡萄酒生产中心、丁洛特酒庄、可雅白兰地酒庄、葡萄种植示范园、先锋国际葡萄酒交易中心、海纳葡萄酒小镇七大核心功能区于一体的综合体，总投资60亿元人民币，总占地面积5500亩。旅游目的地已被评定为国家AAAA级旅游景区、国家工业旅游示范基地、全国工人先锋号、山东省旅游服务名牌、山东省旅游产品研发基地、山东省金牌旅游购物店、山东省服务名牌单位等。

（七）宁夏贺兰山东麓

1. 推荐理由

（1）优质葡萄酒产区

宁夏贺兰山东麓地处北纬38°左右，被国际上认定为适合葡萄种植和酿造优质葡萄酒的世界黄金种植带，该地气候干燥、昼夜温差大、阳光充沛、降水量少，适宜葡萄生长。该地所酿葡萄酒有着丰富的果香、多样的口感层次和优异的品质，在国内外品鉴和竞赛中屡次获奖。

（2）酒庄风格多样且旅游资源丰富

宁夏贺兰山东麓地区汇聚有多座特色酒庄，志辉源石酒庄是国家AAAA级旅游景区，从中华园林美学角度打造独具特色的酒庄，葡萄酒文化与自然景观相结合，吸引了众多游客；宁夏张裕龙谕酒庄建筑设计方面以拜占庭艺术风格为主，开创性地设计出三个垂直的天梯式玻璃酒窖，更加注重多用途运营模式，而非单纯地接待游客；中粮长城酒庄、玉泉国际酒庄均在原有酒庄的基础上打造景区，使来往的客人既能参观酒庄，又能学习葡萄酒酿造工艺，体验酿酒文化，品味舌尖上的酒庄美食。其中中粮长城酒业安排亲子采摘、葡萄山庄探险、旅游观光及科普教育等主题活动，旨在结合娱乐与教育，增强参观的丰富性。

（3）文旅融合发展良好

宁夏将葡萄酒产业与文化旅游产业结合起来，致力于打造特色旅游目的地。这一举措不仅依托贺兰山的雄伟与黄河的蜿蜒，还得益于西夏王陵等深厚历史遗产的支撑，为游客提供了集自然风光、历史文化与葡萄酒品鉴于一体的全方位旅游体验。宁夏将旅游业发展与葡萄酒产业相结合，不仅吸引那些想要了解旅游地自然风光和文化历史的旅游者来旅游，还有利于推动葡萄酒旅游业的发展，实现旅游业与经济的共同发展，使宁夏的国际知名度和旅游吸引力显著提高。

2. 宁夏贺兰山东麓概况

宁夏贺兰山东麓作为一个面向国际的集中连片规模最大、酒庄数量最多、酒庄集群化发展最快和最具国际影响力的酿酒葡萄种植区和葡萄酒产区，酿酒葡萄基地开发面积已超过 60 万亩，年产量已达到 1.4 亿瓶，占全国酒庄葡萄酒年酿造量的近一半。其中已有数家酒庄成功晋级为 A 级旅游景区，年接待游客已经超过 300 万人次。

（八）河北昌黎

1. 推荐理由

（1）历史底蕴深厚

自明朝时期，昌黎地区即大规模实施葡萄种植及葡萄酒酿造，积淀下深厚的葡萄及葡萄酒历史文化，奠定了其在中国葡萄酒产业中举足轻重的地位。得天独厚的地理位置及气候条件，使昌黎地区葡萄种植具有显著的优势，生产出来的葡萄酒品质极佳，在国内享有盛誉，且正逐步在国际舞台上展现其独特魅力，成为中国葡萄酒文化的重要象征，彰显了中国酿酒技艺的悠久历史与持续创新。

（2）酒庄特色鲜明

金士酒庄坚持将马瑟兰特色葡萄酒作为其核心发展战略，所酿造的佳酿在业界享有盛誉。酒庄建筑布局与文艺气息浓郁的艺术壁画、诗词壁画相融合，具备鲜明的独特性格。华夏庄园不仅获得国家 AAAA 级旅游目的地、首批全国工业旅游示范区等荣誉，规划建设了亚洲大酒窖、国际级酿酒葡萄种植示范区域，具备多重功能，产业组合优势突出。

（3）旅游资源丰富

位于中国河北省的昌黎地区有着资源多样且富有特色的旅游产业，紧邻素有避暑胜地之称的北戴河，主要有五峰山等自然、人文景观兼备的旅游景点。五峰山不仅呈现壮观的自然景观，亦承载深厚的历史与人文内涵，成为红色旅游线路中具有重要意义的旅游胜地。

2. 河北昌黎概况

位于秦皇岛碣石山葡萄酒产区的河北昌黎，以其得天独厚的自然条件及丰富的葡萄种植资源，成为中国葡萄酒产业的关键一环。近年来，葡萄酒产业与旅游产业的融合显著加深，通过精心设计并开发的一系列具有特色的葡萄酒旅游项目与产品，不仅显著增加了旅游体验的丰富性，亦有效推动了地方经济的增长与文化的传播。

人文园地

西洋佳酿到东方雅韵：葡萄酒见证文化交流融合之路

葡萄酒在礼仪文化中占据极其重要的地位，与其他丰富的历史文化息息相关。我国自古以来在各种宗教、庆典、宴会等活动上皆有葡萄酒的影子。几千年前，在人们的生活中，葡萄酒就占有重要地位，尤其是古希腊和古罗马时期，葡萄酒被当作宗教圣物，用于各种宗教仪式、庆典等重大活动。随着时代的发展，葡萄酒文化逐渐被欧洲宫廷和贵族视为礼仪文化的一部分。现今葡萄酒在西方礼仪文化中占据举足轻重的地位。在中国，虽然葡萄酒文化形成要晚一些，但随着国际交流以及人们生活品质的提高，葡萄酒在中国人民的礼仪文化中也占据着非常重要的位置。

如今，不管是国际会议、商务晚宴，还是私人聚会，葡萄酒都成为表现尊重、表示友好的载体，或者通过敬酒、回敬等礼仪行为体现情感，加深友谊，以进一步巩固交际关系，同样，葡萄酒独特的口感、风味，其与健康、美好生活相契合的特性，使得葡萄酒在礼仪文化里独树一帜。

葡萄酒从在西方文化中占据重要地位，到逐渐融入中国礼仪文化，这一过程体现了文化交流与融合的哪些特点？

探秘世界旅游目的地的品牌建设

第二节 葡萄酒旅游的消费者行为

一、概念界定

葡萄酒旅游消费者行为是一个具有多维特性的概念，是指消费者在葡萄酒旅游过程中所作出的各种决策和行为。通常包括消费者去旅游之前决定参与葡萄酒旅游时所作的相关决策，如出游动机产生的过程、对可获取信息渠道的选择等;在旅游过程中对葡萄酒的消费行为,如品尝、购买、对酒庄设施和服务的使用等;在旅游结束后做出评价和忠诚度的体现,如对酒庄整体的印象、满意度以及是否愿意再次参与葡萄酒旅游等。

二、出游动机的类型

葡萄酒旅游作为一种特殊的旅游形式,吸引着众多消费者。消费者的出游动机呈现出多样化的特点。

(一)自我实现动机

年龄较大(50岁以上)、特定学历(本科及以上)的游客极具自我实现的动机。例如对葡萄酒文化更加深刻的认识,提升自己在葡萄酒品鉴等方面的技能,从而实现自身的一种成就目标追求。

这样的消费者在动机驱使下,更关注旅游过程中自己的提升和成长,他们愿意参与很多葡萄酒方面的内容,例如葡萄酒酿造过程参观、葡萄酒品鉴课程等,满足自己对知识和技能的追求。

(二)休闲娱乐动机

女性游客相对男性而言,更倾向于休闲娱乐动机。对于这些消费者而言,葡萄酒旅游是身心得到放松,享受生活的一种途径。她们希望摆脱日常工作和生活的压力,在葡萄园和酒庄环境中得到愉悦与放松的体验。

这类消费人群比较注重的是酒庄是否提供舒适的休憩场所、美味的餐饮服务以及趣味娱乐活动等体现舒适性和娱乐性的活动。

(三)追求新奇动机

被誉为"中国波尔多"的贺兰山东麓酿酒葡萄种植带等可以满足追求新奇群体的求知欲和探求欲望,消费者可参加葡萄采摘、酒庄探险等各种新奇的活动。

(四)体验动机

消费者对于葡萄酒的酿造过程、品鉴技巧等知识以及酒庄的历史、文化等都尤为感兴趣,例如亲自参与葡萄酒的酿造过程,或者参加专业的葡萄酒品鉴活动,提升自己的体验感。

（五）社交情感动机

作为一个交流的场所，消费者可以在葡萄酒旅游中通过与朋友、家人或同事的沟通、互动来展现自己的生活态度，一起品美酒，分享旅行心得与感悟，增进相互之间的情感；还可以结识新朋友，拓宽社交的圈子。例如消费者在酒庄举办葡萄酒品鉴会上不仅可以了解葡萄酒，更可以与其他葡萄酒爱好者交流心得，分享自己的喜好和经验。

（六）观光动机

女性游客对观光动机的偏好相对于男性游客要高一些。对这部分消费者来说，葡萄酒旅游主要是欣赏酒庄优美的自然风光和建筑景观，这两方面的因素都是她们葡萄酒旅游的主要目的，她们希望在旅行途中，可以拍下美丽的画面，留下美好的记忆。

（七）亲子互动及儿童教育动机

消费者希望通过葡萄酒旅游为幼儿提供学习成长的机会。如有的酒庄会举办葡萄采摘、葡萄酒酿造体验等亲子活动，使幼儿在参与活动的过程中了解葡萄酒的生产过程和文化内涵，培养幼儿的动手能力和创造性。

（八）精神文化需求动机

从精神文化的需要因素看，部分消费者希望通过对葡萄酒文化的认识，使自己的精神世界得到充实，文化修养得到提高。这类消费者对酒庄的历史、文化、艺术等各方面的看法或将产生浓厚的兴趣，喜欢参观酒庄的博物馆、美术馆、艺术陈列等，了解其发展史、文化内涵等内容。

葡萄酒旅游消费者出游动机的类型

综上，不同动机、不同类型的消费者选择参加葡萄酒旅游，出游动机具有多样化的特征。对酒庄及旅游经营者而言，了解这些出游动机，以便制定出更加有效的营销策略，从而更好地满足消费者的需求。

三、葡萄酒旅游消费者行为的影响因素

（一）个人因素

1. 消费者个人兴趣爱好与生活方式

在葡萄酒旅游决策中，消费个体的兴趣爱好起着举足轻重的作用。对于那些对酒有浓厚兴趣的爱好者，他们热衷于欣赏不同风格的酒，认识酒的酿造过程，主动寻找知名葡萄酒产区参加各种品酒活动，参加葡萄酒酿造工作坊，把葡萄酒旅游看成是兴趣领域的一次绝佳的深度探索。

生活方式影响着消费者参与葡萄酒旅游行为。追求优质生活的高品质人群更青睐于休闲和享受生活的富足时刻，而葡萄酒旅游正是融合了美食、美景和美酒文化的旅游生活。

2. 旅游经验与知识储备

旅游经验丰富的消费者对旅游目的地的选择、行程安排、交通住宿等方面有更清晰的思路和更高的要求，更倾向于独立规划葡萄酒旅游行程，根据自己的喜好组合不同的酒庄参观、周边景点游览等活动，追求个性化的旅游体验。

知识储备对酒类旅游消费行为也具有重要的作用。在葡萄酒旅游过程中消费者能够更好地与酒庄工作人员进行沟通与互动，对葡萄酒知识有一定认识的消费者可能会根据自己的知识储备，有针对性地选择那些以具体葡萄品种或酿造工艺著称的酒庄进行参观，或者参加更专业化的葡萄酒鉴赏课程及研讨会，使自己的知识层次得到进一步的提高。而知识储备较少的消费者，则可能把更多的注意力集中到观光层面上来。

3. 个人价值观与消费观念

更注重文化体验与知识获取的消费者，会发现葡萄酒旅游中的文化内涵是最为重要的价值所在，并愿意花时间和金钱去了解葡萄酒背后的历史、传统及艺术价值。他们更倾向于积极参加旅游过程中的文化讲座，参观历史遗迹，将葡萄酒旅游当作扩充自己精神世界的一种方式。

消费观念会直接影响消费者葡萄酒旅游消费行为。如果消费者持有节俭消费观念，可能会在选择葡萄酒旅游产品时注重价格因素，倾向于购买性价比高的旅游套餐、住宿、餐饮等服务，在品酒环节可能也会选择性价比更高的葡萄酒品尝套餐。持有享乐主义消费观念的消费者则有可能为了获得高端精致的葡萄酒旅游体验而愿意付出较高的消费，如在酒店住宿方面入住豪华

酒庄酒店等，在酒品方面选择顶级珍稀葡萄酒等，注重消费过程品质与满足感，不太在意价格高低。

（二）社会因素

1. 社会阶层

社会高阶层更倾向于高质高价的葡萄酒旅游消费。比如去知名国际葡萄酒产区，如法国波尔多、意大利托斯卡纳等；住全球独一无二的酒庄酒店；参加私人定制的高端葡萄酒品鉴；买上品窖藏；关注葡萄酒旅游中身份、地位标识及社交的身份价值。中社会阶层的消费者，虽然消费预算相对少一些，但对葡萄酒旅游有着浓厚的兴趣，在旅游决策时，会更加注重性价比，同时通过葡萄酒旅游提升文化素养，提高生活品质，增强同阶层的人际交流。低社会阶层，由于存在着较大的经济压力，葡萄酒旅游频率较低，可能会选择亲民、交通方便等本地的葡萄酒旅游景点，以简单的品酒、葡萄园游项目为主要内容，以体验最基本的葡萄酒文化为中心。

2. 参照群体

参照群体是指那些直接或间接影响消费者态度、价值观和行为的群体。在葡萄酒旅游中，参照群体的影响无处不在，如家庭、朋友群体、社交俱乐部或葡萄酒爱好者团体等。

3. 文化与亚文化

文化深刻地影响着葡萄酒旅游者的消费行为。在日常生活和社交活动中，葡萄酒是西方文化中必不可少的一部分。例如，在法国、意大利等国家，人们从小就接触葡萄酒，对葡萄酒的酿造工艺、品种特点、品鉴方法等方面的知识和经验都非常丰富，因此，消费者更注重在旅游过程中对葡萄酒文化的深度体验，比如参与传统的葡萄酒酿造过程，学习当地的葡萄酒历史和文化传统。而东方文化中，葡萄酒文化相对于传统的茶文化而言，仍是时尚、新奇旅游体验的代名词，参与葡萄酒旅游或许更多的是受到西方文化的熏陶。他们可能更注重葡萄酒旅游景点的景观设计、酒庄配套的餐饮娱乐设施等在旅游过程中的娱乐性和休闲性。

亚文化也起到一定的作用。比如青年人中的文艺群体，他们比较倾向于选择一些有创意的酒庄或葡萄酒旅游项目，如参加品酒聚会，或参与到与酒、美术、音乐结合起来的葡萄酒旅游项目当中来。而老年人中的葡萄酒发烧友会选择环境幽雅、品质稳定的酒庄，他们可能比较重视葡萄酒的保健功效及传统的文化旅游。

综上，对酒类游客行为产生诸多影响的是社会阶层、参照阶层、文化以及亚文化等社会因素，葡萄酒旅游企业及从业者为了更好地满足消费者的需要，就需要对影响其消费行为的社会因素予以充分的考虑。

（三）经济因素

1. 宏观经济环境与消费者可支配收入水平

消费者可支配收入水平的高低取决于宏观经济水平，其相应地也会影响葡萄酒旅游消费行为。总体就业率高、薪资稳定增长、消费者可支配收入宽裕的宏观经济繁荣时期，消费者会将更多资金配置到葡萄酒旅游消费中，选择去法国香槟区、澳大利亚巴罗萨谷等距离较远、知名度较高、档次较高的葡萄酒产区的奢华葡萄酒旅行套餐，如入住高级酒庄酒店，参加专业课程，体验美酒配美食等。

相反，在经济不景气时期，如果出现下降性经济周期，失业率不断上升，消费者收入也大幅下降甚至失业，使消费者可支配收入大幅缩水，他们会更加关注自身消费预算的规划，在自由消费如葡萄酒旅游方面大幅削减开支。消费者会将最基本的生存需求放在第一位，优先满足基本生活的必需品购置，对葡萄酒旅游这样的非必需品的需求将会被延迟或推迟，将葡萄酒旅游转变至比较经济实惠的葡萄酒旅游度假方式，也可能是本地区的小酒庄一日游，主要以品尝与参观葡萄园区为主，将住宿、餐饮和葡萄酒购买消费降至最低。

另外，宏观经济环境会影响消费者消费信心。当经济形势大好，消费者对收入预期较为乐观稳定时，更愿意进行葡萄酒旅游消费，甚至有预期并提前规划、预订几周甚至是几个月后的旅游行程，以获得一个划算的价格以及不错的旅游服务；而当经济不景气，消费者信心受到打击时，即使自身有一定收入，也会因对未来不确定的情形失去消费欲望。

2. 葡萄酒旅游产品价格弹性与消费者敏感度

葡萄酒旅游产品有一定的价格弹性，这在一定程度上取决于消费者的敏感度。价格弹性是对旅游产品价格变动产生需求量变动的影响程度。价格弹性较大的葡萄酒旅游产品，如普通档次的酒庄入门酒品鉴套餐、葡萄园游览观光等，一方面消费者可能由于价格上略有上升便感到性价比不优，从而予以减少购买，或者寻找替代品；另一方面，由于这类酒类产品价格弹性较大，厂家有意维持其价格的相对稳定，故提高这类产品价格，有利于稳定该产品市场。价格弹性较小的葡萄酒旅游产品，如限量版的葡萄酒品鉴、知名酿酒师掌酒的葡萄酒工作坊、顶级酒庄的私人定制游等，一方面由于这类产品往往是市场导向的，可以通过提价来响应市场需求；另一方面，由于大多数产品价格弹性较小，这类产品的价格上涨由于供给有限、市场需求旺盛等因素，往往不致使需求量出现过大的变化。

受各种因素的影响，消费者对葡萄酒旅游产品的价格因素也更为敏感，高收入者对物价波动的敏感性比中低收入者低，这是由个人收入高低的差异造成的。其价格敏感度也可能受消费者对葡萄酒兴趣程度、专业能力的影响，资深葡萄酒爱好者可能愿意投入更多的费用去尝鲜稀有葡萄品种酒，或对葡萄酒的酿造技术有更深入的了解；普通的消费者可能更看重实惠的价格，或更注重旅游的基本体验。

3. 汇率波动对国际葡萄酒旅游市场的影响

当本国货币相对于葡萄酒旅游目的地国家的货币升值时，就意味着消费者可以在兑换外币时获得更多的外币额度，消费者可以通过兑换获得更多的外币，这使得包括机票、住宿、餐饮和购买葡萄酒等费用在内的葡萄酒旅游目的地成本相对降低。

综上，宏观经济环境、葡萄酒旅游产品价格弹性以及汇率波动等经济因素相互交织，影响着葡萄酒旅游消费者的活动。因此，葡萄酒旅游产品的价格弹性是为了制定合理的市场营销策略和价格策略，适应市场需求变化，促进葡萄酒旅游业发展的需要，葡萄酒旅游企业以及葡萄酒旅游从业者需要关注经济因素的变化。

（四）环境因素

1. 葡萄酒产地自然环境与生态旅游吸引力

自然环境是旅游活动得以开展的重要依据，在消费者行为中占有举足轻重的地位。广袤的葡萄园、起伏的丘陵、清澈的溪水以及宜人的气候等优美的自然景观构成视觉与感官上的独一无二体验，消费者往往被这些自然要素所吸引。如法国波尔多地区，其沿加龙河分布的葡萄园与中世纪城堡相互映衬，在阳光灿烂的日子里，游客漫步其中，不仅能欣赏到壮美的田园风光，而且能感受到浓郁的历史文化氛围，这种自然与人文的完美结合，极大地激发了消费者旅游的愿望。

丰富多样的生物多样性为生态旅游提供了丰富的资源，也是产地自然环境的主要特征。消费者有机会在参与葡萄酒旅游过程中观察到本地的植物及动物，认识葡萄园生态系统的运作情况。有的酒庄还开展有机葡萄园游览、鸟类观察等基于生态保护理念的旅游活动，满足消费者对生态旅游的需要。

2. 旅游目的地社会环境对游客行为的影响

旅游目的地周边的社会环境和治安水平与居民的友好程度是决定葡萄酒旅游消费者的行为选择和旅游体验的重要因素。对于葡萄酒旅游消费者而言，良好的社会治安环境是其放心旅游的基本条件，如意大利托斯卡纳地区相对较低的犯罪率和安全稳定的旅游环境，使得当地的游客能放心地在夜间漫步在小镇的街头；夜晚的户外葡萄酒品酒活动或是文化古迹参观不会引起担忧，这对于葡萄酒旅游者具有较强的吸引力。

影响消费行为的一个重要因素是居民的友善。当地热情好客的居民，让游客有一种归属感和认同感，从而为游客营造出一种温馨、愉悦的旅游氛围。例如，在新西兰马尔堡葡萄酒产区，当地居民以友善、乐于助人而闻名，游客在酒庄品尝葡萄酒时，可能会与酒庄主人或工作人员建立良好的关系，从而获得更多关于葡萄酒的知识和旅行建议，甚至可能会被邀请参加当地的家庭聚会或社区活动。这种积极的社交关系不仅丰富了旅游者的旅游体验，还可能促使旅游者延长旅游逗留时间，增加消费支出，并将旅游目的地推荐给他人。

3. 政策法规对葡萄酒旅游的作用

政策法规，如旅游签证政策、葡萄酒产业扶持政策等是葡萄酒旅游发展的重要内容，会对消费者的行为产生多方面的影响。旅游签证政策直接影响和决定国际游客的可进入性。宽松和便捷的签证政策能吸引更多的国外游客参与葡萄酒旅游。一些国家为了拉动旅游业发展，采取电子签证、免签证或签证简化措施等手段，使游客能更为便利地前往葡萄酒产地旅游。澳大利亚、新西兰等国对包括中国在内的国家采取电子签证申请方式，大大节省了签证办理时间和过程，方便中国、美国等主要客源国的游客前往澳大利亚著名的葡萄酒产区猎人谷和雅拉谷等地旅游，也大大促进了当地葡萄酒旅游发展，增加了国际游客流量。

葡萄酒产业的扶持政策对酒类旅游品质的提升、竞争力的增强都有很大的帮助作用。促进葡萄酒产业的发展，进而带动葡萄酒旅游的繁荣，政府通过资金扶持、税收优惠、技术研发补贴等手段实现。在法国，政府长期大力扶持葡萄酒产业，鼓励酒庄改造葡萄园和进行酿酒技术创新，这些举措不仅使法国的葡萄酒品质和知名度得到提升，而且使葡萄酒旅游资源更为丰富，产品也十分优质。在政府的支持下，酒庄可以更好地改善旅游设施，开发建设葡萄酒博物馆、举办葡萄酒主题节庆活动、吸引更多消费者前来体验多样化的旅游项目。消费者在受益于这些政策的旅游环境中，更愿意选择政策扶持力度大、产业发展成熟的葡萄酒产地进行旅游消费，从而享受到更高品质的葡萄酒旅游服务。

综上，葡萄酒产地自然环境、旅游目的地社会环境以及政策法规等环境因素相互作用，共同影响着葡萄酒旅游消费者的消费行为。葡萄酒旅游从业者和有关部门应当对环境因素予以足够重视，以创造良好的环境条件来吸引越来越多的消费者参与葡萄酒旅游。

四、葡萄酒旅游消费者行为特点

（一）消费动机多样化

1. 文化体验动机

如消费者了解葡萄酒的历史、酿造工艺、文化传统等；通过参观百年酒庄，了解不同时期葡萄酒的酿造工艺改变，体会葡萄酒文化积淀；参加葡萄酒文化活动，如葡萄酒品鉴会、葡萄酒节；在葡萄酒品鉴会和葡萄酒节上向专业人士学习葡萄酒品鉴方法，进一步拓宽葡萄酒的知识面。

2. 休闲度假动机

葡萄酒产区一般自然景观优美，比如连绵的葡萄园、宁静的乡村景观等。消费者选择葡萄酒旅游，是为了远离城市喧嚣的环境，在舒适、安静的环境下度假。另外，葡萄酒配以美食搭配也是葡萄酒旅游的一个亮点。

3. 社交互动动机

葡萄酒旅游给人们带来社交机会，游客一同前往酒庄、品鉴葡萄酒、分享旅游的快乐、增进彼此间的联系。来自不同地区的人们分享对葡萄酒的偏好、认识以及体会，拓展社交圈子。

（二）决策过程复杂

1. 信息收集广泛

消费者会通过多种途径进行信息搜集，包括网络旅游平台、葡萄酒专业网站、社会化媒介、旅游书籍杂志等。对于不同葡萄酒产区的特征，酒庄的声誉，旅游产品的价格、品质等等，他们都会比较不同。其他游客的游记、评论等也会被关注。这些口碑信息对其决策的影响是举足轻重的。

2. 考虑因素众多

第一，葡萄酒质量。消费者对葡萄酒的口感、香气和品质等级有很高的要求,通常会选择那些以出产优质葡萄酒而闻名于世的产区和酒庄。

第二,服务质量。包括交通、住宿、餐饮、导游服务等。在旅游过程中消费者希望得到舒适便捷的服务。

第三,价格。葡萄酒旅游产品将由消费者根据自身预算自行选择。对于不同产品的价位和价值,消费者会进行比较和权衡。

3. 决策时间较长

葡萄酒旅游是比较专业、比较复杂的。消费者规划葡萄酒旅游行程,可能需要提前几个月甚至更长时间。

(三) 消费行为具有专业性

1. 对葡萄酒知识有一定了解

葡萄酒旅游消费者平时对葡萄酒有一定的兴趣和认识,如熟悉不同葡萄品种、产区特点、酿造方法等。在旅游过程中,消费者会主动和酒庄工作人员进行沟通,使自己的葡萄酒知识水平得到进一步的提高。有些消费者甚至是葡萄酒发烧友或收藏者,对葡萄酒的品质、价值鉴别能力都很高。

2. 注重品酒体验

酒是葡萄酒旅游的一个核心环节。消费者会仔细品尝不同的酒,观察它的颜色、气味以及味道,评价葡萄酒。他们也许会关注葡萄酒的环境,专业的葡萄酒指导以及葡萄酒与餐的搭配。有的消费者还会购买自己喜欢的葡萄酒作为纪念品或收藏。

3. 参与葡萄酒相关活动

消费者参与葡萄酒酿造体验、葡萄采摘、葡萄酒课程等活动。这些活动一方面增加了旅游的趣味性,另一方面让消费者对葡萄酒的生产过程有更直接的了解。

(四) 消费忠诚度较高

1. 重复消费可能性大

消费者一旦对某一葡萄酒产区、某一酒庄的旅游到访表示满意,他们会再次选择同一地区的葡萄酒旅游区。因为葡萄酒旅游能够给消费者带来良好甚至独特的体验与回忆。

2. 品牌意识较强

消费者会在葡萄酒旅游过程中对一些酒庄和优秀葡萄酒品牌有很深的印象,会成为这些品牌的忠实粉丝,持续关注他们的产品和活动。

五、研究葡萄酒旅游消费者行为的重要性

(一)对旅游企业和酒庄具有决策意义

首先,通过对消费者需求的了解和对消费需求的偏好研究,旅游商家和酒庄能够有针对性地开发产品与服务。比如,如果消费者在葡萄酒旅游中对品酒体验比较重视,那么企业和酒庄就可以增加品酒活动的投入,在提供专业品酒指导的同时,提供高品质的酒类产品。又如,消费者对酒文化知识有较强的需要,可开发满足消费者求知欲的酒文化讲座、酒庄历史考察等项目。

其次,为旅游企业及酒庄制定合理的价格策略提供依据。企业和酒庄可以通过对不同价格区间内消费者对产品、服务的接受程度进行分析,从而确定既能保证自身利润又能吸引消费者的价格策略。同时了解消费者的价格敏感性,有助于在促销活动中制定更加有效的价格优惠措施,提高产品及服务的竞争力。

最后,能够为旅游企业及酒庄的市场推广提供依据。旅游企业、酒庄通过掌握消费者获取信息的渠道、消费者决策过程、影响消费者决策的因素,可以进行市场定位,选择合适的营销渠道以及推广手段。如可以针对年轻化消费群体,在社交平台进行宣传推广;而对于高端消费者,可以通过参加葡萄酒专业展会等方式进行品牌推广。

(二)有助于目的地旅游规划与开发

第一,葡萄酒旅游目的地的核心吸引力和发展方向可以通过对消费者旅游动机、行为模式和满意度的研究而确定。

第二,对葡萄酒旅游目的地的基础设施、服务设施建设等方面进行优化,是有帮助的。了解消费者在交通、住宿、餐饮等方面的需求和期望,可有的放矢地改善目的地交通状况,增加住宿选择,提升餐饮品质。同时,加强旅游从业人员培训,提高服务水平,以消费者对旅游服务的要求为出发点和落脚点,为消费者提供更加优质的旅游服务。

第三,推动产业融合,协同发展葡萄酒旅游目的地。葡萄酒主题酒店、葡萄酒美食餐厅、葡萄酒文化创意产品等与葡萄酒相关的其他行业的发展机会,可以通过分析消费者在葡萄酒旅游过程中的消费行为来发现。能够丰富目的地旅游产品体系,增强目的地综合竞争力,促进这些产业与葡萄酒旅游的融合发展。

（三）推动葡萄酒文化传播与传承

首先，为消费者提供了一种亲身经历酒文化的平台。消费者可以通过参观酒庄、品尝酒品、参加葡萄酒文化活动等形式，对葡萄酒历史、酿造工艺、品鉴方法等知识有较深的认识，从而加深对葡萄酒文化的理解。这种亲身体验式的学习方式比起传统的书本知识传播更加形象直观，可以激发消费者对葡萄酒文化的兴趣。

其次，在葡萄酒旅游过程中，消费者的行为和反哺也给葡萄酒文化传播提供了重要的渠道。消费者将自己的旅游经历与感受分享给亲友，通过口碑传播扩大葡萄酒文化的影响力。同时酒庄对葡萄酒文化产品及服务的不断创新与完善，也能促使消费者强化对其的传播。

综上，对于研究葡萄酒旅游的消费者行为具有现实意义。它能对旅游企业、酒庄决策及目的地旅游规划、开发产生积极的指导作用，并推动葡萄酒文化传承、传播，促进葡萄酒旅游产业可持续发展。

人文园地

葡萄酒旅游盛宴：闽宁镇的消费魅力与发展新篇

2023年9月29日，借乘第三届宁夏贺兰山东麓国际葡萄酒大赛、首届布鲁塞尔马瑟兰国际葡萄酒大赛举办之东风，该活动在闽宁镇拉开帷幕。活动持续到10月6日，除了葡萄酒大赛、展览展销等系列活动外，还有摇滚音乐节、美食狂欢节、农作共创节、星空观影展暨烟花民谣音乐会、"国潮市集"古风沉浸式体验、"非遗文化 匠心造物"等系列活动。

资料来源：胡冬梅.第三届宁夏贺兰山东麓国际葡萄酒大赛暨首届布鲁塞尔"马瑟兰"国际葡萄酒大赛正式启动.中国日报网，2023-10-06.

通过搜索资料，分析本次葡萄酒旅游的消费者主要具备哪些特点？本次葡萄酒旅游活动为当地带来哪些重要影响？

第三节 葡萄酒旅游目的地营销策划

一、葡萄酒旅游目的地营销策划基本概念

（一）概念界定

葡萄酒旅游目的地营销策划是指面向以葡萄酒产区、酒庄、葡萄酒文化等为主题的旅游目的地进行的有目的、有计划、有策略的营销过程，目的是将游客吸引到该目的地，体验与葡萄酒相关的旅游活动，进而带动当地葡萄酒产业和旅游经济发展。

（二）葡萄酒旅游目的地策划内容

营销策划是一个相对全面且系统的规划过程，从市场分析、产品开发、促销、渠道、客户关系管理甚至风险管理等多方面提出对策。它是目的地营销活动的整体构思和布局，要考虑诸多因素之间的关系，以保持营销活动的整体性。比如策划一个葡萄酒旅游目的地营销活动时，要考虑如何将葡萄酒产品与当地文化、自然风光结合在一起，设计出适合目标市场需求的旅游线路，同时要思考如何通过各种渠道将这些产品进行推广，如何处理可能会遇到的风险等诸多问题。

二、葡萄酒旅游目的地市场分析

（一）目标市场定位

明确要吸引的主要旅游客群，了解其年龄、性别、职业、兴趣爱好、消费习惯，通过市场调研收集相关数据，方法如问卷调查、访谈等，了解潜在游客需求与期望。葡萄酒旅游的目标客户群体范围比较广泛，例如葡萄酒爱好者群体、商务旅行者群体、休闲度假者群体、文化探险者群体等。

1. 葡萄酒爱好者

此类型目标客户对葡萄酒感兴趣,并对葡萄酒有一定研究,知道葡萄酒品种、酿造工艺、产区等;注重葡萄酒的品质及口感,愿意接受不同类型葡萄酒。

他们大致上存在三个方面的需求:一是参观葡萄酒产区,了解葡萄酒的生产,参观酒庄,了解葡萄酒的文化;二是参加葡萄酒的品鉴活动,体验不同风格的葡萄酒,提升品鉴能力;三是采购、收藏高品质的葡萄酒。他们的行为偏好大致分为三个方面:一是关注葡萄酒相关的报刊、网站和社交媒体,从中获取葡萄酒的信息与推荐;二是参加葡萄酒的展会、品鉴会等活动,彼此乐于交流分享;三是选择葡萄酒的旅游目的地,会优先考虑著名的葡萄酒产区和有特色的酒庄。

2. 休闲度假者

该类游客偏好休闲放松游,偏好远离城市,避免遇到城市中的压力和吵闹;偏好一切旅游目的地的自然环境及自然环境所构建的氛围,偏爱欣赏自然景观。

他们的需求大致分为三方面:一是参观葡萄园和酒庄,感受自然风光,放松心情;二是参加葡萄酒浴、瑜伽等休闲活动,缓解压力;三是入住舒适酒店或民宿,得到优质服务。他们的行为偏好大致分为三方面:一是会借助旅游相关的正式媒体和社交媒体等渠道关注旅游相关的信息和推荐;二是选择旅游目的地时会考虑自然环境、旅游设施、服务质量等因素;三是喜欢参加当地的节日和文化活动,体验当地的风土人情。

3. 商务旅行者

此类目标客户群因工作出差多,对旅游的便利性及舒适性要求较高,注重旅游目的地的商务设施和服务,对葡萄酒有一定了解和兴趣,认为葡萄酒可提升商务社交的氛围和品质。其大致可分为三个方面需求:一是在参加商务会议或活动的同时,体验当地的葡萄酒文化和美食;二是入住高档的酒店或商务会所,享受优良的商务设施和服务;三是购买当地特色葡萄酒作为商务礼品或是自己享用。其大致可分为三个方面行为偏好:一是关注商务旅行相关的媒体以获取商务旅行的信息和推荐;二是选择旅游目的地会考虑交通便利性、商务设施和服务质量等因素;三是可能会在商务活动中安排葡萄酒品鉴或晚宴来提升商务社交氛围和品质。

4. 文化探索者

此类目标客户群对不同的文化和历史有浓厚的兴趣,喜欢探索和了解当地的文化遗产和传统,对文化的深度和内涵有较高的追求。

他们大致有三个方面的需求：一是参观历史悠久的酒庄和葡萄酒产区，了解葡萄酒的历史及文化背景；二是参加葡萄酒文化讲座、展览等活动，了解葡萄酒文化的内涵和价值；三是购买当地的特色葡萄酒和文化纪念品，作为文化探索的见证和回忆。他们的行为偏好大致有三个方面：一是旅游时会通过媒体、网站和社交媒体关注文化旅游方面信息等；二是选择出游目的地时，考虑有丰富的文化遗产和传统等；三是喜欢与当地居民交流和互动等。

（二）竞争对手分析

分析竞争对手的产品（如葡萄酒旅游项目、服务设施）、价格策略、促销活动以及品牌形象等方面。比如，对比本葡萄酒旅游地和其他葡萄酒产区在葡萄酒品种、酒庄建筑风格、旅游体验活动丰富程度等方面的差异，从而找出自身的竞争优势和需要改进的方面。

（三）市场趋势分析

关注旅游市场的动态变化，如新兴的旅游需求（像生态旅游、亲子旅游与葡萄酒旅游的结合）、游客行为变化（更多依赖在线旅游平台预订）、技术对旅游的影响（虚拟现实体验葡萄酒酿造过程）等，以便及时调整营销策划。

三、产品规划与开发

（一）核心旅游产品设计

立足于目的地特色资源设计旅游产品。酒庄葡萄酒旅游目的地的核心产品主要是葡萄酒品鉴会、酒庄参观、葡萄采摘体验等，要保证能够提供优质的体验产品，比如品酒的时候要找品酒师主持活动，对葡萄酒的风味、酿造年份等进行讲解。

（二）产品差异化策略

立足于突出目的地的特色，避免同质化竞争。差异化的着力点在于：葡萄酒品种（当地特有葡萄品种酿造的葡萄酒）、旅游活动（在葡萄园举办星空下品酒音乐会）、当地文化与葡萄酒融合（有地方特色民俗文化的葡萄酒主题活动）等方面。

(三)产品组合与线路规划

把多个旅游产品巧妙整合,打造成一条连贯且完整的旅游线路。如策划"葡萄酒文化深度游"线路,这条线路涵盖了参观历史悠久的古老酒庄、品鉴珍稀难得的葡萄酒、深入学习葡萄酒酿造工艺、沉浸式体验葡萄酒与美食的精妙搭配等一系列丰富多样的活动,致力于让游客从多个维度、不同层面充分领略葡萄酒旅游的独特魅力。

四、价格策略制定

(一)定价方法选择

根据成本、需求和竞争情况确定产品价格。旅游产品成本是首先应该考虑的,包括旅游产品开发成本(酒庄建设、活动组织等)、运营成本(员工工资、原材料采购等)和营销成本。如果提供的产品包含目的地高品位的、只有在目的地可以体验到的限定套餐(限量版葡萄酒品鉴套餐、限量版葡萄酒等),则其价格可能基于价值进行定价。

(二)价格调整机制

考虑季节性因素(葡萄采摘季价格高)、市场因素(竞争对手降价、推出优惠等)、游客量变化因素(吸引更多的游客来,适应淡季低价),为了保持较好的利润,合理制定价格,需要建立可行的价格调整机制。例如:旅游淡季对葡萄酒旅游套餐打折,用以吸引更多的游客。

五、渠道策略规划

(一)线上渠道建设

线上渠道建设:在官方网站上展示目的地的旅游产品与服务资源信息,提供在线预订、支付功能,方便游客购买;在微信、微博、抖音等社交媒体平台上通过发布吸引眼球的图片、视频、文字等内容进行推广(比如展示美丽的葡萄园风景画面、有趣好玩的葡萄酒酿造视频等),以吸引用户关注及分享朋友圈;与OTA合作,提高产品的曝光率,进一步扩大销售渠道。

（二）线下渠道拓展

线下渠道拓展：与旅行社建立合作关系，将旅游产品纳入旅行社推荐线路。旅游目的地通过参加旅游类展会、精心策划举办旅游推介会、与旅游代理商或媒体等业内人士开展深度交流，积极与旅行社架起坚实的合作桥梁，将精心打造的旅游产品嵌套入旅行社精品推荐线路中，彰显目的地特色及优势，使品牌得到广泛宣传。如在大型旅游博览会上安排精美展位，展示当地葡萄酒及旅游纪念品。

六、促销策略设计

（一）广告宣传

制定广告计划，确定媒体投放途径：合理运用传统媒体（报纸、杂志、电视广告），面向较为广泛的受众；同时也应合理运用新媒体广告（搜索引擎广告、社交媒体信息流广告）等途径进行推广，针对目标消费群体进行精准定位。广告内容需突出特色和亮点：例如"来［目的地名称］，开启浪漫葡萄酒之旅；一城顶级美酒；一城田园风光"等等。

（二）促销活动策划

目的地常见的促销活动包括举办葡萄酒节、提供买一送一的旅游套餐优惠、开展会员积点活动。举办葡萄酒节能让大批游客就近品尝各酒庄葡萄酒的同时，观看当地的民族表演、品尝当地美食。开展会员积分活动能够提高游客的忠诚度，游客每花费一次能积分，积分可以奖励葡萄酒、旅游纪念品或是下次旅行的打折优惠。旅游套餐优惠则对价格敏感型消费者具有较大吸引力。

（三）公共关系维护

目的地应与媒体、旅游博主、意见领袖等建立良好关系，邀请他们亲身体验旅游产品，通过宣传报道和推荐，达到提高目的地知名度和美誉度的目的。如邀请知名旅游博主到酒庄体验，将体验分享在博客或社交媒体账号上，以吸引其粉丝形成口碑裂变传播。

七、客户关系管理规划

（一）客户服务优化

目的地应提供优质的旅游前咨询解答、旅游过程中的周到服务（包含专业导游讲解、及时解决游客遇到的问题）和旅游后的反馈收集。例如为游客配备专业的葡萄酒导游，可以详细介绍葡萄酒知识，也将当地的文化背景详细介绍给游客，将游客的体验做到位。

（二）客户忠诚度培养

目的地酒庄、旅游企业为会员设立会员制度，让会员获得会员专属特权，如会员特权、会员专属优惠、会员优先订房等，不定期与客户保持联系，进行个性化旅游推介、节日祝福，增加客户黏度，提高客户忠诚度。例如会员每年一次的免费葡萄酒品鉴活动，根据其消费喜好，推荐适合他们的旅游线路。

八、风险管理与评估

（一）风险识别与评估

风险识别与评估指对相关灾害风险的辨识，包括自然灾害（如自然灾害会对葡萄园和旅游设施造成破坏）、市场风险（如旅游需求减少、竞争对手的强大冲击）、政策风险（如旅游政策不利变动）等等。

（二）风险应对策略制定

目的地须对不同的风险采取相应的应对措施。针对自然灾害风险可购买保险，并且制定应急预案，在遭受暴雨等灾害后及时将受损的葡萄园和设施修复等。

九、政府的政策支持与资金扶持

（一）政策支持

1. 建立监管体系

以葡萄牙为例，葡萄牙政府很早就建立起国家和地区的两级葡萄酒管理体系，对葡萄的种植、酒业的贸易进行监管。中国政府可以以此为经验，建立权威的监管体系，规范葡萄酒旅游的市场，保证葡萄酒的品质以及旅游服务的品质，从而提升消费者对于葡萄酒旅游目的地的信任度，有利于葡萄酒旅游的可持续发展。

加强对葡萄酒生产、销售及旅游服务的监督，打击假冒伪劣产品和不正当经营行为，维护市场秩序，建立健全葡萄酒旅游标准规范，提高旅游服务的水平和服务的质量。

2. 制定发展规划

政府可以制定葡萄酒旅游目的地的发展规划，明确发展目标、重点任务和实施步骤。规划应结合当地的自然、文化和经济资源，突出特色和优势，打造具有竞争力的葡萄酒旅游目的地。宁夏政府颁布了《关于创新财政支农方式 加快葡萄产业发展的扶持政策暨实施办法》，该政策从六个不同领域着手，进一步强化对贺兰山东麓葡萄产业的扶持力度。在具体的扶持举措中，政府明确鼓励酒庄和企业于国内一二线城市搭建宁夏产区葡萄酒的展销展示平台，并且会为达成这一目标的酒庄和企业提供相应的资金奖励，以此推动贺兰山东麓葡萄产业的发展。

3. 推动产业融合

政府可以实现葡萄酒产业同旅游、文化、农业等产业的融合发展，形成产业链条，提升产业附加值。如可以推进葡萄酒旅游与乡村旅游、文化遗产旅游融合，开发不同的旅游产品。

强化葡萄酒旅游目的地和周边景区、景点之间的协同合作，通过有机整合各方资源，精心规划串联起特色旅游线路，达成资源的互通有无、优势的相互补充。倡导酒庄和企业积极举办葡萄酒文化体验活动、美食节、音乐节等丰富多彩的文旅活动，持续充实旅游项目的内容，从而增强旅游目的地对游客的吸引力，提升游客的旅游体验。

4. 加强宣传推广

政府可以通过多种渠道加强对葡萄酒旅游目的地的宣传推广，尤其可利用新媒体（抖音、小红书等）的宣传推广，举办葡萄酒旅游节、推介会等活动，鼓励酒庄以及企业做好品牌建设，提高品牌形象和市场竞争力。

（二）资金扶持

1. 奖励政策

政府可以制定奖励政策，对在葡萄酒旅游目的地发展中做出突出贡献的酒庄、企业和个人进行奖励。例如，宁夏出台政策，凡在北京、上海、广州等一线城市建立 100 平方米以上的贺兰山东麓葡萄营销展示中心，政府财政将给予 100 万元的奖励。

对开展技术创新、人才培育、基地建设、社会化服务等方面工作的酒庄和企业给予资金奖励，鼓励他们不断提升自身实力和竞争力。

2. 贷款担保和贴息

政府可以建立贷款担保、贷款贴息、贷款风险补偿三种机制，扶持葡萄酒产业提质增效。为酒庄和企业提供贷款担保，降低银行贷款风险，帮助它们获得更多的资金支持。

对符合条件的酒庄和企业给予贷款贴息，降低融资成本，鼓励它们加大投资力度，推动葡萄酒旅游目的地的发展。

3. 基础设施建设

政府可以投入资金加强葡萄酒相关目的地基础设施建设，特别是改善交通、通信、水电等条件，提高旅游的接待能力。如可以修建道路、停车场、游客服务中心等。要加强葡萄酒旅游景区景点的建设与改造，提升景区品质与竞争力；加大环境保护、生态建设投入，打造良好旅游环境。

4. 人才培养

设立专项资金，培养葡萄酒领域人才。政府一方面通过给予高校和职业院校一定的支持，推动葡萄酒旅游相关专业课程的改革，培养出符合要求的专业人才；另一方面，通过对酒庄或企业员工进行培训，提升其业务能力与服务水平。

此外，政府还要重视内部人才的培养，重引进人才的同时，也提倡酒庄、企业与高校、科研机构的产学研结合，提高科技创新能力。

综上，葡萄酒旅游目的地营销策划要从市场、产品、价格、渠道、促销、客户关系、风险等方面谋划系统全面的营销方案，塑造旅游目的地整体形象，提升旅游目的地知名度、美誉度和竞争力，实现长期的、可持续发展的旅游，并且不能只是注重游客数量的增加，而忽略游客满意度、忠诚度和目的地的社会与经济效益等多层面的目标。

另外,政府部门对于促进葡萄酒旅游目的地发展可以给予多种多样的政策支持与资金扶持,发挥好主体引导与推动作用。通过相关政策支持(如建立监管体系、制定发展规划、促进产业融合、加大宣传推广等)、资金扶持(如给予奖励、贷款担保和贴息、基础设施建设、人才培养等)的方式,促进葡萄酒旅游目的地可持续发展、增强竞争力与影响力。

人文园地

宁夏贺兰山东麓的"紫色名片"

宁夏贺兰山东麓葡萄酒产区通过"葡萄酒+文旅"融合发展模式,成功将葡萄酒产业打造成宁夏的"紫色名片",并推动该地区成为国际葡萄酒旅游目的地。

"贺兰红"葡萄酒凭借卓越品质获得国际认可,销售网络覆盖国内主要经济区域,品牌价值达301.07亿元,位列全国地理标志产品区域品牌榜第9位。产区内的酒庄积极拓展文旅功能,70%~80%的葡萄酒销售额归功于文旅带动。如志辉源石酒庄开展认植计划,组织丰富的旅游活动;贺东庄园保护百年老藤,打造生态旅游项目;利思酒庄凭借葡园民宿、帐篷营地等特色项目,成为游客向往的旅游目的地。

宁夏还积极推动酒庄文化体验、休闲度假产品开发,将葡萄种植、葡萄酒酿造、葡萄酒品鉴等环节融入旅游产品开发中。目前,区内A级旅游景区酒庄已达14家,其中AAAA级景区酒庄4家,年接待游客数量超过135万人次,旅游显著地带动了葡萄酒销售。

此外,宁夏政府通过举办国际葡萄与葡萄酒产业大会、国际葡萄酒文化旅游博览会等活动,进一步提升产区的国际影响力,推动葡萄酒全产业链实现综合效益协同发展。贺兰山东麓葡萄酒产区的成功案例,为国内葡萄酒产业的文旅融合发展提供了宝贵经验与借鉴。

贺兰山东麓葡萄酒产区通过品牌战略和文旅融合,成功打响了"紫色名片"。你认为可以通过哪些创新方式进一步挖掘和传播葡萄酒文化,吸引更多游客参与葡萄酒旅游?在葡萄酒旅游开发过程中,又如何更好地融入国际视野,吸引国际游客?

主要术语

旅游目的地；品牌建设；市场结构；业态发展；社区发展；区域带动；消费者行为；葡萄酒旅游目的地

思考与讨论

1. 国内外葡萄酒旅游目的地在发展模式上有哪些异同点？
2. 中国的葡萄酒旅游目的地如何进一步提升在国际上的知名度和竞争力？
3. 社区发展的包容性对于葡萄酒旅游目的地的可持续发展起到了怎样的作用？
4. 葡萄酒旅游消费者行为的影响因素有哪些？
5. 葡萄酒旅游消费者行为的特点是什么？
6. 葡萄酒旅游目的地策划的主要内容包括什么？
7. 张裕葡萄酒在世界享有盛誉，但是作为旅游目的地的烟台市，葡萄酒旅游发展仍有较大空间。你认为烟台政府应从哪些方面促进葡萄酒旅游目的地的发展？

任务实训

1. 以小组为单位，选择一个国内葡萄酒旅游目的地，为其设计一条2~3天的特色旅游线路，涵盖酒庄参观、葡萄酒品鉴、美食体验、文化活动、休闲娱乐等项目，突出目的地的特色和优势。
2. 以小组为单位，从消费者行为影响因素角度设置一份问卷调查并进行数据分析，将分析结果以PPT形式展示汇报。
3. 以小组为单位，请为烟台市制作一份葡萄酒目的地营销策划方案，以PPT形式展示汇报。

第九章

葡萄酒酒庄"旅游+"经典案例

思维导图

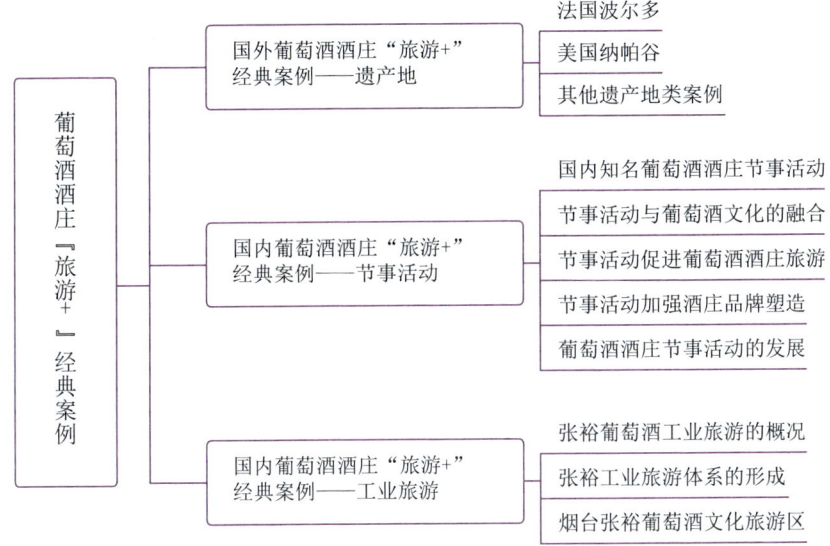

学习目标

1. 了解国内外葡萄酒酒庄"旅游+"经典案例
2. 了解国内外葡萄酒酒庄"旅游+"遗产地、节事活动和工业旅游的特点

开篇案例

烟台葡萄酒"链"上开花

经过132年的发展,烟台葡萄酒产业实现了从无到有、从小到大、从单一酿酒向全产业链集聚发展的蜕变。葡萄酒这条产业链上开出了一片花海。这条产业链上,既有从历史中走来而历久弥新的张裕,又有威龙、君顶、长城等后起之秀;既有本土培育的安诺、文成、国宾等酒庄,又有来自法国的拉菲珑岱,来自英国的苏各兰,来自加拿大的盛葡菲;既有世界知名的头部企业,又有遍地开花的中小企业……这条产业链上,可谓花开满园、姹紫嫣红。

产业链上开出创新之花。烟台拥有国家葡萄酒及白酒露酒产品质量监督检验中心、国家现代葡萄产业技术体系胶东综合试验站等一批专业科研机构。莱山瀑拉谷成立科技创新中心,组建技术创新联盟,与中国农业大学合作建立教授工作站。张裕获评"2023全球最强葡萄酒&香槟品牌"榜单第一名,创建中国葡萄酒风味与健康研究院科创平台;中粮长城获批"葡萄良种选育与良法栽培山东省工程研究中心"。

产业链上开出品牌之花。葡萄酒产业链带动酒庄酒企积极参与国内外知名葡萄酒大赛。仅近三年,烟台葡萄酒就累计荣获500多项大奖,年均获奖高达168项,居国内各产区前茅。2021年,全市葡萄酒荣获86项奖项;2022年,获奖总数增至176项;2023年,获奖总数进一步增至243项。烟台葡萄酒的奖牌质量和含金量不断提高。

产业链上开出融合发展之花。古朴庄重、焕新升级的张裕酒文化博物馆,诉说着烟台产区的百年辉煌;中西合璧、古今交融的朝阳街葡萄酒主题街区,展示着酒城烟台的独特风貌;美景如画、名庄汇聚的丘山谷,奏响了乡村振兴的"奋进曲";星罗棋布、风格各异的60余座酒庄,绘就了烟台葡萄酒产业的"紫色画卷"……烟台葡萄酒产区正乘着"链长制"的东风,不断谱写一曲又一曲东方葡萄酒的优美故事。

资料来源:节选自董卿,从春龙.烟台葡萄酒"链"上开花.大众日报,2024-09-19.

第一节 国外葡萄酒酒庄"旅游+"经典案例——遗产地

在探讨国外葡萄酒酒庄"旅游+"的经典案例时,那些已被联合国教科文组织遴选为世界文化遗产的璀璨葡萄酒产区,是自然风光的瑰宝,更是人类智慧的结晶。通过"旅游+"的创新理念,我们将这些产区的独特魅力与多元化旅游体验深度融合,旨在打造一场超越传统游览范畴的沉浸式文化之旅。

"旅游+"概念的核心在于将传统的观光游览升级为集文化体验、教育学习、休闲康养、科技互动等多维度于一体的综合性旅游业态。在葡萄酒酒庄旅游中,"旅游+"不仅意味着品酒与参观酒庄,更涵盖了对葡萄酒文化的深度探索、利用现代科技手段提升游客体验以及与当地社区及自然的和谐共生。

具体到世界遗产级的葡萄酒产区,如法国的波尔多、意大利的皮埃蒙特、智利的中央山谷等,打造出大致五大品类"旅游+"整合体验。

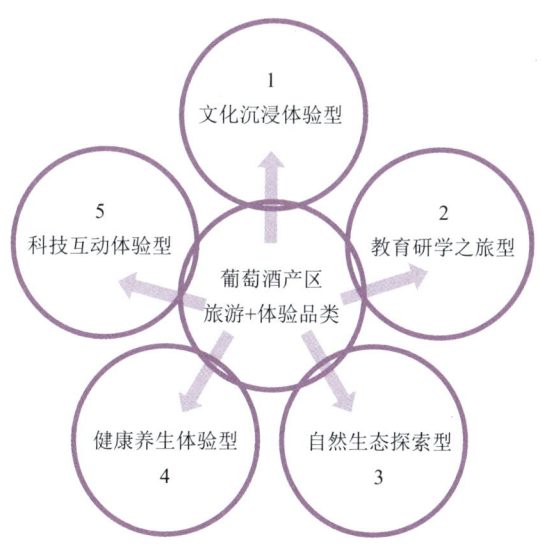

图 9-1 葡萄酒产区遗产地旅游+体验品类

第一种文化沉浸体验型:通过组织葡萄酒文化讲座、葡萄酒历史展览、酒庄故事分享会等活动,让游客了解产区背后的历史、传统与工艺,感受葡萄酒文化的深厚底蕴。这部分适合对葡萄酒文化痴迷的人群。

第二种教育研学之旅型：这一品类主要为葡萄酒爱好者、学生及专业人士设计葡萄酒品鉴课程、酿造工艺实践、葡萄园生态考察等研学项目，提供全方位的学习体验。

第三种自然生态探索型：结合产区的自然风光，开展徒步、骑行、游船等户外活动，让游客在品味美酒的同时，也能享受大自然的宁静与美丽。这一品类适合年龄比较大的中老年高端客户群体。

第四种健康养生体验型：这也是适用于中老年高端客户群体的另一品类产品，利用葡萄酒的保健功效，推出葡萄酒 SPA、养生餐饮、瑜伽冥想等健康养生项目，满足游客对身心健康的追求。

第五种科技互动体验型：利用 AR/VR/MR 等技术、智能导览系统等现代科技手段，为游客提供虚拟品鉴、酒庄虚拟漫游等创新体验，增强游览的趣味性和互动性。

这些"旅游+"的整合设计，可以让游客在品味美酒的同时，更加深入地了解葡萄酒文化及其背后的故事，还能在旅行中获得知识、享受乐趣、放松身心，实现旅游体验的全面升级。

一、法国波尔多

法国的葡萄酒主要遗产地除了圣埃美隆这一世界文化遗产级别的子产区，还可以将波亚克、玛歌、苏玳等同样享有盛誉的子产区纳入行程，每个区域都有其独特的土壤、气候和葡萄品种，共同构成了波尔多葡萄酒的多样性。

葡萄酒旅游的独特魅力在于让游客在专属的时光里，深入探索酒庄的灵魂与葡萄酒的奥秘。通过独特的设计与安排，游客得以享受更为私密与个性化的体验，不仅穿梭于酿造车间与酒窖之间，近距离感受葡萄酒的诞生之地，更有机会与酿酒大师面对面，聆听他们讲述酒庄的悠久历史、精湛技艺与不断创新的故事。由经验丰富的品酒师亲自引领，引领游客踏上一场味蕾的盛宴，从观色到闻香，再到品味，全方位解析葡萄酒的细腻层次与独特风味，同时探索葡萄酒与美食的完美搭配艺术，让每一次举杯都成为一次文化与味觉的双重享受。法国波尔多葡萄酒之旅，充分展现了葡萄酒旅游的文化深度、教育意义及尊贵体验，为游客带来难以忘怀的旅行记忆。

(一)酒庄参观

法国波尔多酒庄以其卓越的葡萄酒酿造传统和独特的酒庄文化闻名于世。酒庄全年接受参观预约,每年的4~9月堪称参观的黄金时段。在这段时间里,葡萄园宛如一片绿色的海洋,郁郁葱葱的葡萄藤蔓延开来,那浓郁的绿意仿佛在诉说着生命的活力与成长的故事,为游客提供了绝佳的观赏和学习环境。

1. 目标人群分析

葡萄酒爱好者:他们对葡萄酒有着浓厚的兴趣,热衷于探索不同品种葡萄酒的风味、酿造工艺以及背后的文化内涵。对于这些人来说,参观波尔多酒庄就像是一次探寻葡萄酒奥秘的求知之旅。

旅行团:波尔多是著名的旅游胜地,旅行团将酒庄参观纳入行程,可以为游客提供丰富而独特的旅游体验。游客们可以在欣赏波尔多美丽风景的同时,深入了解当地的特色产业——葡萄酒酿造业。

文化探索者:波尔多酒庄承载着悠久的历史和丰富的文化。从古老的酿造传统到家族式的经营传承,每一个环节都蕴含着深厚的文化底蕴。文化探索者们希望通过参观酒庄,挖掘出法国文化在葡萄酒领域的独特表现。

美食家:葡萄酒与美食搭配是一门艺术。美食家们深知波尔多葡萄酒在美食搭配中的重要地位,他们来到酒庄,不仅是为了品尝美酒,更是为了探寻葡萄酒与当地美食乃至世界各地美食的完美搭配之道。

2. 特色活动深度设计

(1)深度参观酿造车间和酒窖

酿造车间是葡萄酒诞生的地方,游客可以近距离观察到从葡萄采摘后的筛选、去梗、破皮,到发酵、陈酿等各个环节的现代化设备与传统工艺的结合。例如,在发酵环节,游客可以看到巨大的橡木发酵桶,了解到不同品种的葡萄发酵时的温度、时间控制等细节。

酒窖则是葡萄酒沉睡和成长的地方。波尔多酒庄的酒窖往往有着独特的建筑风格,弥漫着浓郁的橡木香气。游客在这里可以看到一排排整齐摆放的橡木桶,了解橡木桶在葡萄酒陈酿过程中的作用,赋予葡萄酒复杂的香气和口感。

(2)与酿酒师面对面交流

酿酒师是酒庄的灵魂人物,他们的经验和技艺决定了葡萄酒的品质。游客将有机会与酿酒师进行深入的交流,聆听他们讲述每一年葡萄的生长情况,如何根据天气、土壤等因素调整酿造工艺。

酿酒师还会分享酒庄的历史传承，比如酒庄是如何历经家族几代人的努力而发展至今的，以及在传承过程中所面临的挑战和创新。例如，一些古老的酒庄在保留传统酿造工艺的基础上，如何引入现代科技手段来提高葡萄酒的品质和稳定性。

（3）专业导览服务

专业的导览员将全程陪伴游客，他们不仅对酒庄的布局、酿造流程等了如指掌，还能深入讲解波尔多葡萄酒的分级制度。导览员会向游客介绍不同级别葡萄酒的特点，如一级庄葡萄酒在品质、口感、价格等方面的独特之处，以及这些分级背后的历史和商业因素。

导览员还会结合酒庄的建筑风格、园林景观等，讲述酒庄在波尔多葡萄酒产区中的地位和特色，让游客对整个波尔多葡萄酒文化有更全面的认识。

（二）私人品鉴课程

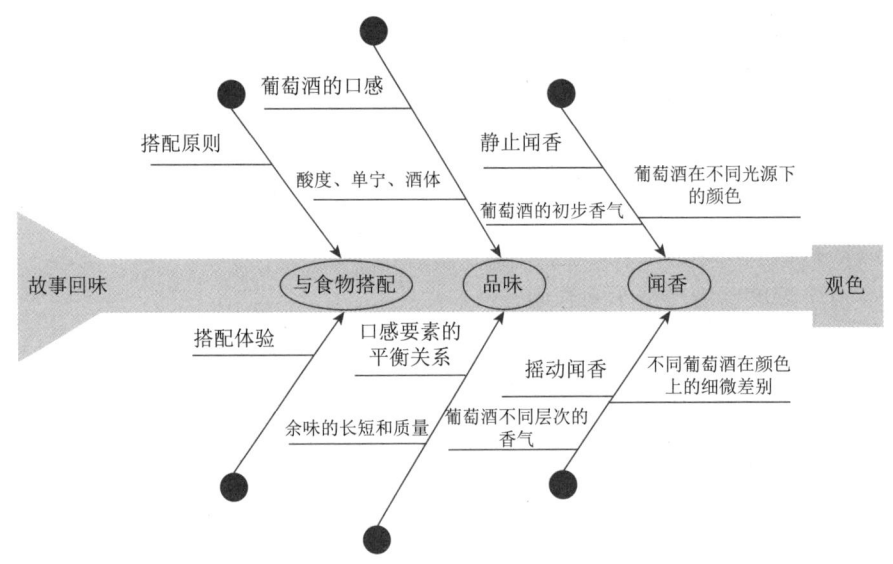

图9-2 私人品鉴课程内容

1. 观色环节

资深品酒师会引导游客观察葡萄酒在不同光源下的颜色。在自然光下，葡萄酒可能呈现出紫红色、宝石红色或石榴红色等不同色调。品酒师会详细解释颜色与葡萄酒的年龄、品种、酿造工艺等因素的关系。例如，年轻的红葡萄酒往往颜色较深，随着年龄的增长，颜色会逐渐变浅并呈现出更多的砖红色调。同时，品酒师还会展示不同品种葡萄酒在颜色上的细微差别，如赤霞珠葡萄酒颜色较浓郁深邃，而黑皮诺葡萄酒颜色相对较浅淡。

2. 闻香环节

品酒师会指导游客通过不同的闻香方式来捕捉葡萄酒的香气。首先是静止闻香，游客可以感受到葡萄酒的初步香气，如水果香、花香等。其次是摇动闻香，此时葡萄酒与空气充分接触，更多复杂的香气会散发出来，如橡木桶带来的森林、烟熏香气，以及葡萄酒在发酵过程中产生的酵母香气等。

品酒师会详细介绍如何区分不同层次的香气以及这些香气与葡萄品种、酿造过程中使用的酵母、橡木桶类型等的关系。例如，使用法国橡木桶陈酿的葡萄酒可能会带有更多的香料香气，而使用美国橡木桶的则可能有更浓郁的香草香气。

3. 品味环节

游客在品酒师的指导下品尝葡萄酒，感受葡萄酒在口腔中的口感。品酒师会引导游客注意葡萄酒的酸度、单宁、酒体等要素。例如，酸度较高的葡萄酒口感清新，单宁较重的葡萄酒会给口腔带来一种干涩的感觉，酒体则反映了葡萄酒的重量和浓度。

品酒师会解释这些口感要素之间的平衡关系，以及如何根据这些要素来判断葡萄酒的品质。同时，游客还会学习到如何在口中感受葡萄酒的余味。余味的长短和质量也是评判葡萄酒好坏的重要标准之一。

4. 葡萄酒与食物搭配艺术

品酒师会在课程中深入讲解葡萄酒与食物搭配的基本原则。例如，酸度高的葡萄酒适合搭配油脂丰富的食物，因为酸度可以平衡油脂的油腻感；单宁较重的葡萄酒适合搭配肉类，因为单宁可以与肉类中的蛋白质结合，使口感更加柔和。

课程中会安排实际的搭配体验，让游客品尝不同的葡萄酒与当地特色美食的搭配，如波尔多的牛排搭配酒庄的赤霞珠葡萄酒，感受肉香与酒香在口腔中的完美融合。同时，品酒师也会介绍一些创新的搭配方式，如将波尔多甜酒与奶酪搭配，展示葡萄酒与食物搭配的无限可能。

品酒师还会分享葡萄酒与国际美食的搭配案例，如波尔多葡萄酒与意大利面、寿司等不同国家美食的搭配思路。

5. 酒庄故事与酿酒技艺的融入

在品鉴课程中，品酒师会穿插诸如酒庄在历史上曾经酿造出的著名葡萄酒的故事、葡萄酒背后的故事及它们对酒庄声誉的影响。

品酒师会结合品鉴的葡萄酒,详细讲解酒庄在酿酒技艺上的独特之处。比如酒庄在葡萄采摘时间的选择上有什么特别的考虑,在酿造过程中采用了哪些传统的或者创新的工艺来突出葡萄酒的特色。这样,游客在品尝葡萄酒的同时,能够更加深入地了解酒庄历史和酿酒技艺。

(三)文化探索

波尔多的文化探索之旅全年开放,但考虑到法国法定节假日和学校假期期间人流密集,建议游客避开这些时段,以获得更佳的旅游体验。行程主要面向历史爱好者、艺术文化追求者以及家庭游客,旨在通过多元化的活动设计,满足不同层次游客的需求。

1. 历史建筑漫步游

精心策划一条步行路线,带领游客穿行波尔多的大街小巷,探访那些承载着城市历史与文化的建筑瑰宝。从波尔多大剧院开始,这座宏伟的建筑不仅是波尔多的标志性景点,也是法国戏剧艺术的重要舞台。随后,前往市政厅,这座建筑以其独特的哥特式复兴风格,展现了波尔多的行政权力与民众智慧的结晶。此外,路线还涵盖波尔多葡萄酒商会等重要机构,这里不仅是波尔多葡萄酒行业的权威代表,也是了解葡萄酒文化不可或缺的窗口。每周六上午,特别组织历史建筑漫步游,配备专业讲解员,为游客提供生动详尽的历史解说。

2. 博物馆之旅

波尔多葡萄酒博物馆是了解波尔多葡萄酒历史、技术和发展趋势的绝佳场所。馆内丰富的展品和互动体验,让游客能够近距离感受葡萄酒的魅力。从古老的酿酒工具到现代的酿造技术,从波尔多葡萄酒的地理分布到品种特性,博物馆为游客呈现了一幅波尔多葡萄酒的完整画卷。每月最后一个周五晚上,博物馆将延长开放时间,举办特别展览或讲座,为游客带来更加深入的葡萄酒知识盛宴,即"博物馆之夜"。

3. 田园风光体验

吉伦特河游船晚宴是体验波尔多法式浪漫与奢华的绝佳方式。游客在享受精致美食的同时,还能品尝到正宗的波尔多葡萄酒,同时欣赏沿岸葡萄园的美景,感受大自然的宁静与和谐。此外,还提供自行车租赁服务,让游客沿着葡萄园间的乡间小道骑行,近距离感受波尔多葡萄酒产区的自然风光和田园生活。骑行路线经过精心规划,不仅风景如画,还能让游客深入了解葡萄种植与酿造的全过程。这部分深度体验活动时间一般安排在4月至10月,特别是周末和节假日，天气晴好时最为适宜。

4. 特色活动

葡萄采摘与压榨体验（季节性）：在葡萄收获季节（9月至10月），针对家庭游客和团队游客，组织游客参与葡萄采摘活动，并亲手参与葡萄的压榨过程。这项活动不仅能让游客体验从田间到瓶中的全过程，还能让他们更深入地了解葡萄酒的酿造工艺和背后的辛勤劳动。

葡萄酒节：参加波尔多地区的葡萄酒节活动（具体日期根据年份而定，但通常在秋季），活动包括品鉴、展览、音乐会等。如圣埃美隆葡萄酒节，是了解当地葡萄酒文化和社交氛围的绝佳机会。游客可以与当地居民及来自世界各地的葡萄酒爱好者一同庆祝，享受美酒与音乐的盛宴，感受波尔多独特的节日氛围。

二、美国纳帕谷

美国纳帕谷是世界知名的葡萄酒产区，位于加利福尼亚州旧金山以北约80公里处，被瓦卡山和马雅卡玛斯山所环绕。这片被大自然精心雕琢的山谷，南北跨度约50公里，东西仅有几公里宽，却孕育了众多享誉全球的葡萄酒庄园。纳帕谷不仅以其丰富的庄园文化和卓越的葡萄酒品质闻名于世，更因其深厚的历史底蕴和独特的自然景观吸引着无数游客前去探访。

纳帕谷的历史可以追溯到19世纪初，当时早期移民在这片肥沃的土地上开始种植葡萄藤，逐渐形成了如今繁荣的葡萄酒产业。这些酒庄和葡萄园承载着丰富的农业传统，一些历史悠久的酒庄如伯克利酒庄和巴尔哈恩酒庄，至今仍保留着19世纪的建筑风格，反映了当地的传统和工艺。这些酒庄不仅是葡萄酒的生产地，更是艺术与文化的聚集地，游客可以在此欣赏到各种艺术表演和展览，感受纳帕谷独特的文化氛围。

纳帕谷之所以能成为世界顶级的葡萄酒产区，得益于其得天独厚的自然条件。这里的气候、土壤和地理条件为葡萄的生长提供了近乎完美的环境。纳帕谷的葡萄品种繁多，包括赤霞珠、梅洛、黑皮诺、霞多丽等，这些葡萄在温暖的早春与和煦的夏日里茁壮成长，结出饱满的果实，为酿造高品质的葡萄酒提供了优质的原料。

除了葡萄酒，纳帕谷还以其精致的美食和迷人的自然景观而自豪。这里有众多著名的餐厅和农场，提供新鲜的农产品和令人垂涎的美食，米其林星级餐厅如法定餐厅和酷车餐厅更是为美食家们提供了卓越的用餐体验。此外，纳帕谷的自然景观同样令人叹为观止，葡萄园、山脉和山谷交相辉映，创造出壮丽的风景，是户外活动爱好者的天堂。纳帕谷的旅游设计主要体现在以下几个方面：

（一）庄园巡礼：探秘知名酒庄的奢华与宁静

旅程的第一站是斯特林酒庄（Sterling Vineyards），它坐落在纳帕谷的山顶之上，仿佛是大自然特意为葡萄酒爱好者预留的一块瑰宝。酒庄的地理位置优越，使得游客在乘坐缆车缓缓上升的过程中，能够360°无死角地俯瞰整个纳帕谷的壮丽景色——从翠绿的山丘到蜿蜒的河流，再到错落有致的葡萄园，每一处都如诗如画，令人心旷神怡。在斯特林酒庄，游客不仅能够欣赏到如画的风景，还能品尝到酒庄的招牌酒款。酒庄的酿酒师们精心挑选每一颗葡萄，经过严格的酿造工艺，打造出风味独特、品质卓越的葡萄酒。在酒庄的品酒室里，游客可以一边品尝着醇厚的葡萄酒，一边听着酿酒师讲述每一款酒背后的故事和酿酒工艺，感受那份独特的奢华与宁静。

卡斯特罗酒庄（Castello di Amorosa）是一座能带人穿越的酒庄，使游客仿佛置身13世纪意大利托斯卡纳酒庄。酒庄的建筑风格完全仿照了古老的意大利城堡，从地下酒窖到宏伟的大厅，再到精美的壁画和雕塑，每一处都透露着浓厚的艺术气息和历史底蕴。

在卡斯特罗酒庄，游客可以品尝酒庄酿造的多种葡萄酒，感受酒庄的酿酒师们对每一款葡萄美酒倾注的极大的热情和心血。在品酒的过程中，酿酒师会详细介绍每一款酒的特点和背后的故事，让游客更加深入地了解葡萄酒的魅力和酒庄的酿酒工艺。

这部分旅游的特色在于，它不仅是一次简单的酒庄参观，更是一次深度的文化体验和心灵之旅。在斯特林酒庄和卡斯特罗酒庄，游客不仅能够品尝到世界顶级的葡萄酒，还能感受到酒庄背后的历史、文化和艺术气息，为旅行增添了一段难忘的记忆。

（二）艺术展览：葡萄酒与艺术的完美结合

纳帕谷的酒庄就像是一颗颗散落在这片土地上的璀璨明珠，它们不仅是葡萄酒的宝库，更是艺术的殿堂。在这里，艺术展览如同繁星般点缀着每一座酒庄。这种葡萄酒与艺术完美结合的景象在斯特林酒庄和卡斯特罗酒庄体现得淋漓尽致。漫步于斯特林酒庄，可能在不经意间就走进了一个充满创意与灵感的艺术空间。这里的艺术展览涵盖了多种形式，油画作品犹如一扇扇通往不同世界的窗户，画家们用色彩和线条描绘出了纳帕谷的四季变换、葡萄园的丰收盛景，以及葡萄酒酿造过程中的那些细腻瞬间。每一幅油画都像是在诉说着一个与葡萄酒息息相关的故事，或是阳光洒在葡萄叶上的光影斑驳，或是酿酒师专注于橡木桶的神情，让游客在品味葡萄酒的同时，仿佛能从这些画作中嗅出那浓郁的酒香。

雕塑作品则像是酒庄里的守护者，它们以各种姿态屹立在酒庄的各个角落。这些雕塑或是用抽象的形式展现着葡萄酒在酒杯中的灵动，或是以具象的手法刻画着葡萄采摘者的辛勤劳作。它们与周围的建筑、葡萄园和葡萄酒融为一体，成为酒庄独特的景观。当你手持一杯香醇的葡萄酒，穿梭在这些雕塑之间，就会感受到一种独特的艺术张力，仿佛这些雕塑也在与你一同品味着葡萄酒的美妙。

摄影展览也是酒庄艺术展示的重要部分。那些摄影作品如同时间的切片，定格了纳帕谷的每一个精彩瞬间。从清晨葡萄园里的露珠到傍晚夕阳下的酒窖，从忙碌的酿酒车间到悠闲的品酒场景，每一张照片都记录着纳帕谷葡萄酒文化的点点滴滴。这些摄影作品不仅是视觉上的享受，更是对纳帕谷葡萄酒生活的一种生动诠释。

（三）美食之旅：星级餐厅的佳肴与美酒搭配

纳帕谷的星级餐厅是葡萄酒与文化探索之旅中最为诱人的章节。在这里，美食与美酒的搭配被提升至艺术的境界，每一口佳肴、每一滴佳酿都是对味蕾的极致礼赞。纳帕谷的美食之旅有自己独特的特点，同时也是纳帕谷葡萄酒文化旅游的核心特色。

1. 季节性食材与酒庄特色融合

餐厅的主厨们深谙自然与美食的和谐共生之道，他们精心挑选当季的食材，与酒庄的特色葡萄酒巧妙结合，创造出既反映纳帕谷自然馈赠，又彰显酒庄独特风格的菜品。春季，新鲜的草莓、芦笋与酒庄清新爽口的白葡萄酒相得益彰；夏日，多汁的桃子和甜美的樱桃则与酒庄浓郁的红葡萄酒相映成趣；秋季，丰收的南瓜、栗子和酒庄的陈年佳酿共同编织出温暖而丰富的味觉层次；冬季，则以根茎类蔬菜和酒庄的加强酒或甜酒搭配，带来温暖而悠长的回味。这种对季节性的尊重与利用，使得每一次用餐都成为一次与自然的亲密对话。

2. 全球风味与本土特色的融合创新

在纳帕谷的星级餐厅，法式大餐的精致、意大利美食的热情与加州风味的创新在这里交汇碰撞，形成了一道道令人难以忘怀的佳肴。法式鹅肝搭配酒庄特制的甜酒，其细腻滑润与酒液的甜美浓郁交织出绝妙的味觉体验；意大利风味的传统披萨，以酒庄自产的葡萄为点缀，既保留了地道风味，又增添了独特的果香；加州特色的牛排，佐以酒庄精选的红酒酱汁，肉质鲜美多汁，与酒液的醇厚相互衬托，让人回味无穷。每一道菜都像是跨文化的桥梁，连接着世界各地的美食文化，同时也展现着纳帕谷对创新的不懈追求。

3. 美食与美酒的完美搭配

在纳帕谷的星级餐厅，美食与美酒的搭配被看作是一门艺术。餐厅的侍酒师会根据菜肴的风味、口感和烹饪方法，精心挑选酒庄的葡萄酒，确保每一口佳肴都能与酒液的味道相互呼应，达到最佳的味觉平衡。无论是轻盈的海鲜搭配清新的白葡萄酒，还是浓郁的肉类佳肴与醇厚的红葡萄酒相配，每一对组合都像是经过精心编排的乐章，引领着食客在味觉的海洋中遨游。除了味觉的享受，纳帕谷星级餐厅的用餐环境同样令人沉醉。餐厅内部装饰典雅，灯光柔和，营造出温馨而浪漫的氛围。窗外，葡萄园的美景尽收眼底，让食客在品尝美食的同时，也能欣赏到纳帕谷的自然风光。这种视觉与味觉的双重盛宴，使得每一次用餐都成为一次难忘的心灵之旅。

三、其他遗产地类案例

德国莱茵河中游的葡萄酒产区，以其陡峭的梯田和优质的雷司令葡萄酒著称，还可以依托莱茵河资源优势，设计乘坐游船游览莱茵河，欣赏两岸的葡萄园风光和古老的城堡遗址项目。

葡萄牙杜罗河谷依托地形、河流等优势条件，组织游客徒步穿越陡峭的梯田，感受杜罗河谷独特的自然景观和酿酒文化等，也是葡萄酒遗产地比较独特的"旅游+"产品设计。

通过以上整合设计，酒庄可以为游客提供一系列丰富、深入的葡萄酒酒庄的"旅游+"体验，让游客们在享受美酒佳肴的同时，也能深入了解各个葡萄酒产区的历史、文化和风土人情。

人文园地

中外葡萄酒旅游发展

世界葡萄酒的传统产地主要集中在欧洲国家，包括法国、德国、意大利、西班牙等，随着葡萄酒在全世界的流行，一些新兴国家也开始大力发展葡萄种植和葡萄酒的酿造，其中代表性的有美国、南非、澳大利亚、智利等。这些国家同时将葡萄园、葡萄酒文化、葡萄酒、旅游产业进行有机结合，取得了令人瞩目的成绩，扩大了本国葡萄酒在国际市场的占有率和影响力。

葡萄酒旅游是葡萄酒产业和旅游产业集群发展的结晶。在经济全球化背景下，葡萄酒生产企业依靠旅游业进行国内外营销，直接向消费者进行宣传和销售活动，取得了良好的经济效益和社会效益。在许多葡萄酒产区，葡萄酒产业、旅游业、餐饮业、销售业、文化艺术业、体育休闲业等产业得到有效集聚，通过各种形式的横向或纵向联盟，形成了良好的集群效应，促进了各行各业的科学合作和良性循环，最终造就了一批成功的葡萄酒旅游基地。

综上所述，随着社会需求的发展，传统的葡萄酒主题旅游和新型旅游共存，共同的特点就是都开始强调越来越多的参与、体验、娱乐、文化推广活动，多功能主题化已经成为新形式。

美国的纳帕谷共有15个葡萄酒产区、400多家酒庄，产区的葡萄酒品质优良、产量低、产值高，在注重结合科技改良酿造工艺的同时，除了保证葡萄酒的品质以外，酒庄的建设特点鲜明各具特色，同时将休闲娱乐作为旅游的主要发展方向吸引更多的游客参观体验购买葡萄酒。

中国的葡萄酒旅游出现较晚，随着葡萄酒业和全球旅游业的蓬勃发展，葡萄酒旅游作为一种特殊兴趣的新兴专项旅游，日益得到人们的普遍关注。葡萄酒逐渐成为一个新的旅游发展亮点。据中研普华产业研究院不完全统计，中国葡萄酒旅游行业市场规模约为103.1亿元，同比增长5.96%，增速有所放缓，主要是受国内宏观经济的影响。2019年中国葡萄酒旅游行业营收同比增长率约为5.96%，在旅游行业中，处于上游水平，行业发展能力较好。2019年中国葡萄酒旅游行业净利率约为9.32%，对于大多数行业而言，行业盈利能力较强。

资料来源：①葡萄酒产区知识：美国纳帕谷（Napa Valley）.IWEC葡萄酒与烈酒教育，2024-12-20.

②于雨，于海鹏.葡萄酒旅游——产业旅游各要素融合发展的典范.葡萄酒学报，2022（02）.

结合葡萄酒旅游的发展和烟台实际情况，谈谈烟台葡萄酒旅游应该如何发展。

第二节 国内葡萄酒酒庄"旅游+"经典案例——节事活动

葡萄酒节的起源可追溯至古罗马时期,那时为了庆祝葡萄收获和葡萄酒的酿造成功,会举行盛大的庆典活动,这些庆典活动逐渐演变成现今耳熟能详的葡萄酒节。

节事活动是一种特殊的旅游形式,通常与人们的生产和生活联系比较密切,它以传统文化、民俗风俗、各种节日的庆祝、盛事的举办为主要内容,具有丰富的历史渊源和文化内涵。我国葡萄酒历史源远流长,公元前206年以前就开始种植葡萄并有葡萄酒的生产,但直到1987年,第一届中国葡萄酒节在山东烟台举办,中国葡萄酒节才正式设立。

葡萄酒节事活动具有文化性、地域性,因此各地举办的葡萄酒节会吸引成千上万的游客理解和欣赏葡萄酒文化,同时也会为当地经济的发展带来积极影响。葡萄酒节事活动还具有体验性,游客可以充分参与到葡萄采摘、葡萄酒酿造与品鉴活动中,深入了解一颗葡萄如何变成一瓶佳酿,从而体验收获的喜悦、感受种植的辛劳。

随着旅游业的不断发展,各地葡萄酒节也出现了如认养葡萄树、庄园露营、亲子DIY系列、葡萄酒论坛、红酒美食等旅游新形式。通过节事活动的举办,酒庄能够展示其独特的酿酒工艺和文化,同时为游客提供一个深入了解葡萄酒历史和文化的平台。

一、国内知名葡萄酒酒庄节事活动

(一)烟台国际葡萄酒节——张裕卡斯特酒庄

张裕卡斯特酒庄由烟台张裕公司和法国卡斯特公司合资兴建,位于山东烟台开发区,属于烟台黄金旅游线。酒庄由0.83公顷的主体建筑、5公顷的广场和135公顷的酿酒葡萄园组成,是集葡萄酒酿造、旅游观光、休闲娱乐多功能于一体的现代化酒庄,也是中国首座专业化国际酒庄之一。酒庄的葡萄园位于中国烟台产区，与法国波尔多位于同一纬度上，是中国最宜种植优良酿酒葡萄的地域之一，又是张裕高档葡萄酒的酿造基地，而且还是进行相关栽培技术研究的的重要场所。

张裕卡斯特酒庄常年举办葡萄酒修学之旅、体验之旅、风情采摘节、酒庄贺年会等特色活动。在这里，你可以有多种体验。种一棵葡萄苗木或者认养一棵葡萄，见证它的成长、享用专属果实；乘观光车游览绿意盎然的酒庄美景；秒变果农在鲜食葡园内体验采摘，感受收获的乐趣；月亮广场上将有"葡萄公主"邀请您一起赤脚踩葡萄，体验庄园别样的风情；个性化体验中心可以体验葡萄酒的酿造过程，灌酒、压塞、贴标一气呵成，属于自己的一瓶葡萄酒就做好了；采摘节期间，推出红酒主题套餐，品尝特色红酒美食；"美酒 DIY"让您拥有一款专属于自己的葡萄美酒；还有法式庄园露营节，精致出圈的下午茶、浪漫的帐篷、葡萄采摘、特制鸡尾酒……让你体验不一样的法式庄园露营节。活动期间，世界葡萄美食美酒免费试吃试饮活动、世界顶级酒具试用、炫彩鸡尾酒课堂等丰富多彩的葡萄酒主题体验活动，带您尽享葡萄酒风情、领略葡萄酒文化。

通过深入探索葡萄酒的酿制奥秘，张裕卡斯特酒庄激发了游客对葡萄酒文化的浓厚兴趣。该酒庄巧妙地将葡萄酒文化教育融入旅游体验中，使游客在享受自然风光的同时，仿佛置身于葡萄酒的知识海洋，潜移默化地接受了葡萄酒文化的熏陶。此外，节事活动作为一场文化盛宴，通过展示地方特色的传统音乐、舞蹈和美食，为游客的文化体验增添了浓墨重彩的一笔，使地方文化的吸引力倍增。张裕卡斯特酒庄的葡萄采摘节正是通过这样的文化载体，将中国葡萄酒的故事传播给世界。

（二）新疆丝绸之路葡萄酒节——楼兰酒庄

1976 年，新疆第一家葡萄酒企业——吐鲁番鄯善县葡萄酒厂成立，即楼兰酒庄的前身。楼兰酒庄位于吐鲁番鄯善县，这里干燥少雨，灌溉水源主要来自天山雪融水；这里的土壤为砂质土壤，最适宜葡萄繁衍生息；全年光照时数多，昼夜温差大，有利于葡萄生长和糖分的累积。1982 年，楼兰母本园——新疆第一片酿酒葡萄园建成。

楼兰酒庄占地 590 亩，是集葡萄种植、葡萄酒生产与贸易、葡萄酒文化体验、休闲度假、观光旅游、餐饮、会议、娱乐等多功能于一体的综合性葡萄酒主题庄园，是全球稀有的沙漠绿洲葡萄产区。为发扬和传承古老的西域葡萄酒酿造文明，从 2011 年起，楼兰酒庄每年都会举办热闹的采摘节。

楼兰采摘节具有典型的地域特色。游客在这里可以体验具有新疆特色的水洗礼、掸尘礼、敬食礼等欢迎仪式；这里有着充满异域风情的人民，有热情洋溢的舞蹈，有优质醇厚的美酒。游客还可以参加楼兰采摘节开酿仪式，观赏礼拜丰收女神，体验西域古法葡萄开榨、封浆储酒，参加中国葡萄酒创新论坛会议，观看融合了酒庄产品展示的T台秀以及采摘节篝火晚会等多项活动。

新疆丝绸之路葡萄酒节可以楼兰酒庄为起点，通过优美的自然风光，多元文化表现楼兰葡萄酒的西域特色，传承新疆吐鲁番葡萄文明深厚的文化底蕴和悠久的历史积淀。

新疆丝绸之路葡萄酒节以丝绸之路为契机，涵盖多项活动，如葡萄产业发展论坛、新疆葡萄酒产区推介会、短视频大赛等主体活动；以葡萄、葡萄干、葡萄酒为重点，打造采摘体验活动、葡萄季摄影和书法绘画作品展、吐鲁番研学游等系列活动，将充分展示吐鲁番丰富独特的旅游资源；通过加强"葡萄酒+文旅"品牌的培育，推动葡萄酒休闲旅游的发展，推出葡萄酒文化旅游线路等多方面措施，深入挖掘新疆深厚的葡萄酒文化底蕴；充分利用葡萄酒产业及其文化优势，积极构建以葡萄酒为核心，融合葡萄园观光、葡萄酒酿造、葡萄酒品鉴、特色餐饮、文化休闲、生态旅游等多元功能的葡萄产业链复合业态。

（三）宁夏国际葡萄酒博览会——长城天赋酒庄

长城天赋酒庄位于贺兰山东麓的宁夏银川市永宁县，葡萄园总面积2.26万亩，地下酒窖7000平方米，是一座集科研、种植、酿造、品评、旅游观光、文化体验、餐饮会议于一体的综合性大型酒庄，是戈壁荒滩中一颗璀璨的明珠。

长城天赋酒庄以独特的海拔高度让酿酒葡萄拥有了难以复刻的生长优势，在酸度、甜度、果香、单宁、酒精度等方面决定葡萄酒品质的五大因素上有着独特的表现，也让游客有了独一无二的体验，"天赋"实至名归。

在节事活动中，长城天赋酒庄特别注重葡萄酒文化教育的推广，通过与专业机构合作，举办葡萄酒品鉴课程和文化讲座，让游客在享受美酒的同时，也能学习到葡萄酒的历史、品种、酿造工艺等知识。此外，长城天赋的葡萄酒节还注重地方特色的展示，通过结合当地的历史、风土人情以及葡萄酒的独特风味，打造独一无二的节事活动体验。例如，节日期间会举办以当地传统节日为主题的庆祝活动，让游客在品尝美酒的同时，也能感受到浓郁的地方文化氛围。天赋酒庄另一特色是与中国航空航天部门合作，运用 AR/VR/MR 等技术，可以让游客近距离感受火箭轰鸣、烈焰划破苍穹的奇妙之旅。星空营地、酒庄、葡园、私人飞行，堪称特色体验游中的独一份。这种以"葡萄酒+"为核心主题，围绕葡萄酒+艺术、葡萄酒+美食、葡萄酒+音乐、葡萄酒+科普、葡萄酒+文创的形式，将葡萄酒文化与地方特色相结合的做法，不仅丰富了节事活动的内容，也增强了游客对葡萄酒旅游目的地形象的认同感，从而在促进酒庄与游客互动中起到了积极的作用。

宁夏国际葡萄酒文化旅游节自创办以来，致力于展示宁夏地区葡萄酒产业的发展成就及丰富的旅游资源。节庆期间，举办葡萄酒嘉年华、葡萄酒大赛、葡萄酒酿酒师技能大赛、葡萄酒成果转化项目推介等活动。葡萄酒之夜演唱会、葡萄酒畅饮季、茶酒新论表演等活动精彩纷呈，吸引着全国各地旅游者前来。其间安排的具有宁夏地方特色的文艺演出和文化活动，如民族音乐会、传统戏曲表演及葡萄酒主题摄影展等，丰富旅游节的活动内容，展现宁夏丰富的文化底蕴。此外还有地方特色的宁夏贺兰山产区春季展藤节，游客可以研究葡萄栽培种植新技术，学习葡萄展藤技术，结伴游览葡萄园美景。宁夏国际葡萄酒博览会的举办，有效提升了宁夏葡萄酒的知名度，促进了当地文化旅游产业的发展，成为宁夏对外开放和文化交流的重要平台。

二、节事活动与葡萄酒文化的融合

在探讨葡萄酒酒庄"旅游+"模式下的节事活动时，需要深入了解节庆活动如何深入挖掘葡萄酒文化的内涵。张裕卡斯特酒庄的葡萄采摘节，不仅是葡萄丰收的庆典，更是展现葡萄酒文化深厚底蕴与广泛影响的舞台。诸如葡萄园探访、葡萄酒品鉴课堂及传统酿造技艺展示等精心策划的活动，让游客亲历葡萄至佳酿的蜕变之旅，深化了对葡萄酒文化的认知与感悟。

节事活动在葡萄酒文化内涵挖掘方面，还要考虑如何将地方特色与葡萄酒文化相结合。以长城天赋葡萄酒庄园的国际葡萄酒节为例，该活动通过融合当地的历史、艺术和美食，创造出独特的文化体验。如邀请本土艺术家现场挥毫泼墨，搭配与葡萄酒相得益彰的地域美食，让游客在品味佳酿之余，沉浸于浓厚的地方文化氛围中。这种结合不仅丰富了节事活动的内容，也提升了葡萄酒文化的传播力和影响力。

在葡萄酒节庆活动的文化内涵挖掘中，国际化传播是一个不可忽视的方面。通过节事活动，葡萄酒文化得以跨越国界，与世界各地的游客进行交流。

如通过国际葡萄酒节的举办，长城葡萄酒庄园吸引了来自不同国家的游客和专业人士，他们不仅品尝了中国优质的葡萄酒，还通过丰富的互动体验深入了解了中国的葡萄酒文化精髓。这种国际交流，不仅提升了中国葡萄酒的国际形象，也为中国葡萄酒文化的国际化传播提供了新的视角和途径。

在葡萄酒节事活动的国际化传播中，节事活动的组织者还应考虑如何利用数字媒体和社交平台来扩大影响力。例如，通过在社交平台上发布节事活动的实时更新和精彩瞬间，可以吸引全球范围内的关注和参与。此外，通过运用大数据分析模型，精准捕捉国际游客的兴趣和偏好，才能更有效地推广葡萄酒文化，进一步推动其国际化传播。要让葡萄酒节事活动不仅成为葡萄酒文化的展示窗口，也成为连接中国与世界的桥梁。

三、节事活动促进葡萄酒酒庄旅游

（一）节事活动提升葡萄酒旅游体验

在探讨节事活动对葡萄酒旅游体验的提升作用时，我们不得不提及张裕卡斯特酒庄的葡萄采摘节。该活动不仅为游客提供了亲身体验葡萄收获的乐趣，还通过一系列互动环节，如葡萄压榨、品酒课程和葡萄酒文化讲座，极大地丰富了游客的参与感和满足感。通过这种"旅游+"模式，葡萄酒旅游体验得以深化，游客在享受自然风光的同时，也对葡萄酒文化有了更深刻的理解和认识。

（二）节事活动塑造葡萄酒旅游目的地形象

葡萄酒节事活动在塑造旅游目的地形象方面发挥着至关重要的作用。以长城天赋葡萄酒庄园的国际葡萄酒节为例，该活动不仅吸引了成千上万的游客参与，而且通过一系列精心策划的互动体验，如葡萄园参观、葡萄酒品鉴和传统工艺展示，成功地将葡萄酒文化与旅游体验相结合。这种结合不仅提升了游客的参与感和满意度，而且通过口碑传播和社交媒体分享，进一步扩大了酒庄及所在地区的知名度。

节事活动对葡萄酒旅游目的地形象的塑造，还可以通过分析模型来进一步理解。例如，使用SWOT分析模型来评估节事活动对目的地形象的影响。优势方面，节事活动能够集中展示葡萄酒庄的特色和文化，吸引特定的市场细分群体；劣势方面，若活动策划和执行不当，可能会造成资源浪费和形象损害；机会方面，通过节事活动可以开拓新的旅游市场，如生态旅游、美食旅游等；威胁方面，则需要警惕活动可能带来的环境压力和文化冲突。通过这样的分析，葡萄酒旅游目的地可以更加科学地规划和实施节事活动，以塑造和维护其积极形象。

（三）节事活动促进酒庄与游客互动

在探讨国内葡萄酒酒庄"旅游+"模式下的节事活动时，我们不难发现，节事活动在促进酒庄与游客互动中扮演着至关重要的角色。以新疆吐鲁番楼兰酒庄葡萄酒节为例，该活动不仅为游客提供了亲身体验葡萄收获的乐趣，还通过互动式的工作坊和品酒课程，加深了游客对葡萄酒文化的理解。据统计，葡萄采摘节期间，酒庄的游客量比平时增加了30%，这不仅提升了游客的参与感，也显著增强了酒庄品牌的吸引力和忠诚度。通过这种互动体验，游客与酒庄之间建立了情感联系，这种联系是单纯购买产品所无法比拟的。

（四）节事活动整合葡萄酒旅游产业链

在探讨国内葡萄酒酒庄"旅游+"模式下的节事活动对葡萄酒旅游产业链的整合效应时，我们发现成功的节事活动能够显著提升整个产业链的价值。以张裕卡斯特酒庄的葡萄采摘节为例，该活动不仅吸引了成千上万的游客参与，而且通过游客的亲身体验，将葡萄酒的种植、酿造、品鉴等环节有机地串联起来，形成了一个互动体验的闭环。据统计，葡萄采摘节期间，酒庄的旅游收入可增加46%以上，直接反映了节事活动对产业链的经济推动作用。此外，节事活动还促进了当地住宿、餐饮、交通、景点等相关产业的发展，形成了一个以葡萄酒文化为核心的综合性旅游经济圈。

在整合效应的分析模型中，我们将节事活动视为产业链中的一个关键要素。通过节事活动，酒庄能够吸引更多的消费者关注，提升品牌知名度，进而增强其在市场中的竞争力。例如，长城天赋酒庄的国际葡萄酒节，通过引入国际元素，不仅提升了国内消费者对葡萄酒文化的认知，还吸引了国际游客，促进了国际交流与合作。这种跨文化的交流，不仅丰富了葡萄酒旅游的内容，也提升了整个产业链的国际化水平。葡萄酒是文化的载体，节事活动则是文化的展示窗口，通过这样的窗口，葡萄酒旅游产业链得以不断拓展和深化。

四、节事活动加强酒庄品牌塑造

(一)节事活动与品牌形象的关联

成功的节事活动能够显著提升葡萄酒酒庄的品牌形象。以张裕卡斯特酒庄的葡萄采摘节为例,该活动通过让游客直接参与葡萄的采摘、酿酒过程,不仅加深了游客对葡萄酒文化的理解,而且通过亲身体验,增强了对酒庄品牌的认同感。据市场调查,超过70%的参与过葡萄采摘节的游客表示对张裕卡斯特酒庄的品牌忠诚度有所提升。这种体验式营销策略,正是通过节事活动与品牌形象的紧密关联,实现了品牌价值的提升。

在品牌塑造的过程中,节事活动还能够通过故事化营销强化品牌形象。通过讲述酒庄的历史、酿酒工艺的传承等故事,让游客在参与节事活动的同时,感受到品牌背后的文化底蕴和品牌故事。这种情感上的共鸣,往往能够使品牌形象更加深入人心。讲好品牌故事,将文化做到极致,当属秦皇岛昌黎茅台凤凰酒庄的封桶仪式。封桶仪式展现茅台葡萄酒针对高端客户的定制服务与体验,以文化为推手,将服务意识融入其中,引领品牌发展。通过类似节事活动,酒庄能够有效地讲述并传播这些故事,从而在消费者心中构建起独特的品牌形象。

(二)节事活动在品牌传播中的作用

在葡萄酒酒庄"旅游+"模式下,节事活动已成为品牌传播的重要途径。葡萄采摘节或葡萄酒节期间,吸引了大量游客参与到相关节事活动中,酒庄的游客量比平时增加了35%以上,这不仅提升了品牌知名度,也加深了消费者对品牌的认知和好感。通过节事活动,酒庄能够以一种生动、互动的方式向公众展示其品牌故事和产品特色,从而在消费者心中树立起独特的品牌形象。节事活动的国际化传播效应也不容忽视,长城葡萄酒庄园举办的国际葡萄酒节,邀请国际知名酿酒师和葡萄酒评论家参与,不仅提升了活动的国际影响力,也为酒庄开拓了海外市场。

五、葡萄酒酒庄节事活动的发展

节事活动在葡萄酒旅游中的发展趋势,正朝着更加多元化、个性化和体验化方向发展。通过精心策划的节事活动,酒庄能够提供独特的文化体验。

未来，随着消费者对个性化和深度体验需求的增加，节事活动将更加注重与葡萄酒文化的融合，通过创新的活动形式，如虚拟现实（VR）体验、主题晚宴、篝火晚会、露营等，吸引年轻一代的游客，从而推动葡萄酒旅游的持续发展。如葡萄酒主题晚会，为游客提供了一个充满浪漫氛围的夜晚，悠扬的音乐和柔和的灯光，让品酒会变得更加惬意。摄影比赛鼓励游客用镜头记录下酒庄的美丽风光和活动的精彩瞬间，留下难忘的回忆。参赛作品在酒庄的展览墙上展示，游客们在欣赏之余，还能投票选出自己最喜欢的作品。亲子活动则让家庭成员一起参与，增进家庭成员间的感情，同时让孩子们了解自然和葡萄酒文化；孩子们在葡萄园里学习如何辨认不同的葡萄品种，甚至还能亲手制作简单的葡萄酒。这些活动不仅让孩子们增长了知识，也让大人们重温了童年的乐趣。葡萄酒美食节上，不仅有当地特色美食，还有国际美食的展示，让游客们在品尝美味的同时，也能感受到不同文化的交融。

结合区域葡萄酒产区和酒庄实际情况，总体规划、因地制宜，发挥不同酒庄的特色优势，加强葡萄酒旅游的专线设计，大力发展葡萄酒长廊、葡萄种植基地、葡萄主题文化中心、特色化葡萄酒庄与葡萄酒休闲高端化发展的一体化旅游线路，完善葡萄酒旅游的旅游路线。合理有序地安排葡萄酒文化展示、酒庄采摘体验、酿造技术观赏学习、葡萄酒科技内涵演示、庄园景观欣赏、主题公园游览、相关产品消费、葡萄酒品尝鉴赏等活动。

创新"葡萄酒旅游+文化""葡萄酒旅游+科技"模式，将区域历史文化融入酒庄建设和服务接待全过程，创新"葡萄酒旅游+康养""葡萄酒旅游+教育"模式，推动差异化葡萄健康旅游区建设，创新"葡萄酒旅游+商贸会展""葡萄酒旅游+体育"模式，举办各类主题展会和节事活动。在葡萄酒酒庄的"旅游+"模式下，节事活动已成为开拓新旅游市场的关键驱动力。

人文园地

葡萄酒旅游赋能区域发展

眼下正值暑期旅游旺季，宁夏贺兰山东麓风格各异的葡萄酒庄迎来大批游客。在志辉源石酒庄，中式风格品酒大厅清凉宜人，各地的葡萄酒爱好者或啜饮畅谈，或选购美酒，或打卡拍照。打破外来游客对当地固有认知的是宁夏葡萄酒产业的飞速发展，以及它所带来的显著生态、经济、社会效益。如今，昔日戈壁荒滩已成为迎风摇曳的碧绿葡萄园。截至2023年，宁夏酿酒葡萄基地开发面积60.2万亩，占全国种植面积近40%，是中国最大的酿酒葡萄集中连片产区。葡萄酒产业每年为周边农户提供就业岗位13万个。

资料来源：刘海，马思嘉. 新华社银川，2024-08-12.

通过案例，谈谈葡萄酒旅游给区域发展带来的效益体现在哪些方面。

第三节 国内葡萄酒酒庄"旅游+"经典案例——工业旅游

在旅游产业不断发展的当下，人们对旅游资源的认知和探索持续深化，工业旅游这一崭新的旅游概念与产品形式应运而生。它突破了传统旅游的边界，为游客提供了独特的体验，将工业生产与旅游活动巧妙融合，开辟了旅游发展的新路径。1892年，爱国华侨张弼士在山东烟台创立了张裕酿酒公司，这是中国首个实现葡萄酒工业化生产的企业。2017年11月14日至18日，根据《国家工业旅游示范基地规范与评价》标准，经严格评选流程，"山东省烟台张裕葡萄酒文化旅游区"等十个单位脱颖而出，被正式认定为国家工业旅游示范基地。它们作为行业典范，为工业旅游树立起高品质标杆，有力带动整个行业朝着更规范、更优质的方向蓬勃发展。

在做葡萄酒的同时，张裕将葡萄酒工业和旅游业结合在一起，瞄准全球顶尖工业企业发展模式，打造工业旅游。张裕有着中国最大的葡萄酒工业旅游体系，在充分发挥企业品牌和历史文化优势的基础上，将博物馆、酒庄、生态葡园和葡萄酒生产有机结合，开创"葡萄酒+旅游"产业融合发展新模式。

一、张裕葡萄酒工业旅游的概况

1992年，张裕集团前瞻性地踏入工业旅游这片全新领域，开启探索征程。张裕始终以非凡的创新精神，精准把握市场动态，不断摸索实践，开辟出一条独树一帜的创新发展路径，将工业生产、文化底蕴与旅游产业深度融合，打造出全域融合的全新模式。如今，工业旅游已成为张裕实现高质量发展的重要驱动力，与葡萄酒生产酿造业务相辅相成，共同推动企业迈向新的高度。

当下，张裕于工业旅游板块成果卓著，拥有 7 家 AAAA 级工业旅游景区，包含张裕酒文化博物馆、张裕国际葡萄酒城之窗、张裕酒城（工业园）等诸多特色游览项目。这些景区自东部至西部依次分布，彼此衔接，共同勾勒出一条完整且独具魅力的葡萄酒主题文化旅游线路。游客沿着这条路线，可以深入了解葡萄酒的酿造工艺、历史文化，感受张裕独特的品牌魅力。

张裕通过精心布局，搭建起丰富多元的旅游实体格局，其中涵盖了 5 家专注酒庄游的公司、5 处用于味美思品鉴体验的中心，再加上 1 座承载深厚底蕴的酒文化博物馆，总计达 11 个旅游实体单元，共同构成了张裕别具一格的旅游产业版图。这些实体单位为游客提供了丰富多样的旅游体验，从酒庄观光、美酒品鉴，到文化科普，满足了不同游客的需求。

具体来说，烟台张裕葡萄酒文化旅游区指的是张裕位于烟台的葡萄酒主题旅游景点，包括张裕国际葡萄酒城、烟台张裕卡斯特酒庄和张裕酒文化博物馆。从全国范围来看，张裕葡萄酒工业旅游构建起了庞大且完备的体系。该体系以张裕酒文化博物馆为核心，联动国内 8 座风格各异的酒庄，从东到西串珠成链，其中的国家 AAAA 级工业旅游景区分别是张裕酒文化博物馆、烟台张裕卡斯特酒庄、北京张裕爱斐堡酒庄、陕西张裕瑞那城堡酒庄、宁夏张裕摩塞尔十五世酒庄和新疆张裕巴保男爵酒庄。

二、张裕工业旅游体系的形成

（一）雏形阶段到摸索阶段

1892 年张裕选址山东烟台建立公司。1894 年开始投身于地下大酒窖的建设工作。建造过程颇为曲折，历经 11 年，期间还经历了 3 次改建才最终落成。酒窖初次竣工后，主要被应用于白兰地、葡萄酒的存放与陈酿，为生产活动搭建起理想的作业空间。彼时，酒窖并非对大众开放，而是有着特定用途，比如作为特定社会人士的参观之地，为业内专业人士打造交流互动的优质平台，在地方政府接待国内外访客时，充当重要的形象展示窗口。

1992 年，张裕酒文化博物馆的建设被正式纳入规划，建成后的博物馆打破以往局限和模式，通过售卖参观门票的方式，向普通民众敞开大门。这一举措，标志着张裕公司工业旅游迈出了关键的第一步，正式扬帆起航。

到了 2002 年，张裕公司迎来了 110 周年庆典。借着这个契机，张裕酒文化博物馆进行了加建与翻新，推出了一种创新的运营模式，即"游览参观+

产品销售+定制服务",给游客带来独特新鲜的体验,也为张裕工业旅游的后续发展提供了强大动力。

（二）突破阶段到成型阶段

2002年,烟台张裕卡斯特酒庄正式落成。烟台张裕卡斯特酒庄更是凭借自身的成功运营,涵盖葡萄园种植、葡萄酒酿造、旅游观光、休闲娱乐等功能,成为各地工业旅游项目在规划启动与优化升级时纷纷借鉴的优秀范例。

2008年,围绕张裕卡斯特酒庄,亚洲首个葡萄酒主题公园——"张裕国际葡萄酒城之窗"圆满建成。此后,张裕公司不断拓展版图。2013年,开始投资建设西部三大酒庄项目,即陕西张裕瑞那城堡酒庄、宁夏张裕摩塞尔十五世酒庄及新疆张裕巴保男爵酒庄。

2006年和2007年,坐落于辽宁桓仁的张裕黄金冰谷冰酒酒庄和北京密云的北京张裕爱斐堡国际酒庄相继顺利投产并投入运营。其中张裕爱斐堡国际酒庄集种植、酿造、客房、餐饮等多元功能于一体,还能为市场量身打造极具深度的个性化定制服务,在张裕工业旅游运营项目中占据着极为重要的地位,堪称巅峰之作。到此时,张裕依托国内六大酒庄,构建了一套针对各类工业旅游资源的整体开发与运营策略,为自身工业旅游业务的长远、稳健发展筑牢根基。

（三）升级阶段

2010年兴建张裕国际葡萄酒研发与制造中心,该项目致力于打造一个融合研发、生产制造、生态旅游以及文化展示等多元功能的综合性基地,展现出张裕在葡萄酒产业领域全面拓展的战略眼光。

2019年,烟台张裕可雅白兰地酒庄作为该项目的重点建设部分,正式竣工并投入生产。而烟台张裕丁洛特酒庄于2012年就已奠基,尽管尚未正式开业,却已然在张裕的整体产业布局中占据关键位置。

在长期的精心谋划下,张裕集团成功打造出横跨国内东西部的工业旅游体系。这个体系涵盖了8座风格各异的酒庄以及1家底蕴深厚的葡萄酒博物馆。游客们置身其中,能够全方位、多角度地领略葡萄酒文化的魅力,获得丰富且独特的体验。2021年,张裕再度展现强大实力,以葡萄酒文化与康养文化为核心亮点的烟台张裕工业园旅游项目开启试营业进程。这座规模宏大的工业园区占地5500亩,被成功纳入张裕运营体系之中。

三、烟台张裕葡萄酒文化旅游区

（一）张裕酒文化博物馆

1992年，张裕酒文化博物馆正式开始启用。它荣誉众多，既是国家AAAA级旅游景区，也是中国首座世界级葡萄酒博物馆，还是中国侨联爱国主义教育基地与国家一级博物馆。此外，它入选首批"国家工业旅游示范基地，位居十佳名单的第一位。近年来，烟台依托张裕葡萄酒工业遗存，推动文旅产业与葡萄酒产业融合发展，张裕酒文化博物馆历经多次扩建改造，开启以"智能互动+数字化"为代表的博物馆4.0时代。张裕酒文化博物馆由酒文化广场、六大展厅、地下大酒窖和国际葡萄酒博物馆等部分组成。馆内珍藏有海量文物、老照片、实物，还有众多名家墨宝。

作为国内首座专业葡萄酒博物馆，与其他博物馆不同，这里不仅展现历史，还能让游客深度体验葡萄酒文化，感受独特魅力，比如游客可以个性化DIY葡萄酒创意品等。博物馆里有"百年地下大酒窖"以及一个人一辈子都喝不完的百年大酒桶，它们是酒文化博物馆里的镇馆之宝。1905年建成的张裕大酒窖不仅是亚洲地区最古老的葡萄酒酒窖，而且也是亚洲第一大酒窖，2013年入选"全国重点文物保护单位"，2018年入选"中国工业遗产保护名录"。

（二）张裕国际葡萄酒城

张裕国际葡萄酒城坐拥62万平方米的广袤土地，以"工业+旅游"的创新理念精心打造，预计每年将迎接150万人次的游客前来体验。作为中国葡萄酒工业旅游的佼佼者，它率先荣获AAAAA级景区称号，在亚洲开创了葡萄酒主题乐园的先河，并且是全球独树一帜的一站式葡萄酒文化产业体验基地，拥有世界上规模最大单体葡萄酒工厂。

这座酒城由张裕卡斯特酒庄、酒城之窗、葡萄公园等多元板块有机组合而成。它巧妙融合了工业旅游园区的科普性、欢乐游乐园的趣味性、葡萄园林园的观赏性，打造出了一个极具创新性、处于行业前沿的葡萄酒文化主题乐园。在这里，游客既能深入了解葡萄酒文化与酿造工艺，又能畅享游乐的欢乐，还能在葡萄园林间感受自然之美，领略到独一无二的葡萄酒文化魅力。

此外，园区内精心规划建设了葡萄与葡萄酒研究院、酿酒葡萄种植示范园、鲜食葡萄采摘园、金奖大酒窖、葡萄酒生产中心，以及丁洛特葡萄酒酒庄和可雅白兰地酒庄等多个特色功能区域。在这里，从葡萄种植的示范展示，到葡萄酒的研发与生产，再到以葡萄酒文化为主题的特色旅游体验，乃至相关产品的交易展示，各个环节紧密相连，形成了一个完整的葡萄酒文化生态体系，将葡萄酒文化的独特魅力，从每一个细微之处，全方位地呈现给世人。

张裕国际葡萄酒城有一片橡木桶造型的建筑，这是酒城的工业生产中心，张裕国际葡萄酒城的生产中心，由酿造区、储酒区、调配区、灌装区、地下酒窖以及仓储物流区这六大功能区构成。

其智能化水平令人惊叹，引入全球顶尖的葡萄酒冷冻自控系统，一部Pad管控140台储酒罐、2台冷冻机与4台脱硫过滤机。在自动化方面，AGV无人驾驶激光制导小车能够实现自动化的物料搬运与补给小机器人，单次搬运重量可达1.5吨，极大提升了生产效率与物料流转速度，原每条生产线搬运人员需4~5人，现只需1台AGV即可。在高效化方面，灌装中心的最高灌装速度为25 000瓶/小时，相当于眨一眨眼7瓶酒就完成灌装，为目前葡萄酒行业的最高生产速度，如此高效的生产节奏，极大地提升了产能。在精密化方面，3万元1个的防混双座阀精密设备，能实现双层输送，而且只需1把普通一字螺丝刀即可完全拆卸、更换零件。张裕葡萄酒工业旅游做出了引领行业潮流的表率，也将"葡萄酒+旅游"的主题模式做到了真实的互动体验。

人文园地

品重醴泉：张裕百年的坚守与蝶变

张裕公司由爱国华侨张弼士先生创办，他为了实现"实业兴邦"的梦想，投资300万两白银在烟台创办了张裕酿酒公司。1912年8月，孙中山先生赴北京会谈前，下榻于烟台朝阳街北端的克利顿饭店，随后参观了张裕公司，并题赠"品重醴泉"。"醴泉"出自《礼记》中的"天降甘露，地出醴泉"，"品重"既赞许了张裕的葡萄酒品质，也是对张弼士先生创办公司走实业救国道路的褒奖。在博物馆的历史展厅，一件件珍贵的文物、一幅幅生动的历史照片，让每一个来此参观的人都能了解到张裕公司创办至今的坎坷历程和辉煌成就。多年来，张裕公司一直重视对科技创新的投入，通过引进先进的酿造技术和设备，结合传统工艺与现代科技，张裕成功打造了一系列备受市场欢迎的高品质葡萄酒产品；在数字化转型方面，充分利用大数据、云计算和人工智能等先进技术，张裕的19条生产线已经全部实现了每瓶下线产品均拥有二维码赋码和区块链应用技术，已有数亿瓶葡萄酒的溯源信息上链。展望未来，张裕公司将秉持初心，以更加坚定的步伐持续创新，不仅在酿造技和产品品质上追求卓越，更将在数字化转型、市场营销策略及品牌文化建设上全面发力，领航中国葡萄酒产业迈向更加辉煌的未来，让世界品味到中国葡萄酒的独特魅力。

资料来源：节选自王丽.张裕酒文化博物馆：百年酒香，见证民族工业辉煌.大众网，2024-10-23.

谈谈张裕的百年坚守和创新。

主要术语

横向或纵向联盟；节事活动；目的地形象；工业旅游；葡萄酒博物馆

思考与讨论

1. 葡萄酒旅游产业链都包括哪些部分？
2. 葡萄酒旅游对当地经济和社区的影响有哪些？如何最大化其正面效应？
3. 选取你感兴趣的一个葡萄酒酒庄，为其设计一个葡萄酒节事活动方案及营销方案。
4. 以某区域为例，探讨葡萄酒旅游对促进区域发展的作用。
5. 介绍张裕酒文化博物馆。
6. 阐述张裕葡萄酒工业旅游的亮点和特色。

任务实训

1. 结合本土文化特色，浅析如何打造独特的葡萄酒旅游品牌。
2. 调查研究中国葡萄酒工业旅游发展现状、存在问题和未来趋势。
3. 根据所学内容和网上资料，以所在地区为例，撰写当地葡萄酒旅游调研报告，探究区域葡萄酒旅游产业发展现状、问题、可行性措施。

葡萄酒酒庄"旅游+"经典案例

参考文献

[1] 李海英，陈思，李晨光.葡萄酒文化与风土［M］.北京：旅游教育出版社，2022.

[2] 张军翔.葡萄酒庄管理［M］.北京：科学出版社，2022.

[3] 张红梅，曹晶晶.葡萄酒文化旅游［M］.南京：南京大学出版社，2021.

[4] ［美］罗伯特·帕克.世界顶级葡萄酒及酒庄全书.焦志倩，王晶晶，译［M］.北京：北京联合出版社，2012.

[5] 毛凤玲，张詠，张军翔.中国葡萄酒历史文化研究［M］.北京：中国农业出版社，2024.

[6] 陈思，陈曦，许竣哲.葡萄酒概论［M］.北京：旅游教育出版社，2022.

[7] 刘世松，卜建华.葡萄酒产业经济学［M］.北京：中国轻工业出版社，2017.

[8] ［日］古贺守.葡萄酒的世界史.汪平，译［M］.天津：百花文艺出版社，2007.

[9] 杨敏.葡萄酒的基础知识与品鉴［M］.北京：清华大学出版社，2013.

[10] 陈庭纬.葡萄酒的三生三世［M］.厦门：厦门大学出版社，2017.

[11] 奚晏平.葡萄酒世界［M］.北京：中国旅游出版社，2012.

[12] 李金平，徐国刚，胡月珍，等.葡萄酒新旧世界和等级制度之我见［J］.科技创业家，2013（3）：218.

[13] 贾长宝.从文明史视角看古希腊葡萄和葡萄酒的起源传播及影响［J］.农业考古，2013（1）：291-297.

[14] 王珏.中国古代葡萄和葡萄酒的起源与传播［J］.国际公关，2022（24）：173-175.

[15] 唐文龙，魏滨生，曾蓓，等.张裕瑞那城堡酒庄工业旅游开发路径

分析[J].中外葡萄与葡萄酒,2022(2):80-85.

[16]罗海霞.贺兰山东麓葡萄酒旅游品牌形象构建[J].文化产业,2023(33):4-6.

[17]刘勋菊,等.亚洲葡萄酒市场格局及中国葡萄酒产业前景分析[J].中外葡萄与葡萄酒,2021(2):68-74.

[18]王华,宁小刚,杨平,等.葡萄酒的古文明世界、旧世界与新世界[J].西北农林科技大学学报(社会科学版),2016,16(6):150-153.

[19]刘世松,等.中国葡萄酒产业创新升级路径研究[J].中外葡萄与葡萄酒,2024(2):106-111.

[20]陈习刚.葡萄、葡萄酒的起源及传入新疆的时代与路线[J].古今农业,2009(1):51-61.

[21]墨菲.发展中国葡萄酒小产区建设——"新疆玛纳斯葡萄酒产区风土与识别技术联合研究基地"落地[J].中国食品,2015(14):66-67.

[22]卢诚,于海森,王洪江.沙城葡萄产区怀涿盆地的形成及地质地貌特性[J].中外葡萄与葡萄酒,2009(7):49-50.

[23]师东晖.宁夏葡萄酒文旅融合发展路径研究[J].新西部,2024(7):76-80.

[24]何兰兰.法国葡萄酒旅游业发展及对中国发展的启示[J].世界农业,2016(2):162-165.

[25]王磊,刘家明,李涛,等.葡萄酒旅游研究的国际进展及启示[J].旅游学刊,2018,33(10):117-126.

[26]卜建东,李觅.国外葡萄酒旅游发展对我国白酒旅游的启示[J].中国酿造,2020,39(6):225-228.

[27]林清清,周玲.国外葡萄酒旅游研究进展[J].旅游学刊,2009,24(6):88-95.

[28]董琳琳,徐敏.中国葡萄酒工业旅游开发研究[J].临沂大学学报,2012,34(1):31-33.

[29]张红梅,魏海湘,魏敏.价值共创促进葡萄酒文旅深度融合探究——以贺兰山东麓为例[J].中国酿造,2024,43(8):286-291.

[30]师东晖.宁夏葡萄酒文旅融合发展路径研究[J].新西部,2024(7):76-80.

[31]赵媛,胡宇橙.葡萄酒旅游产业高质量发展的路径探讨——以烟台为例[J].酿酒科技,2023(4):126-131.

［32］李怀宇，贺茜.宁夏葡萄酒与文化旅游产业融合发展路径研究［J］.中阿科技论坛（中英文），2023（4）：28-32.

［33］陈丽琼，李文超，张红梅.国内葡萄酒旅游研究现状分析［J］.酿酒，2022，49（6）：26-31.

［34］郝利文，Lucie，Yuan.漫谈波尔多［J］.中外葡萄与葡萄酒，2011.

［35］李记明."新世界"葡萄与葡萄酒——美国（一）［J］.中外葡萄与葡萄酒，2004（1）：67-70.

［36］本刊.宁夏获"全球葡萄酒旅游目的地"荣誉称号［J］.酿酒科技，2021（10）：1.

［37］李记明，樊玺，梁冬梅.法国波尔多的葡萄与葡萄酒（一）［J］.中外葡萄与葡萄酒，2001.

［38］李华.法国波尔多地区的葡萄栽培和葡萄酒酿造［J］.葡萄栽培与酿酒，1986（3）：26-34.

［39］刘勋菊，等.亚洲葡萄酒市场格局及中国葡萄酒产业前景分析［J］.中外葡萄与葡萄酒，2021（2）：68-74.

［40］程琼森.走进澳洲酒故乡：巴罗萨山谷［J］.酒世界，2013（7）：4.

［41］肖龙.南澳大利亚葡萄酒之旅［J］.中国对外贸易，2013（3）：2.

［42］肖丽珍.浅谈美国加州纳帕谷的葡萄与葡萄酒庄园［J］.北方果树，2013（1）：3.

［43］姜清娇.马尔堡浸泡在美景中的葡萄酒［J］.酒世界，2013（10）：4.

［44］赵俊远，吴娟，李佳悦.葡萄酒文化旅游网络关注度时空演变特征研究——以张裕国际葡萄酒城为例［J］.泰山学院学报，2022，44（5）：12.

［45］崔萍，李甲贵，穆海彬，等.宁夏贺兰山东麓葡萄酒产业可持续发展建议［J］.中国果树，2023（4）：122-125.

［46］穆维松，冯俞萌，吴晓倩，等.宁夏贺兰山东麓产区葡萄酒营销模式分析与发展建议［J］.中国酿造，2022（8）：41.

［47］张亚卿，张宏卫，王帅超，等.昌黎县葡萄酒产业集群发展研究［J］.安徽农业科学，2010（30）：3.

［48］王铁军，孙小蒙，朱京钊，等.新疆葡萄酒产业与文旅产业融合发展路径研究［J］.新疆农垦经济，2024（12）：75-81.

［49］高静，焦勇兵.基于多案例扎根分析的旅游者-目的地品牌关系研究［J］.旅游科学，2014，28（5）：15.

［50］王利军.旧世界和新世界——话说世界葡萄酒的生产与分布［J］.

生命世界，2018（4）：12-13.

［51］赵晓丽.新疆葡萄酒与文化旅游产业融合发展策略研究［J］.中国酿造，2024，43（9）：256-260.

［52］孔繁嵩，孟喜龙.中国葡萄酒旅游产业现状及提升策略［J］.中外葡萄与葡萄酒，2021（5）：77-81.

［53］何兰兰.法国葡萄酒旅游业发展及对中国发展的启示［J］.世界农业，2016（2）：162-165.

［54］王磊，刘家明，李涛，等.葡萄酒旅游研究的国际进展及启示［J］.旅游学刊，2018，33（10）：117-126.

［55］张红梅，等.葡萄酒旅游目的地品牌形象影响因素扎根研究——以贺兰山东麓为例［J］.中国软科学，2019（10）：184-192.

［56］保继刚，朱峰.中国出境旅游目的地选择的影响因素研究［J］.旅游学刊，2008（2）：55-60.

［57］赵荣华，周志太.乡村振兴战略下宁夏贺兰山东麓葡萄酒产业发展研究［J］.农业经济，2019（10）：33-35.

［58］朱婷婷，黄杰，马海汪，姜娇.中国国内葡萄酒行业现状分析报告［J］.食品安全导刊，2022（10）：15-16.

［59］Ferrara M.关于意大利葡萄酒在市场进入阶段针对特定国家的适应措施研究［D］.北京：北京外国语大学，2019.

［60］赵媛.葡萄酒旅游目的地的形象投射与感知研究——以烟台为例［D］.天津：天津商业大学，2023.

［61］曹沁芸.基于4Cs的杭州钧天贸易公司葡萄酒社群营销策略研究［D］.兰州：兰州理工大学，2023.

［62］吕庆峰.近现代中国葡萄酒产业发展研究［D］.杨凌：西北农林科技大学，2013（4）：132-150.

［63］赵珍琪.风土叙事对美食旅游的地方性构建研究——以宁夏贺兰山东麓葡萄酒产区为例［D］.扬州：扬州大学，2021.

［64］王晴.旅游目的地形象的提升研究［D］.上海：华东师范大学，2025.

［65］张小转.河北昌黎产区葡萄与葡萄酒质量的研究［D］.杨凌：西北农林科技大学，2011.

［66］许建全.山东省葡萄酒旅游发展战略研究［D］.武汉：武汉轻工大学，2020.

［67］许路路.烟台葡萄酒庄园旅游开发策略研究［D］.济南：山东师范大学，2016.

［68］刘晓川.长城文化带视角下北京市延庆区乡村旅游产品研究［D］.北京：首都经济贸易大学，2020.

［69］刘涛.葡萄酒旅游的集群化发展路径研究——基于烟台市葡萄酒旅游发展的分析［C］//中国区域科学协会区域旅游开发专业委员会，成都市旅游局，大邑县人民政府.第十五届全国区域旅游学术开发研讨会暨度假旅游论坛论文册.烟台：山东工商学院工商管理学院，2010：7.

［70］刘军.葡萄酒产业与文化和旅游产业融合发展的宁夏实践［N］.中国旅游报，2021-07-08（03）.

［71］宋秀方，蒋正治.葡萄酒文化特色旅游发展策略研究——以商洛特色小镇为例［J］.酿酒科技，2021（11）.

［72］柯彼德.休闲、游览、探索——葡萄酒文化、葡萄酒特色旅游与葡萄酒宣传［C］//中国酿酒工业协会.中国酿酒工业协会，2012.

［73］李世泰，魏清泉，李庆志，等.葡萄酒旅游开发研究——以烟台张裕葡萄酒旅游为例［J］.经济地理，2005.

［74］张琰.我国体验式葡萄酒文化旅游产品的设计［J］.魅力中国，2018.

［75］刘静波，庄志勇.葡萄酒庄园体验设计研究［C］//湖南省园艺学会学术年会.湖南省园艺学会，2013.

［76］Samantha.美国葡萄酒产区——加州产区概况［Z］.纳帕桑库酒庄，2024-10-29.

［77］WANG Lei，LI Tao. 2023. Wine Tourism in China：Resource Development and Tourist Perception. Journal of Resources and Ecology，14（2）：309–320.

［78］Patrick McGovern，Mindia Jalabadze et al. Early Neolithic wine of Georgia in the South Caucasus. proceedings of the national academy of sciences of the United States of America，2017，114（48）：E10309–E10318.

鸣 谢

本书案例主要源于以下媒体，特此致谢。
红酒世界网（www.wine-world.com）
微信公众号"MOET 酩悦香槟"
微信公众号"葡萄研究"
微信公众号"中外酒业"
卢瓦尔河葡萄酒官网（www.vinsvaldeloire.fr）
酒一搜官网（www.winesou.com）
意酒网（www.wineita.com）
中国葡萄酒资讯网（www.winesinfo.com）
乐酒客网（www.lookvin.com）